卫星雷达干涉测量
——沉降监测技术

Satellite Radar Interferometry
Subsidence Monitoring Techniques

［荷兰］基妮·科特拉尔（V. B. H. (Gini) Ketelaar）著

景桂凤　王索　陈重华
陈国忠　侯雨生　译

国防工业出版社
·北京·

著作权合同登记　图字：军-2014-204号

图书在版编目（CIP）数据

卫星雷达干涉测量：沉降监测技术／（荷）科赫拉尔（Ketelaar，V.B.H.）著；景桂凤等译．—北京：国防工业出版社，2015.11
书名原文：Satellite Radar Interferometry Subsidence Monitoring Techniques
ISBN 978-7-118-10449-3

Ⅰ.①卫…　Ⅱ.①科…②景…　Ⅲ.①测量雷达—应用—地面沉降—监测—研究　Ⅳ.①P642.26②TN959.6

中国版本图书馆 CIP 数据核字（2015）第 275358 号

Translation from English language edition:
Satellite Radar Interferometry. Subsidence Monitoring Techniques
by V. B. H. (Gini) Ketelaar
Copyright © 2009 Springer Netherlands
Springer Netherlands is a part of Springer Science+Business Media
All Rights Reserved

本书简体中文版由 Springer 出版社授予国防工业出版社独家出版发行。版权所有，侵权必究。

※

国防工业出版社出版发行
（北京市海淀区紫竹院南路23号　邮政编码100048）
北京嘉恒彩色印刷有限责任公司
新华书店经售

＊

开本 710×1000　1/16　插页：10　印张 13½　字数 245 千字
2015 年 11 月第 1 版第 1 次印刷　印数 1—2000 册　定价 68.00 元

（本书如有印装错误，我社负责调换）

国防书店：（010）88540777	发行邮购：（010）88540776
发行传真：（010）88540755	发行业务：（010）88540717

Translator Preface / 译者序

本书以荷兰格罗宁根地区的地表沉降为案例，从地质学性质分析、质量控制、散射体特性等方面，利用模型和计算论述了卫星 SAR 雷达干涉测量技术在地表测量应用方面的能力。传统上，荷兰一直使用水准测量技术进行地表沉降监测。虽然水准测量也是一项精确可靠的沉降监测技术，但它十分耗费人力和物力，并且沿公路测量还存在一定的安全风险，因此本书引入了卫星雷达干涉测量（InSAR）技术，对该技术在沉降监测方面的应用进行了比较和论证。

本书表面上叙述的是卫星雷达干涉测量技术在地表沉降测量方面的适用性。实际上对 SAR 卫星从空间进行监测的工作原理、识别监测目标的方法、质量控制和可靠性、测量结果的验证，以及进行干涉测量过程中涉及的数学模型和相关计算都进行了详细的描述，从逻辑上证实了 SAR 干涉测量的地表测量能力。最后，通过与传统水准测量得出的结果进行比较，又以实际测量结果有力地验证了 SAR 干涉测量技术的地球观测应用能力。因此，本书是一本详细研究 SAR 卫星的地球观测应用的论著。文中论证了卫星雷达干涉测量技术在地球观测应用方面的潜在能力，为卫星应用领域的多种研究工作都带来了启发。

本书译者初次承担译著翻译，在翻译的过程中遇到了很多挑战。所幸译者在本书翻译过程中得到了上海卫星工程研究所各级领导的支持；同时上海航天技术研究院的於伟民总师，上海交通大学的朱小燕教授给予了建设性意见；还有从事干涉 SAR 研究的学术团队，他们在百忙之中对本书的翻译给出了很多有益的指导意见。在此，译者对他们的大力支持一并表示衷心的感谢！

本书的翻译使译者对干涉 SAR 技术有了比较全面的了解，对地表沉陷的机理、成因和潜在危害有了更深的认识。通过翻译和反复校对，译者针对翻译过程中出现的疑问不断研究琢磨，这一过程不仅大大提高了译者对技术问题的理解力，而且也使译者掌握了更多转译手法的运用技巧，使译者在辛苦付出的同时，收获良多。尽管如此，由于译者的学识和理解存在局限，审校者也各有侧重，翻译中难免有不尽如人意之处，译者愿与读者共勉，欢迎感兴趣的读者批评指正。

译者
2015 年 5 月

Preface 前言

　　自荷兰开始进行油气生产以来，人们就不断采取各种方法测量由此而产生的沉降，沉降监测是荷兰油气公司必须履行的法定义务。荷兰的大多数气田（包括格罗宁根）都由荷兰 B.V(NAM)公司运营。自 20 世纪 60 年代开始，多种沉降测量技术（水准测量，GPS）投入使用。与此同时，人们开始利用一些测地学的评估方法根据测量来预测油气生产引起的沉降。代尔夫特地球观测和空间系统研究所(DEOS)全面参与了这些测量活动。20 世纪 90 年代，雷达干涉测量(InSAR)作为一种形变监测技术得到了发展。但是，格罗宁根地区的情况却不利于测量(时间去相关、乡村地区、大气干扰、大空间范围里的小形变率——若干毫米/年)。2003 年批准通过了"基本雷达干涉测量"计划，促成了一项为期四年的博士学位科研项目以研究 InSAR 在监测油气生产引起沉降时的可行性。

Acknowledgements / 致谢

本研究由代尔夫特理工大学和荷兰石油公司(NAM)、Hanssen 教授(DEOS, DUT)的雷达遥感小组和 Lammert Zeijlmaker(NAM)的近海调研小组联合执行。该项目获得了荷兰经济部下属机构-SenterNovem-的支持。第一类的 2724 计划所用的 SAR 卫星数据由欧空局(ESA)提供。

在此,我对我的赞助人 Hanssen 教授和 Teunissen 教授致以真诚的谢意!同时十分感谢 NAM 的 Lammert Zeijlmaker 先生,是他给了我实地开展这次研究的机会。代尔夫特理工大学和 NAM 都使我感受到了十分愉快、严谨的工作环境。我要特别感谢 Hanssen 教授,他在整个研究期间给予了我莫大的支持,不仅为本书提供了详细的审校,还提出了很多宝贵建议。同时,我也十分感谢 Teunissen 教授和审核组专家(Klees 教授、Kroonenberg 教授、Rocca 教授、Duquesnoy 博士和 Smit 博士)为我提出的反馈和指导意见。我还要感谢系列编辑 Freek van der Meer 和斯普林格出版社的 Petra Steenbergen 先生,他们将这本书归入《遥感和数字成像处理》系列丛书,为这本书的出版付出了很多辛苦努力。

此外,我还要感谢代尔夫特理工大学雷达遥感小组的全体成员(包括前成员):Joaquin Munoz Sabater, Freek van Leijen, Petar Marinkovic, Yue Huanyin, Swati Gehlot, Rossen Grebenitcharsky, Zbigniew Perski, Ayman Elawar, Liu Guang, Miguel Caro Cuenca, Mahmut Arikan, Jia Youliang, Frank Kleijer, Gert Jan van Zwieten 和 Shizhuo Liu,以及正忙于理工硕士毕业项目的 Bianca Cassee,他们为本研究提供了愉快、有益的工作环境。我还要特别感谢 Freek van Leijen 和 Petar Marinkovic 在我整个博士研究期间给出的开阔的研究思路和启迪人心的探讨,他们的付出使我们更快地在格罗宁根地区获得了沉降监测结果。我同样还要感谢 Bert Kampes 对我诸多问题的及时回复,感谢 Alireza Amiri-Simkooei 在方差分量估计方面的帮助,Roderik Lindenbergh 在地质统计学领域的指导,Ria Scholtes 为我们提供的行政支持,以及代尔夫特理工大学数学大地测量学和定位系的全体成员为我们提供的怡人的工作环境。我要感谢 Hans Garlich 和 Joop Gravesteijn 在调节角反射器水准时提供的帮助。此外,我还要感谢 Adriaan Houtenbos 在研究期间给与我的许多实用的提示。回想博士研究之始,我还要感谢 Frank Kenselaar,在我离校工作四年半后与他取得联系时得到了他的热情回应。在 NAM,Lammert Zeijlmaker 的沉降监测小组以及 Dirk Doornhof 的地质力学小组都给予了我很多有益的问题解答。非常感谢 Simon Schoustra, Wilfred Veldwisch 和 Stefan Kampshoff 的通力合作,并要诚挚地感谢 Onno van der Wal 所做的所有沉降预测。最后,我要感谢我的父母 Gert 和 Marijke,以及我的兄弟 Joris(封面设计者),是他们的支持和信任让我不断努力,最终取得了今天的成就。

Audience / 读者对象

  本书的研究描述了卫星雷达干涉测量(InSAR)用于形变监测(尤其是监测油气生产引起沉降)的适用性。本研究以一般手法论及主题,包括 InSAR 测量技术的精度和可靠性,以及存在多种潜在形变原因时对相关形变信号进行的估计等。本书概述了永久性散射体干涉测量(PSI)理论,并重点研究了参数估计的精确性。

  InSAR 形变估计的可靠性评估在实际应用中至关重要,因此我们引入了多轨基准统一程序。本书利用 ERS 和 Envisat 获取图像的时序,综合验证了整个荷兰北部地区和德国部分地区(覆盖大约 15 000km^2)所用的方法。书中展示了 PSI 在大范围乡村地区监控若干毫米/年的沉降率时的能力。此外,PSI 的时间观测密度还能增进人们对油气储层状态的了解。本书的读者须具备一定的地球科学知识背景,并对雷达干涉测量的基本概念有所了解。鉴于我们把理论研究成果融入了 InSAR 进行沉降监测的实际使用结果,因此本书的目标读者既包括研究者,也包括业内人士。

  对格罗宁根天然气储层的地质学背景和地水准面的沉降预测感兴趣的读者可参考第 2 章中的相关信息。想了解 PSI 的理论背景及其精度、可靠性的读者请参见第 3、4、5 章。对于已具备 PSI 相关知识背景的读者,若想了解 PSI 在监控荷兰地区的天然气开采造成的沉降时的具体应用情况,请参考第 6 章,该章继续探讨了第 5 章中 PSI 形变估计的可靠性评估方法论。对 PSI 在实际监控油气生产造成沉降时的应用情况最感兴趣的读者请参见第 7 章。作为总结,第 8 章探讨了 PSI 对于增进储层状态知识的巨大潜力。

Nomenclature / 术语表

简称和缩写列表

ALD　Azimuth Look Direction　方位观测向

APS　atmospheric phase screen　大气相位延迟

DEM　Digital Elevation Model　数字高程模型

DIA　Detection Identification Adaptation　探测识别自适应

DOP　Dilution of Precision　误差放大因子

ERS　European Remote Sensing Satellite　欧洲遥感卫星

ESA　European Space Agency　欧空局

Envisat　Environmental Satellite　环境卫星

FFT　Fast Fourier Transform　快速傅里叶变换

GIS　Geographical Information System　地理信息系统

GPS　Global Positioning System　全球定位系统

ILS　Integer Least-Squares　整数最小二乘

InSAR　Interferometric Synthetic Aperture Radar　干涉测量合成孔径雷达

LAMBDA　Least-squares AMBiguity Decorrelation Adjustment　最小二乘模糊数去相关平差

LOS　line of sight　视线

NAM　Nederlandse Aardolie Maatschappij B. V.　荷兰石油公司

NAP　Normaal Amsterdams Peil (Dutch vertical reference datum)　荷兰垂直参照基准

OMT　overall model test　整体模型测试

PRF　Pulse Repetition Frequency　脉冲重复频率

PS　Persistent Scatterer　永久散射体

PS1C　Persistent Scatterer candidate 1st order PS network　备选永久散射体一阶网络

PS1　Accepted Persistent Scatterer 1st order PS network　接受永久散射体一阶网络

PS2C　Persistent Scatterer candidate 2nd order PS network　备选永久散射体二阶网络

PS2　Accepted Persistent Scatterer 2nd order PS network　接受永久散射体二阶网络

PSI　Persistent Scatterer InSAR　永久散射体 InSAR

RADAR　Radio detection and ranging　无线电探测和测距

RD　Stelsel van de Rijksdriehoeksmeting (Dutch coordinate system)　荷兰坐标系

RSR　　Range Sampling Rate　距离采样率
SAR　　Synthetic Aperture Radar　合成孔径雷达
SCR　　Signal to Clutter Ratio　信号—杂波比
SLC　　Single Look Complex　单视复
SRTM　　Shuttle Radar Topography Mission　航天飞机雷达地形学任务
WGS84　　World Geodetic System 1984　世界测地系统 1984
cm　　centimeter　厘米
km　　kilometer　千米
m　　meter　米
mm　　millimeter　毫米
yr　　year　年

List of symbols 符号列表

A design matrix   设计矩阵

a phase ambiguity   相位模糊数

$B\perp$ perpendicular baseline   垂直基线

c_m compaction coefficient   压实系数

D depth of burial of a nucleus-of-strain   应力核的埋藏深度

D_a normalized amplitude dispersion   归一化幅度离散

D_{ij} displacement between PS i and PS j PS i 和 PS j 之间的位移

$\hat{e}$ vector of least-squares residuals   最小二乘残差矢量

f_{dc} Doppler centroid frequency   多普勒中心频率

H reservoir thickness   储层厚度

H_{ij}(residual) topographic height between PS i and PS j PS i 和 PS j 之间的(剩余)地形高度

n measurement noise   测量噪声

p reservoir pressure   储层压力

Q_k cofactor matrix for variance component estimation   方差分量估计的余因子矩阵

Q_y variance-covariance matrix of the observations   观测的方差—协方差矩阵

r radial distance from the vertical axis through the nucleus-of-strain   贯穿垂直轴和应力核的径向距离

SCR   Signal-to-Clutter ratio   信号—杂波比

$\underline{s}$ model imperfections   模型缺陷

T temporal baseline   时间基线

Tq teststatistic with q degrees of freedom   具有 q 自由度的检验统计量

u_r horizontal (radial) displacement at ground level   地面水平的水平(径向)位移

u_z vertical displacement at ground level   地面水平的垂直位移

V volume of a nucleus-of-strain   应变核体积

v_{ij} displacement rate between PS i and PS j PS i 和 PS j 之间的位移

v_{sat} satellite velocity   卫星速度

W matrix that constructs double-difference observations   构建二重差分观测的 W-矩阵

x　vector of unknown parameters　未知参数矢量

y　vector of observations　观测矢量

ξ_{ij}　sub-pixel position in azimuth direction between PS i and PS j　PS i 和 PS j 之间方位向的亚像素位置

η_{ij}　slant-range sub-pixel position between PS i and PS j　PS i 和 PS j 之间斜距的亚像素位置

η,ξ　range and azimuth radar coordinates　距离和方位雷达坐标

ε_z　vertical strain　垂直应力

ν　Poisson's ratio　泊松比

γ　phase coherence (in time)　相位相干

γ　m stack coherence for master m　主图像 m 的序列相干

$\hat{\underline{\sigma}}$　variance component estimator　方差分量估计程序

θ　incidence angle　入射角

$\underline{\psi}$　phase observation in a single SAR scene　单个 SAR 图像景的相位观测

φ　(标明了缠绕或解缠的)相位观测　phase observation (wrapped or unwrapped is indicated)

φ_{ij}^{k} double-difference phase observation for the kth interferometric combination 第 k 个干涉图像对的二重差分相位观测

Summary / 概述

20世纪60年代,荷兰东北部开始进行油气生产时引起了地面水平的沉降,人们定期实施水准测量对沉降进行了评估。虽然水准测量是一项精确可靠的沉降监测技术,但它十分耗费人力和物力,并且沿公路测量还存在一定的安全风险。因此,本书对卫星雷达干涉测量(InSAR)在沉降监测方面的应用进行了研究,同时InSAR观测频率还将使之具有更高的储层动态监测能力。本书的研究重点是格罗宁根气田,分布直径约30km,位于地表以下大约3km处。应用InSAR进行格罗宁根地区沉降监测主要有几种复杂影响因素,它们包括因农业特点引起的不同时间上的地表变化(时间去相关)、大气干扰,以及广大空间范围上的低沉降率(小于1cm/年)。为此,我们对永久散射体干涉技术(PSI)的应用进行了研究。PSI利用在时间上具有相干相位行为的对象对形变和其他相位影响进行评估。由于沉降监测周期长于一颗卫星的服役寿命(5~10年),因此需要使用多个传感器:ERS-1、ERS-2和Envisat进行阶段性接力观测。

本书对郊区出现的永久散射体(PS)以及PSI形变评估精度都进行了研究。PS密度从乡村地区的每平方千米0~10PS到城市区域的每平方千米超过100PS不等。格罗宁根沉降区大约80%的面积上都覆盖了每平方千米至少一个的PS。PSI用于监测油气生产引起沉降的质量评估工作主要包括两个部分:测量技术的精度和可靠性,形变估计与相关形变信号(理想化精度)的关联。应用独立的水准测量,PSI随机模型已经在受控角反射器试验中得到了验证。ERS-2和Envisat二重差分位移的预测精度分别是3.0mm和1.6mm(1σ)。Envisat和σ水准测量二重差分位移之间的相关系数是0.94。格罗宁根地区自然PS(地貌中的对象)的位移精度变化从城市区域的小于等于3mm到郊区的3~7mm(1σ)不等。郊区中两个相邻PS之间的距离更大。

研究人员只观测到了PS的分数相,而相位的整周数未知。由于公式中纳入的整数模糊数未知,所以预测过程中不存在冗余。因此,在对两个PS间形成的一个单弧进行参数预测时不能对异常值和模型误差执行测试程序。不过,在假设模糊度分辨率成功率为1的情况下,研究人员对PSI数学模型中缺陷的影响进行了评估。方位向亚像素位置的不精确性能够在PS位移率(速度)评估中引起每年大约0.5mm的额外误差。随机轨道误差在径向和切向分别具有5cm和8cm的标准偏差时,能够在远、近距离之间引起高达约1mm/年的速度误差。

根据随机模型,研究人员对方差分量估计(VCE)的概率进行了研究。此外,研究人员还提出了一种参考独立质量的方法,即误差放大因子。

如果数值为1的成功率不能得到保证,研究人员还开发了一个多轨基准统一程序来执行可靠性评估。多轨基准统一使用的是一些交叠的独立路径,这些路径重复观测同一个形变信号。格罗宁根沉降凹陷由六个ERS路径(相邻路径和交叉路径)执行(部分)观测。完成基准连接后,附近70%的多轨PS群的PS速度估计标准偏差都小于1mm/年。此外,研究人员还利用多轨形变测量将变形沿观测视线分解成一些垂直的和水平的运动。

油气生产引起的沉降可能会受到其他形变体系的影响,如地基不稳定性和浅层压实作用。通过利用物理PS特性,并通过使用关于相关形变信号空时特性的先验知识,相关形变信号估计的理想化精度可以提高。为提高理想化精度而进行的PS特征基于这样的假设:来自于(地基稳固的)建筑物的直接反射是评估深层地下位移引起形变的最适合的目标。研究人员利用PS高度、Envisat交叉极化观测和随观测几何角度变化的PS反射模式选择代表来自高位目标的直接反射的PS。两个区域的案例研究表明,PS选择完成后出现了一个向更低数量级速度预测发展的变化,但这个变化并不大(小于0.5mm/年)。在一个区域大多数建筑的地基建造都很稳固的前提下,由于油气生产引起的沉降是非常常见的形变体系,所以可以根据基于空间相关性选择出来的PS对沉降进行预测。建议对所有沉降区域中存在的这种情况进行评估。

考虑两种测量技术的精度,研究人员对根据PSI和水准测量活动做出的形变估计进行了交叉验证。两种技术的位移率之间的相关性系数是0.94,与受控角反射器实验中的位移相关性系数(0.94)相当,同时也与根据反复水准测量活动得出的位移估计相关性系数(0.94~0.97)很相近。此外,时空密度可用于监测储层动态,例如PSI捕获到的因地下储气造成的地表隆起。由此可得出结论,无论是单独使用,还是在特殊情况下结合使用应用频率已大大减少的水准测量活动或GPS,PSI都已达到了进行实际应用的成熟度,能够(在个别情况下)监视荷兰北部仅因天然气开采造成的沉降。

CONTENTS / 目录

第1章 引言 ········· 1
1.1 背景 ········· 1
1.2 研究目标 ········· 2
1.3 概要 ········· 4
在线摘要 ········· 5

第2章 荷兰国内因油气产生引起的沉降 ········· 6
2.1 地理背景 ········· 6
2.2 应用水准测量进行的沉降监测 ········· 13
2.3 大地形变监测 ········· 15
2.4 结论 ········· 21
在线摘要 ········· 22

第3章 永久散射体 InSAR ········· 23
3.1 干涉测量处理 ········· 23
3.2 永久散射体选择 ········· 28
3.3 永久散射体相位观测 ········· 33
3.4 PSI 估计 ········· 35
3.5 结论 ········· 41
在线摘要 ········· 41

第4章 质量控制 ········· 42
4.1 PSI 精度和可靠性 ········· 42
4.2 函数模型缺陷的影响 ········· 43
4.3 随机模型中的缺陷 ········· 49
4.4 测量精度 ········· 55
4.5 执行形变监测的理想化精度 ········· 63
4.6 结论 ········· 75

在线摘要 ………………………………………………………………… 77

第5章 多轨PSI ……………………………………………………… 78

5.1 单轨基准统一 ………………………………………………… 79
5.2 多轨基准统一 ………………………………………………… 80
5.3 分解视线形变 ………………………………………………… 89
5.4 结论 …………………………………………………………… 91
在线摘要 …………………………………………………………… 91

第6章 格罗宁根地区的PSI沉降监视 ……………………………… 92

6.1 InSAR处理策略 ……………………………………………… 92
6.2 ERS和Envisat PSI结果 …………………………………… 101
6.3 质量控制 …………………………………………………… 106
6.4 多轨分析 …………………………………………………… 116
6.5 形变监测的理想化精度 …………………………………… 121
6.6 结论 ………………………………………………………… 135
在线摘要 ………………………………………………………… 136

第7章 交叉验证和作业执行 ……………………………………… 137

7.1 精度和时空观测频率 ……………………………………… 137
7.2 比较PSI和水准测量的形变估计 ………………………… 148
7.3 测地学测量技术的整合 …………………………………… 159
7.4 结论 ………………………………………………………… 162
在线摘要 ………………………………………………………… 163

第8章 探论未来的沉降监测 ……………………………………… 164

8.1 精度和可靠性 ……………………………………………… 164
8.2 形变体系的分离 …………………………………………… 166
8.3 PSI和储层动态 …………………………………………… 167
8.4 未来的沉降监测 …………………………………………… 173
在线摘要 ………………………………………………………… 174

第9章 结论和建议 ………………………………………………… 175

9.1 结论 ………………………………………………………… 175
9.2 建议 ………………………………………………………… 180
在线摘要 ………………………………………………………… 181

附录 1 研究区域定位 ·· 182

附录 2 PSI 和水准测量位移分布图 ······································ 183
    A2.1 PSI(路径 380,487)以及水准测量(自由网平差) ············ 183
    A2.2 PSI(路径 380,487)以及水准测量(SuMo 分析) ············· 184

参考文献 ·· 191

1

引言

自20世纪60年代始,荷兰各大气田油田开始投产。其中最大的就是格罗宁根气田,其厚度达100~200m,直径约有30km(NAM,2005)。自开采天然气伊始,气藏储集层不断发生压实作用。到2003年,已引起多达24.5cm的地面水平沉降(Schoustra,2004)。在荷兰,测量因天然气和石油开采造成的沉降是一项法定义务,目的是能够在必要时针对沉降采取环境保护措施。Waddenzee(瓦登海)是一个受保护的海洋湿地区(NAM,2006)。2007年2月,在Waddenzee地下开始进行天然气生产时人们就强调了油气生产的环境影响。为了避免对生态系统造成不良影响,我们在本书中给出了进行"近实时"沉降监测的条件。这些研发工作强调了测地沉降监测技术的重要性,这些技术能够定期提供大地测量学观测结果及其不确定性限度的信息。

1.1 背景

荷兰的地面水平运动定期用水准测量方法进行测量(de Heus et al.,1994; Schoustra,2004)。根据精确水准测量获得的测量高度差优于$1mm/\sqrt{km}$(de Bruijne et al.,2005)。由于水准测量技术具有悠久的历史,我们对误差分配十分清楚。同时,水准测量网络在设计上通常结合一些冗余观测,能够有效进行测试并去除错误测量。

尽管水准测量是沉降监视方面使用的一项成熟技术,但它的缺点也十分突出:该技术需要的工作强度大、成本高。而且,由于测量工作必须沿着繁忙的马路进行,它还使沉降监测工作具有一定的安全风险。因此,自20世纪90年代卫星雷达干涉测量(InSAR)发展成为一种测量技术以来,我们研究了应用该技术进行沉降监测的可行性。目前,多种雷达卫星都已投入运行,例如,欧空局(ESA)的欧洲遥感卫星(ERS-1和ERS-2)能够每隔35天对一个100km×100km的区域获取SAR图像。相对于水准测量,InSAR具有很高的时间和空间观测分辨率,应该能够帮助我们获得关于变形机制的更加深入的认识。

InSAR利用两次雷达获取之间的相位差观测来估计地表形变。除了相关的形变信号以外,干涉测量相位还含有一些因大气信号延迟、(剩余)地形信息和轨道误差(Hanssen,2001)带来的影响。此外,研究人员只观测到了分数相位("缠绕"相位),这说明从卫星到地面的整周数是未知的。以连续相干相位差异成像("干涉图")为目标的 InSAR 方法又称常规 InSAR。常规 InSAR 用于形变监测的实例有 Massonnet et al. (1993) 所演示的 Landers 地震变位场,van der Kooij(1997)的文献所记载的探测美国加州 Belridge 和 Lost 山油田因油气生产造成沉降的实例。常规 InSAR 适于在地表变化相对平缓与时间低相关的区域监视量级高于误差源的明显形变信号。但是,在沉降率较低的区域(如荷兰因天然气开采造成的沉降每年大约只有几毫米),要获得准确的形变估计,误差源(如大气干扰)的估计十分重要。更进一步地说,农业和植被覆盖区域的时间去相关引起的相干性损失会限制常规干涉测量的应用。

为了打破常规干涉测量的局限,研究人员采用了永久散射体(PS)干涉测量(Ferretti et al.,2000,2001)。永久散射体是一些在时间上具有相干相位特性的目标,通常与地形中的人造特征相对应。根据永久散射体获得的相位差观测可用于对形变信号及其他相位影响(如地形高度差和大气干扰)进行评估。同时,它们还构成了一个由可靠测量点组成的网络,能够在链路中执行相位解缠。永久散射体 InSAR(PSI)方法已成功应用于 PS 密度很高的城市化地区。PSI 已经用于评估不同原因造成的变形,如因抽水、采矿活动、油气生产和山体滑坡造成的地表沉降。关于这些方面的实例可见 Fruneau(2003)、Colesanti et al. (2005)、Ketelaar et al. (2005) 和 Meisina et al. (2006) 的论著。Colesanti et al. (2003)中还执行了永久散射体 InSAR(PSI)的质量评估,得出的结论是变形估计精度可达 1~3mm,形变率为 0.1~0.5mm/年(1σ)。

1.2 研究目标

由于 InSAR 技术的进步,潜在的应用已经开始关注那些空间范围大、形变率低、受时间去相关影响严重的区域。格罗宁根气田的天然气开采引起的沉降率小于 1cm/年,分布在一个直径超过 30km 的碗形沉陷地区。除此之外,该区域还具有郊区和农业特征,容易受到千变万化的大气环境影响(Hanssen et al.,1999)。由于格罗宁根大部分地区都受时间去相关的影响,常规 InSAR 不适于进行沉降监测。在 ERS 35 天的重访时间之后,干涉图中只有城市(化)区域显示出了相干迹象。由于相关形变信号的量级很小,误差源的估计以及形变估计中的精度和可靠性评估都很重要。Hanssen、Usai (1997) 以及 Usai (2001) 都曾经进行过关于格罗宁根地区 InSAR 适用性的预先研究。为了克服时间去相关的影响,本项研究重点关注选择的几个短基线干涉图中的相干特征(建筑物、公路)。我们对几个城市区域的相位观测进行了分析,研究了其用于沉降估计的效用。现有形变剖面图中存在的偏差表明,我们需要更加精确的方法。

作为一种测量技术,尽管 PSI 精度和可靠性的定量对于监测测量至关重要,但应用这种定量估计相关的形变信号(即油气生产引起的沉降信号)还远远不够。雷达卫星从空间观测各种各样的地表形变,而不考虑形变的产生机理。一个 PSI 位移既可能代表地基构建不良的建筑物的不稳定特征,也可能代表因地下水抽取或因地下浅层软土压实造成的浅层压实作用。因此,应当对 PSI 这种测量技术的精度和可靠性以及可能的形变原因都进行细致的论述。同时,为了确保荷兰沉降监测的一致性,实际使用 PSI 时,还需演示其与传统水准测量的结合使用和交叉验证。

虽然存在这些复杂的因素,PSI 空间和时间观测分辨率仍具有改善沉降监测的潜能。例如,Odijk 等人(2003)的研究表明,结合使用 InSAR 与水准测量观测能够在十分缺乏水准测量数据的区域产生更高的估计沉降参数精度。而且,PSI 的空间和时间观测频率还可能会增加人们对储层动态的认识,进而优化油气储层的开发。

识别 InSAR 在监测格罗宁根地区沉降方面的主要局限和潜在价值的同时也带来了下列一些研究问题:

InSAR 技术能够为监测荷兰(特别是格罗宁根地区)油气生产引起的沉降提供精确可靠的形变估计吗?

这一问题的陈述可以细化为下列七个子问题:

(1) 监测地区是否含有足够的具有相干相位观测的雷达目标?
(2) InSAR 是否能提供关于格罗宁根地区地表位移的精确预测?
(3) 如何评估 InSAR 形变估计的可靠性?
(4) 在存在多种变形因素的情况下,根据 InSAR 测量评估因油气生产造成的沉降可行吗?
(5) PSI 形变估计与水准测量结果是否一致?
(6) InSAR 是否有助于人们了解储层动态?
(7) 使用 InSAR 是否能保证沉降监测的连续性?

第一个子问题强调永久散射体的存在,永久散射体主要与地形中的人造特征相对应。根据这些目标建立了一个二重差分相位观测网(空间的和时间的),使人们能够借助大地平差和测试程序实现对研究相关形变信号的专门评估。已经证明,该技术在城市区域的使用十分成功。但是该技术在高度去相关的乡村地区的使用性能还需调研。

PSI 评估的质量描述可以分为精度和可靠性。精度是指一个随机变量偏离其期望数值的偏离度,而可靠性表达的是模型缺陷以及模型缺陷对(形变)参数预测造成的影响的可检测性。PSI 形变估计的可靠性评估中存在一个复杂因素,即当无法确定相位解缠为正确时,评估过程缺乏支撑。为了解决这一问题,我们采用可靠性评估,使用来自多个独立路径的 PSI 评估。

除了 PSI 在评估格罗宁根地区地面运动方面的精度以外,本书还详细描述了形变评估的解译过程。由于雷达卫星是从空间进行监测,它们不仅监视相关信号,还对每一次地表运动进行观测。一个 PS 位移的产生可能由几个变形原因(共同)造成:结构不稳定性、浅层压实作用或油气生产。为了分离各个位移分量,需要了解 PS 物理性质信息并理清下列问题:PS 移位代表来自地基建立在地下深层且地基稳固的建筑的直接反射,还是代表发生在受浅层压实作用影响的多个直接环境事物之间的一种多次反射(Perissin,2006)叠加效应?

通过对比根据水准测量技术做出的位移评估,可执行交叉验证。用一体化方式评估变形参数时,人们对两种技术的随机性都进行了考虑。由于 InSAR 测量能够替代(部分)水准测量,未来测量工作的连续性将能够得到保证。由于沉降的"寿命"比雷达卫星的服务寿命期长,这意味着需要结合使用多个传感器的接力工作进行形变估计。

除了其在科学上贡献以外,本研究还提出了一种实用的测量方法来取代劳民伤财的水准测量活动。应用定期卫星图像采集并借助遥感技术进行沉降监测的优点显而易见:它将不仅大大降低沉降监测所需的费用,而且还将会减小安全风险。同时,时间和空间采样频率也将大大提高:与水准测量活动每 2~5 年开展一次的频率相比,InSAR 测量最多可每 35 天执行 4 次采集;相比于以往每平方公里只有 1~2 个基准点,城市区域每平方公里具有 100 个以上的目标。因而,除了能够对因油气生产引发沉降进行更加受控的监测以外,InSAR 还将能够帮助我们更加深入地了解储层动态。

1.3 概要

第 2 章从讨论油气储层的形成入手,根据储层特性(如压实系数和厚度),首先对预测地面水平沉降的方法进行阐释,然后又对格罗宁根地区的水准测量活动进行了论述,并历数了现有能够评估因油气生产造成地面沉降的几种大地测量方法。

第 3 章主要论述了 PSI 评估理论和质量描述,给出了关于干涉测量处理、PS 选择以及 PSI 数学模型的综述。第 4 章重点论述 PSI 的质量评估,包括形变评估精度和在存在其他形变机制的情况下对相关形变信号的评估("理想化精度")。第 3 章所介绍的数学模型中没有冗余,将会使 PSI 可靠性评估受限。因此,第 5 章介绍了另一种可靠性评估方法,采用来自多个观测同一形变信号的独立卫星路径的 PSI 评估,再通过多轨基准统一程序对这些路径的 PSI 评估进行集成。

第 6 章中,将第 3、4、5 章中所描述的理论框架用于格罗宁根地区的沉降监测。多轨基准统一程序使用六个 ERS 路径,使监视区域进一步扩大,能够覆盖整个荷兰东北部以及德国的部分地区。第 6 章对 ERS 和 Envisat 的移位评估精度进行了描述,同时还论述了模型缺陷的影响。此外,应用 PS 特征工具和关于形变信号时空动态的先验知识,人们还能更加充分地利用预测油气生产造成沉降的理想化精度。

有效使用 PSI 的一个重要条件就是 PSI 位移评估要与历史水准测量的结果相符。由于水准测量和 PSI 观测的物理原理不同,两者在精度和准确度上的严格比较并不直观。第 7 章根据相邻 PS 和水准测量点分析了位移评估的相关性。针对观测精度和相关变形参数的预测,它对这两种技术的时空采样进行了详细描述。

第 8 章对第 6、7 章中获得的结果进行了讨论,并对该技术的未来发展进行了展望。它表明,PSI 有能力增进人们对地质储层动态的认识,如利用 PSI 时间采样,将能够清楚地识别出地下天然气存储位置上方的地表沉降和隆起。最后,第 9 章对本书的研究做出了结论并提出了一些建议。

在线摘要

在 20 世纪 60 年代,荷兰的各大气田、油田就已开始投产。其中,最大的应属格罗宁根气田,其厚度有 100~200m,直径约 30km(NAM 2005)。自从天然气开采伊始,气田储层就不断发生致密现象,导致 2003 年发生高达 24.5cm 的地面水平沉降(Schoustra,2004)。在荷兰,为了能够在必要时即时采取相应的环境保护措施,测量天然气或石油开采引起的沉降是一项法定义务。2007 年 2 月,在从受保护的海洋湿地区域——瓦尔登海区地下层——开采天然气之初,人们就曾强调油气生产的环境影响(NAM,2006)。为了避免对生态系统造成不良影响,文中提出了近实时沉降监测(hand-on-the-tap)的条件。这些研发强调了对测地沉降监测技术的需要,这种技术能够定期提供大地测量观测,包括其不确定性限度。

荷兰国内因油气生产引起的沉降

本章对因油气生产引起的沉降机制进行了描述。地面水平的沉降因油气开采引起的压实作用所致。沉降的时空动态与油气生产速度、储层岩石的物理性质以及覆盖在上方的地下层有关。为了控制水管理并避免环境破坏,荷兰立法要求对沉降进行监测。同时,沉降监测还能提供关于储层动态和钻井性能的信息。例如,这些信息可用于操控以优化石油生产为目的的注蒸汽运行。

2.1 节首先简要地描述了油气储层存在所需要的地理环境条件。然后,详细地讨论了荷兰天然气和石油储层(特别是格罗宁根气田)的地球物理学特性。最后,本节还根据储层参数对用于沉降预测的已开发模型进行了描述。2.2 节描述了荷兰的实际沉降测量情况。2.3 节对从格罗宁根气田天然气开采之初就使用的一些沉降评估方法进行了概述。

2.1 地理背景

本节首先对油气储层的存在和性质进行讨论,然后详细地阐述格罗宁根气田的具体情况。

2.1.1 油气储层

有机碎屑曝露在高温高压条件下,随着覆盖层(覆盖的沉积物)越积越厚,年深日久,就形成了碳氢化合物(石油和天然气的主要成分)(Chapman, 1983; Landes, 1959; Rondeel et al., 1996)。碳氢化合物存储在储集岩中,储集岩的孔隙充满了水、液态碳氢化合物(石油)或气态碳氢化合物。最常见的储集岩是砂岩和碳酸岩。一个储层的碳氢化合物成分取决于碳氢化合物的类型以及储层内的温度和压力。储层内的液体按密度呈层分布,见图 2.1。

由于碳氢化合物容易向上迁移,所以碳氢化合物的积累需要有封层和圈闭。封层由碳氢化合物液体所无法渗透的物质构成。例如,页岩封层或蒸发岩(如盐层)封层就很常见。圈闭是封闭的储层,被不渗透岩所包围。圈闭可分为结

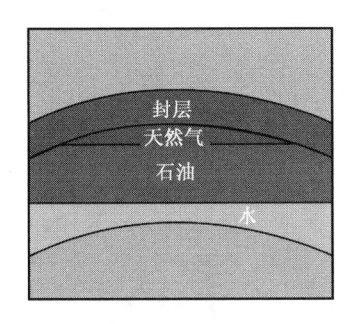

图 2.1 背斜圈闭中积累的碳氢化合物。封层能够阻止碳氢化合物
液体继续向上迁移,水、石油和天然气则按密度呈层分布

构性圈闭和地层圈闭,见图 2.2。结构性圈闭由背斜、断层和盐核构造,地层圈闭则因可渗透性发生变化而引起。倾斜的沉积层通常就需要有一个地层圈闭(出处同上)。

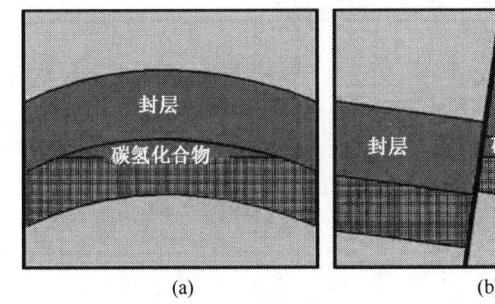

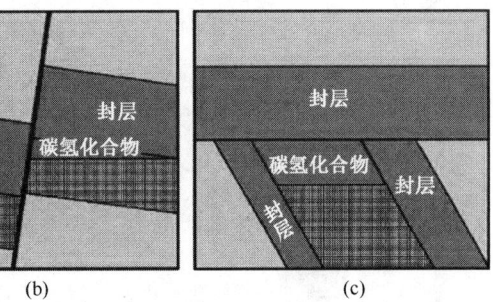

图 2.2 结构性圈闭:背斜圈闭(a),断层圈闭(b);地层圈闭(c);渗透率各异的倾斜层

要经济地开采碳氢化合物,储层必须达到一定的质量标准。除了碳氢化合物的体积、储层的厚度和广度以外,孔隙度和渗透率都是一些相关重要因素。孔隙度是指中空的总储层岩容积占整个储层体积的百分比。虽然孔隙度是碳氢化合物存储的必要条件,但孔隙却不能保证碳氢化合物液体一定会流入储层中。岩石传送液体以及排放其含有的碳氢化合物的能力可定义为渗透率。储层岩石的渗透率越高,碳氢化合物液体的流动也越容易。孔隙度和渗透率与岩石颗粒形状、填塞作用和分选作用、黏结度和覆盖层有关。详见 Craft 和 Hawkins(1991)、Dake(2002)。

2.1.2 格罗宁根气田

荷兰地下层含有很多气田和若干油田。油气储层大都分布在荷兰北部地区,见图 2.3。自从 1943 年发现了 Schoonebeek 油田、1948 年发现了 Coevorden 气田,荷兰随后开始了石油和天然气生产。格罗宁根气田是在 1959 年发现的。

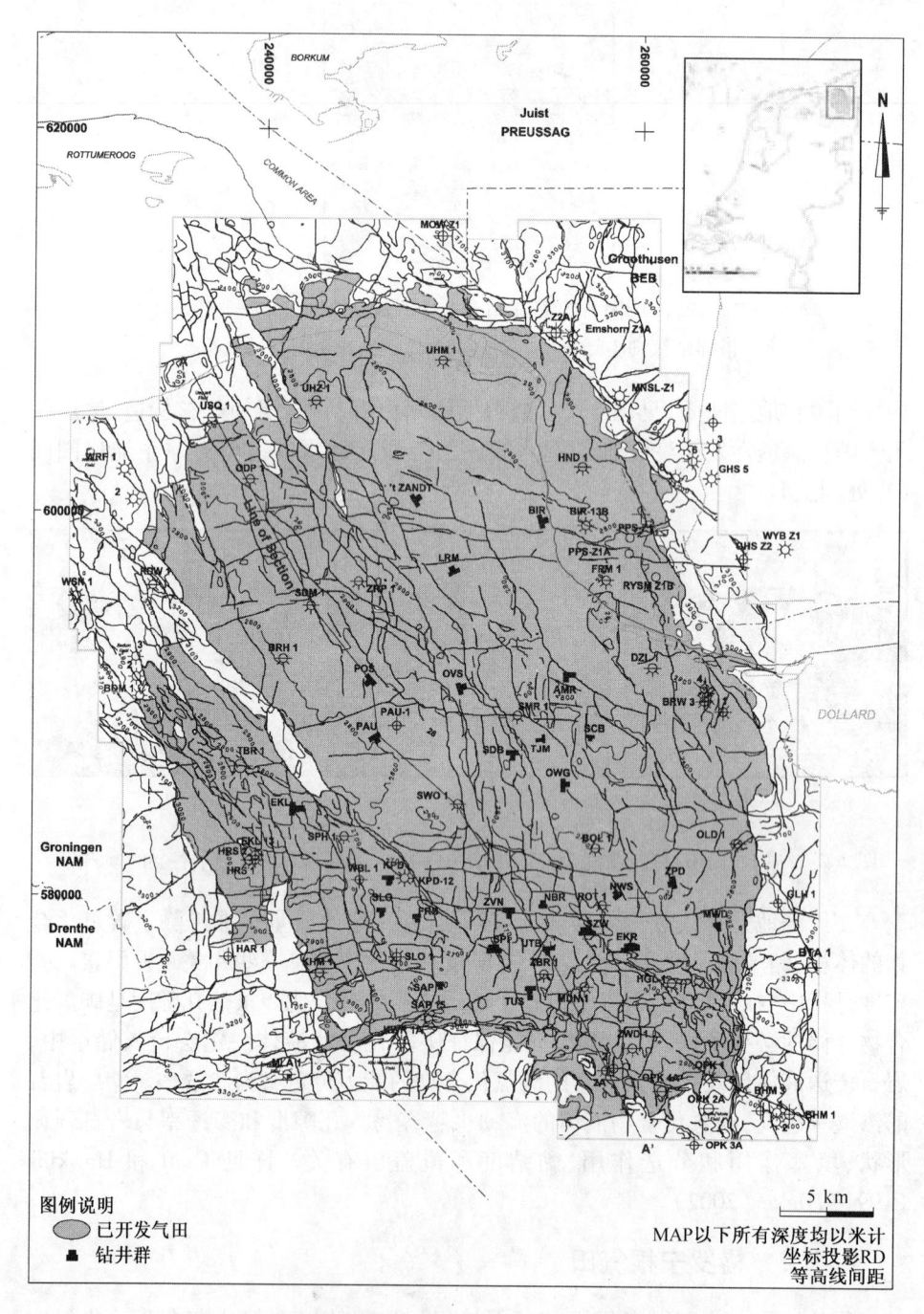

图 2.3 格罗宁根气田的地理位置和空间分布范围概况，包括钻井位置和断层(NAM,2003c)

图2.4给出的是格罗宁根气田的地理位置。这里的天然气形成于石炭纪(3亿6千5百万年~2亿9千万年以前)。之后，天然气在二叠纪(2亿9千万年~2亿5千万年以前)逐渐向上迁移到赤底层的多孔砂岩中。这些砂岩层由风成沉积和河流沉积形成(de Jager and Geluk, 2007)。风成沉积由于岩石颗粒受到良好的分选作用，构成了最好的储层。天然气储层被滕布尔(Ten Boer)黏土岩和厚蔡希斯坦统盐层封闭。格罗宁根天然气储层的界限主要由几个断层区界定，断层相对于水平平面的若干层走向形成了几个圈闭。

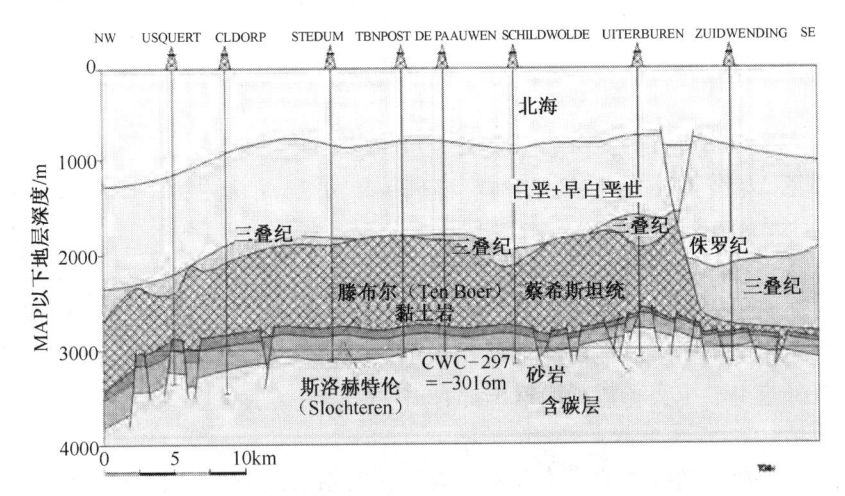

图2.4 格罗宁根气田截面图(NAM, 2003c)。该截面图的位置在图2.3中被表示为"断面线"。斯洛赫特伦(Slochteren)砂岩地层属于赤底层的组成部分

格罗宁根气田的水平分布范围约为900km²。它位于地下2750~2900m的深度上，其厚度不均衡，为100~200m不等(NAM, 2005)，孔隙度数值处于16%~20%之间(Teeuw, 1973)。格罗宁根气田既是欧洲北部最大的气田，也是世界上最大的气田之一。估计可开采量约为27000亿 m³。已建成的钻井总数为295个，构成了29个钻井群。格罗宁根天然气生产始于1963年。但目前荷兰的天然气开采重点主要放在较小气田上(NAM, 2003c)。为了延长格罗宁根气田的寿命，我们一直使其保持相对较低的生产量。

由于本书的重点是沉降监测，读者若欲了解荷兰地质详情以及格罗宁根气田天然气的生产作业情况，可参阅Duin et al. (2006)、Lutgert et al. (2005)和Breunese et al. (2005)。

2.1.3 储层性质

储层性质决定着油气生产引起的潜在沉降量，本节将对储层性质进行描述，首先对储层压实的驱动因素进行阐释，然后再对断层和地下蓄水层的影响进行说明。

2.1.3.1 储层压实作用

在天然气和石油生产过程中，孔隙压力不断下降。由于覆盖层保持不变，储

层岩石晶粒结构的有效应力增大。因此,储层逐渐被压实,体积变小。如果储层的侧向尺寸比其厚度大很多,则压实作用主要会导致储层高度减小(Geertsma,1973b)。因此,储层压实情况首先可根据储层中的垂直应变 ε_z 进行定义:

$$\varepsilon_z = \frac{dz}{z} \tag{2.1}$$

式中:ε_z 为储层高度 dz 相对于其初始高度 z 的变化量,因恒定覆盖层下的孔隙压力 dp 增大导致有效应力增大而产生。垂直方向上的储层压实情况可由单轴压实系数 c_m 进行定义:

$$c_m = \frac{1}{z}\frac{dz}{dp} \tag{2.2}$$

压实系数 c_m 描述孔隙压力(以巴$^{-1}$(bar^{-1})计)中单位变化的压实作用。总压实量 ΔH 在特定的时间点之前都取决于开始进行油气生产作业时就形成的孔隙压力 Δp 的差值和储层初始厚度 H:

$$\Delta H = c_m \cdot \Delta p \cdot H \tag{2.3}$$

横向储集岩石的压缩率可通过泊松比 v 进行确定。泊松比是横向应变与纵向应变之比。格罗宁根气田的泊松比数值约为 0.25。2.1.4 节告诉我们,地面水平沉降与单轴压实系数和泊松比都有关。

2.1.3.2 压实系数

压实系数与储层物理特性有关。推导压实系数的有效方法有两种:对取自钻井的岩心样品进行实验室测试(Teeuw,1973);在观测井位置储层中射击嵌入放射性弹头(deLoos,1973;NAM,2005)。

岩心样品取自格罗宁根气田不同部位的钻井。研究人员在实验室中对处于现场应力条件下的储集岩石状态进行了分析。处于零侧向应变作用下的有效垂直应力增大会引起储层厚度发生相对变化,可根据这个变化确定储层压实情况。

除了通过对岩心样品进行实验室测试以外,人们还能现场测量压实情况。现场压实测量使用的测量目标是射入地层中相等距离上的一些放射性弹头。然后再用伽马射线探测器定期对弹头之间的相对位移进行测量。伽马射线探测器与部署在观测钻井中的电缆相连接。我们在格罗宁根气田设立了 11 个观测井,这些观测井的现场压实测量执行精度可达毫米水平(NAM,2005)。压实测量显示出其与储层压力存在线性相关。根据这些测量推导出的压实系数 c_m 的变化范围为 $0.45 \times 10^{-5} \sim 0.75 \times 10^{-5}$/bar[①](出处同上)。

格罗宁根气田储层的初始压力是 347bar,2005 年降至 125bar;储层平均厚度是 170m。应用式(2.3)进行计算,结果表明,到 2005 年天然气生产已经引起了 17~28cm 的总储层压实量。最后引起的地面水平压实量不仅与储层深度和

---

① 1bar=100kPa

分布半径有关,也与泊松比有关,见 2.1.4 节。此外,储层压实还可能受时间延迟的制约(Hettema et al.,2002),在时间延迟过程中,储层不断收缩聚敛达到平衡状态,进而使压实作用通过覆盖层传播到地面水平。

储层压实量还受储集岩特性(如岩石颗粒的排列次序、形状和硬度,黏结度或结构硬度)(Teeuw,1973)的影响。同时,岩石性质还决定了地质变形是否可逆转。硬岩石的变形表现出通常的弹性(可逆转)行为。软岩石由于被压碎且岩石晶粒位置发生了变化只具有部分可逆性。岩石类型可以继续细分为致密岩石、全固结岩、半固结岩和未固结岩。这些岩石的孔隙度从 0~40% 不等,孔隙度越大,压实系数就越大。格罗宁根 Rotliegend 储层属于半固结岩类型,其弹性行为已设定。

2.1.3.3　储层连通性

储层压实量与储层厚度、储层压降和储集岩的压实系数有关。如果这些参数在储层不同部位有所不同,则储层压实量也将发生变化。断层附近存在不连续变化。断层是否能被封闭起来由储层厚度、垂直偏移量、断层走向以及气水界面的深度决定。如果钻井的排水区含有密封断层,则该钻井将无法在不连通区域进行油气生产。因此,这个断层两侧将各有一个压实区域和一个未压实区域。格罗宁根气田的断层形式见图 2.3,呈东南—西北走向。储层区段之间的相互作用将使沉降预测具有一定的不确定性。

2.1.3.4　地下含水层

2.1.1 节已经告诉我们,储层某部分可能会含水。含水的储层部分称为含水层。由于水的密度较高,含水层的位置应该处于液态碳氢化合物下面。含水层的存在和分布量决定着油气生产期间压降的大小。如果含水层比天然气储层大很多,则它能对储层提供压力支持(NAM,2005)。如果含水层很小,油气生产则会严重影响含水层的压力。由于含水层是决定储层内部压力分布的因素之一,所以含水层的损耗信息对估计储层压实量而言十分重要。另外,断层区域周围横向含水层的连通情况也会存在一些不确定性。由于含水层区域几乎无法架设钻井,因此我们无法对含水层的压力动态进行观测。地面水平的大地测量(如水准测量和 PSI)能够提供关于含水层减少情况的信息。例如,根据水准测量,能够断定格罗宁根以西的含水层没有减小(出处同上)。

2.1.4　沉降预测方法

地面水平的沉降可以根据油气储层和覆盖层的地球物理学特性进行预测。已经应用的方法有很多,如解析法(Geertsma,1973a)、半解析法(Fokker,2002;Fokker and Orlic,2006)、数值法(Sroka and Hejmanowski,2006)和有限元法(Geertsma and van Opstal,1973;Fredrich et al.,2000)。

Geertsma(1973a)描述的用于进行沉降预测的解析法假设覆盖层是均匀、有弹性的。储层本身由"应变核"构成。应变核的体积 V 小而有限。应变核引起的垂直移位 u_z 可由下式得出：

$$u_r(r,0) = -\frac{c_m(1-v)}{\pi} \frac{D}{(r^2+D^2)^{3/2}} \Delta p V \tag{2.4}$$

式中：r 为从垂直轴贯穿应变核的径向距离；c_m 为单轴压实系数$(kg/cm^2)^{-1}$，见式(2.2)；v 为泊松比；Δp 为孔隙压降(kg/cm^2)；D 为应变核的埋藏深度；V 为应变核体积。

如果垂直移位为负数，则意味着出现沉降；相反，如果垂直移位为正数，则意味着发生了隆起。根据 Anderson(1936) 和 Mogi(1958) 的描述，应变核引发移位的几何形状与点源所引发的移位相同。

油气生产引起的地表变形不仅限于垂直移位。应变核引起的水平位移见下式：

$$u_r(r,0) = +\frac{c_m(1-v)}{\pi} \frac{r}{(r^2+D^2)^{3/2}} \Delta p V \tag{2.5}$$

式中，正水平位移位于朝向应变核位置的方向。根据式(2.4)和式(2.5)，可以推导出水平位移和垂直位移之间的比例等于 $-r/D$。

随后，通过对整个储层的应变核解求积分，可得出储层上方的总沉降。根据厚度为 H、半径为 R、深度为 D 的圆盘形储层的储层简化表达式，Geertsma(1973a) 给出了对应变核解求积分后的封闭解。假设压降 Δp 在整个储层上是均匀的。公式是非线性的，需要估计汉克尔-利普希茨(Hankel-Lipschitz) 积分。圆盘形储层上方的最大垂直位移可用下式表达：

$$u_z(0,0) = -2c_m(1-v)\Delta p H \left(1 - \frac{D/R}{\sqrt{1+(D/R)^2}}\right) \tag{2.6}$$

除了压实系数、泊松比、压降和储层厚度以外，储层深度和储层半径的比例决定了最大沉降量。

沉降预测的解析表达式基于沉降的简化表达式。储层并不是一个完美的圆盘，覆盖层也并非绝对均衡。Hejmanowski 和 Sroka(2000) 将储层进一步划分为一些基本为正方体的小方块，使每个小方块都具有独特的地质力学性质(厚度、压实度、压降)。然后，再用影响函数估计一个地面水平的储层要素引起的沉降。总沉降量是所有储层要素影响作用的总和。有限元法应用的是描述地表以下整个地下层(包括储层及相邻地质层)的地质力学模型。基于这种有限元模型，Fredrich 等人(2000)模拟了 Belridge 储层及覆盖层的移位演变过程。

有限元模型的优点是，它们可用于任意几何形状且性质和压力分布不断变化的储层，参见 Geertsma 和 vanOpstal(1973)。因此，只要能获悉储层中形变性质分布的足够信息，就能对垂直移位和水平梯度进行更精确的预测。此外，有限元模型对覆盖层的模拟也更加精确。有限元方法的缺点是计算时间过长。为了解决这一问题,我们引用了半解析模型(Fokker,2002;Fokker and Orlic,2006)。半解析模型避免使用费时的有限元法,它采用了一种比 Geertsma(1973a)解析法更精细的模型。该模型并不假设地下层均匀分布,而是将地下层划分为弹(黏)性性质各异的多个层。

Geertsma(1973a)的解析法(把储层进一步划分为一些更小的区)和有限元分析都曾用于预测荷兰因油气生产造成的沉降(NAM,2005)。由于这两种方法得出的结果非常相似,气田大部分区域(出处同上)的模拟预测都采用了分析法。我们用有限元分析法对 Ameland 储层上方的沉降进行了计算:该储层位于一个复杂的熔盐结构下方,其行为无法用解析法进行模拟(出处同上)。

2.2　应用水准测量进行的沉降监测

本章对荷兰沉降监测过程中执行的水准测量和相关法律准则进行了论述。

2.2.1　水准测量活动

自20世纪60年代格罗宁根地区进行天然气生产开始,水准测量活动定期执行。水准测量是一种光学陆地测量技术,能够测量已设立基准点之间的高度差。这些基准点分布在测量区域上方,在概念上是沉降模式形状的一种离散化表达。通过测量多个时相的水准标记高度差,能够对沉降碗形沉陷的演变进行监测。

由于沉降测量对于制定环境保护预案起决定性作用,所以对预测高度差进行质量评估非常重要。为了测试测量误差和系统误差,我们还进行了很多冗余测量。彩图2.6描述的是荷兰东北部的水准回线。自天然气生产开始,我们就根据反复进行的水准测量活动对天然气开采造成的沉降进行了预测。到2003

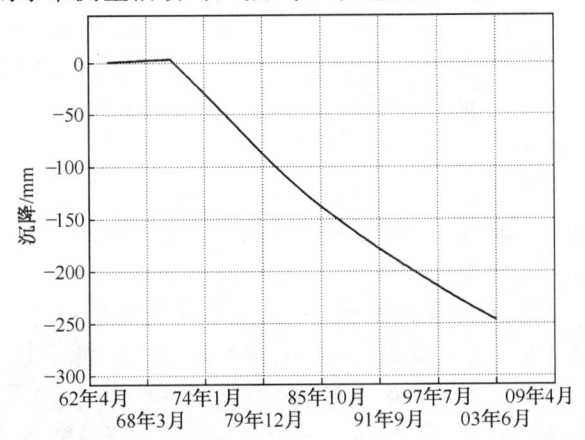

图 2.5　根据水准测量观测(Schoustra,2004)预测的格罗宁根沉降陷落中心位置自天然气生产开始后发生的沉降量(mm)

年,格罗宁根沉降沉陷的最深点已经下降了 24.5cm(Schoustra,2004)(图 2.5)。这些位移基本上随时间呈线性发展。20 世纪 70 年代以后,我们把开采重点转移到小型气田上,这种位移率开始有所下降。格罗宁根气田以及诺赫(Norg)和赫赖普斯凯尔克(Grijpskerk)地区的地下天然气储藏发挥着天然气机动生产者的作用,能够满足天然气高峰需求(NAM,2008)。

基准点高度为正交,且参考荷兰本地高度参照系统 Normaal Amsterdams Peil (NAP)而定。由于水准测量是一种相对技术,所有高度都要根据一个参照基准点进行预测。

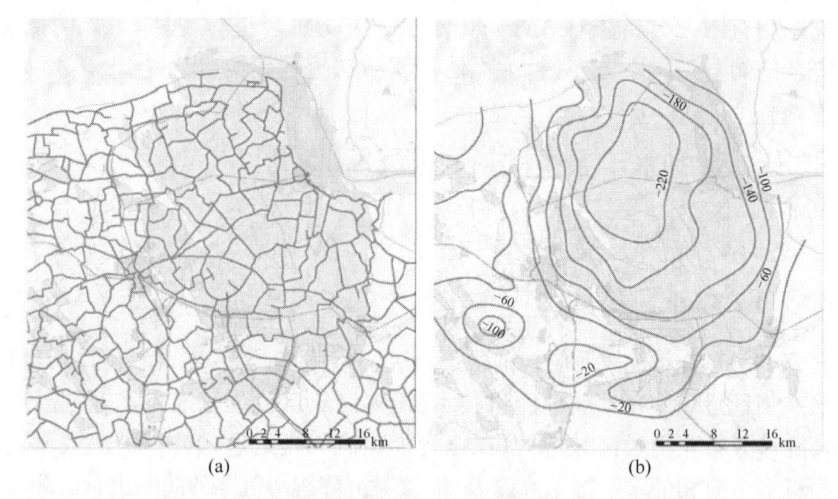

图 2.6　2003 年水准测量活动的测量网络(a)及自天然气生产开始至 2003 年产生的沉降(b)(mm)。绿色部分描述的是气田。水准测量轨迹总长度约为 1000km

2.2.2　法律准则

根据荷兰采矿法(Mijnbouwwet,2008),在荷兰,监视矿物开采造成的地表形变是一项法定义务。石油、天然气和盐业开采公司有义务开发和改进测量方案,方案须经荷兰经济部批准认可。根据采矿法,这些测量方案中应当包含时间点、测量位置和测量技术信息。测量活动需在开始进行天然气生产之前进行。国家矿业监督局(矿业官方)监督荷兰所有的采矿活动,包括评估矿业开采引起的沉降。其使命是确保能够以一种负责的社会认可的方式进行荷兰内陆以及荷兰境内欧洲大陆架部分的矿业开采和生产活动(SodM,2008)。

Duquesnoy(2002)针对用水准测量技术进行的沉降监测定义了更加详细的开采准则。水准测量必须具备的一个条件是测量应能达到 AGI(2005)所定义的精度标准。这些精度标准的实例对于水准回线闭合差和高度差观测精度而言都是十分重要的数值。

进一步,Duquesnoy(2002)研究了空间和时间观测密度。要求的空间基准点密度取决于沉降沉陷的形状和分布范围。开采准则的制定应依据气田简图。格罗宁根气田大致可描述为一个半径为 15km、处于地下 3km 深度上的圆盘形天然气储层。基于一个 45°的边界角,可确定沉降边界应在位于距离储层中心 18km 处。应用 Duquesnoy(2002)的准则同时也意味着沉陷最深处和沉降边界外围的基准点密度应为每平方千米 1 个(即 $1/km^2$)。在斜坡位置,重构空间沉降模式所需要的空间分布密度稍高(为每平方千米 1.5 个基准点)。

应根据沉降测量的精度来确定测量频率。只有当预计沉降比测量精确值大很多时,才需要进行新的测量。同时,前期测量获得的沉降历史数据也可用于预测需要用更高精度进行测量的沉降。应用这种方法,如果天然气生产率无明显变化且压实过程呈线性弹性,则测量频率可随着监视周期的增长而降低。但是,考虑实际情况,两次测量活动之间的最长周期应为 5 年(出处同上)。

2.3 大地形变监测

多年以来,用于形变监测的大地测量技术不断改进。根据基准点高度差预测,利用关于形变现象空时特性的参数化法扩展了形变监测活动。此外,监测活动还将包括描述引起变形的力和负荷的力学系统以及形变机制的物理特性(Welsch and Heunecke,2001)。因此,高级形变分析需要结合大地测量和地球物理学技术的跨学科方法。

本节概述了预测荷兰天然气开采引起沉降所使用的形变监测方法。作者首先对大地测量平差和测试技术进行了概述。然后,对逐点多时相形变分析进行了阐释。最后,又对连续时空形变现象进行了评估。

2.3.1 平差和测试程序

平差和测试程序包含在测地形变监测过程中,它以一体化的方式执行未知参数预测并测试观测和模型误差。由于相对于传统测地应用(如地籍测量)而言,通常对未知参数的最优模型知之甚少,所以测试程序在形变分析中非常重要。举个例子,天然气开采引起沉降的空间形状要比房屋拐角位置具有更多的不确定性。因此,为了根据观测确定使最小二乘剩余达到最小的数学模型,对多种备择条件进行了评估。通过这种方法,找到了适合研究信号的最佳形变模型。当然,为了避免向观测提供不现实的模型匹配,备选条件下的每个模型都应该能够在物理原理上解释得通。本节简要介绍了平差和测试程序的数学框架。

零假设 H_0 条件下的方程组可用公式表达为高斯 – 马尔可夫模型:

$$H_0: \quad E\{y\} = Ax, \quad D\{y\} = Q_y \tag{2.7}$$

式中:y 为观测矢量;x 为未知参数。设计矩阵 A 定义了两者之间的函数关系。

矢量加下划线(如$\underline{y}$)表示该矢量具有随机特性;观测的方差—协方差矩阵用Q_y表示。

用最小二乘平差法估计未知参数(Teunissen,2000a)。然后,在探测、识别和自适应(DIA)过程中测试零假设的确凿性(Teunissen,2000b)。在探测步骤中,零假设通过总体模型试验(OMT)进行测试:

$$\underline{T}_{q=m-n} = \hat{\underline{e}}^T Q_y^{-1} \hat{\underline{e}}, \text{如果} T_q = m - n > \chi_a^2(m-n,0), 排除 H_0 \quad (2.8)$$

式(2.8)取决于最小二乘残差$\hat{e}$和观测的方差-协方差矩阵。冗余量 m - n 等于观测数减去未知数数目(假设设计矩阵为满秩)。

如果总体模型测试结果不符合,就可以考虑识别步骤中评估的备选条件:

$$H_a: \quad E\{\underline{y}\} = Ax + c_y \nabla \quad (2.9)$$

式中:∇为模型误差;c_y定义了与观测(有可能是多维观测)之间的函数关系。标准测试就是进行数据检测。数据探测对单次观测进行错误检验。在这种情况下,第 i 次观测时,c_y将具有下式的形状:

$$c_{yi} = (0, \cdots, 0, 1, 0, \cdots, 0)^T \quad (2.10)$$

在形变监测中,用参数描述的相关信号的函数模型通常不是为人们所熟知的先验模型。因此,我们指定了多个不同尺度的测试来记录不同类型的模型偏差。在评估不同尺度的测试中,具有最少检验统计量的测试不一定会与最可能的备选条件相对应。这是由不同尺度的测试所需要的不同概率密度函数引起的。Heus 等人(1994)通过引用测试商(检验统计量值与其临界值的比例)给出了一种解决方案。如果把检验权重设定到 50%,则测试商可直接进行比较。

自适应步骤涉及要么重新测量和替换(部分)观测,要么用最可能的备选条件替换零假设。为了在自适应后测试数学模型的有效性,DIA 过程以迭代方式进行。

除了函数模型以外,随机模型也可以借助方差分量估计(VCE)(Teunissen,1998;Amiri-simkooei,2007)重新进行评估。然后,再分解随机模型以估计方差系数 σ_k^2,即

$$Q_y = \sum_{k=1}^{p} \sigma_k^2 Q_k \quad (2.11)$$

式中:Q_k 为余因子矩阵。求解下列方程组可得出方差分量 $\hat{\sigma}$ 的估计值:

$$\hat{\sigma} = N^{-1} l \quad (2.12)$$

又

$$N_{kl} = \text{tr}(Q_y^{-1} P_A^\perp Q_k P_A^\perp Q_l), l_k = \hat{\underline{e}}^T Q_y^{-1} Q_k Q_y^{-1} \hat{\underline{e}} \quad (2.13)$$

式中:k、l 分别为第 k 和第 l 个方差系数的行指数和列指数,要求的 VCE 输入由数学模型和平差结果产生;

$\hat{\sigma}$ 为方差分量 σ_k^2 的估计量;$P_A^\perp = I - A(A^T Q_y^{-1} A)^{-1} A^T Q_y^{-1}$ 为正交投射算子;

$\hat{e} = P_{A}^{\perp} y$ 为最小二乘残差矢量。

由于 Q_y 本身就包含在 VCE 中，方差系数估计以迭代方式计算得出。方差分量估计的精度应根据传播定律进行确定：

$$Q_{\hat{\sigma}} = N^{-1} \tag{2.14}$$

Verhoef 等人(1996)结合 VCE 描述了形变分析所需的探测—识别—自适应过程。除了估计方差系数(如估计测量精度)以外，还可以通过 VCE 获得其他随机参数，如剩余信号的空间相关长度等。Q_y 在这种情况下的分解将在 4.3 节进行描述。

2.3.2 逐点多时相形变分析

在逐点多时相形变分析中，相关形变信号用一些离散的测量点表示，然后在随后的一些时间点上对这些测量点进行监测。例如，一维(1D)形变分析应用水准测量根据多个时相(de Heus et al., 1994)进行分析。该过程可分解成以下三个步骤：

(1) 时相分析：每个时相水准高度差观测的自由网络平差和测试；
(2) 稳定性分析：位于沉降区域外部的地下基准点的稳定性测试；
(3) 形变参数估计。

最后一步以静态或动态的方式制约着基准点高度估计的时间分析。静态形变分析中，每个基准点的沉降量可通过用初始高度减去估计高度计算得出；而动态形变分析模拟时间上的移位：多项式适于进行高度估计，或者执行关于地球物理学参数的估计。这些地球物理学参数是观测形变产生的驱动因素。

动态形变分析可以进一步细分为确定性方法和随机方法。确定性方法把所有的剩余都归因于测量噪声。随机方法包含一个剩余分量，可以对该分量进行描述分析，进而模拟由于实际变形模式简化而带来的缺陷。

2.3.3 连续时空形变分析

逐点多时相形变分析可以进一步发展成为一种能够对形变现象的连续时空演变进行模拟的形变分析。根据相关形变信号的先验信息，这不仅需要函数模拟，也需要对模型缺陷进行随机模拟。本节对沉降现象的连续时空形变分析应用进行了阐述。

2.3.3.1 沉降——函数模型

多个时相上的沉降空间演变可以基于储层和沉降的地质力学模拟利用诸如点源模型，或者椭球模型(见图 2.7)，或者预测网格等进行描述。

考虑形变机制的复杂性，还可以选择按照叠加点源模型或椭球模型的方式进行沉降估计。

点源概念源自火山应用。这些点源通常称为 Mogi 源(Anderson, 1936;

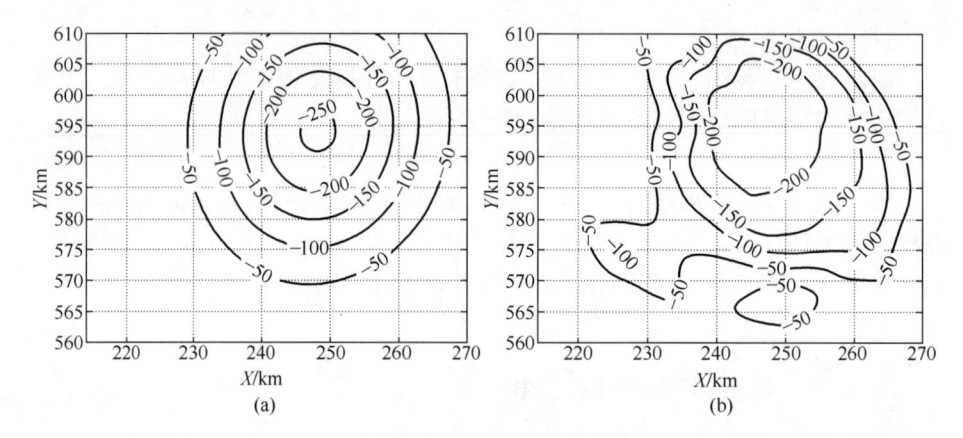

图 2.7　格罗宁根气田上方按数学椭球模型估计的沉降(mm)(a)，以及基于储层和沉降的地质力学模拟做出的沉降预测(b)

Mogi,1958)。Okada(1992)推导出了不同类型点源在均匀半空间中引起的变位场。我们定义了地震引发变位场的特定方向点源类型。如果只考虑单点源引起的垂直变位,则地表水平的预测用下式表示:

$$u_z(r,0) = M \frac{D}{(r^2 + D^2)^{3/2}} \tag{2.15}$$

式中:M 为乘性因子。该乘性因子中涉及的物理参数取决于应用:天然气开采引起的形变、地震或火山测量活动。它应当是一个关于作用在形变体上的力、剪切模量、压实系数、泊松比、压力变化和体积变化的函数。

注意,式(2.15)与式(2.4)相似。点源模型的几何形状与应变核引起的垂直位移的解析表达相同。式(2.15)的乘性因子包含压实系数、泊松比、压降和应变核体积。储层外形上相似的累积(2.1.4节)应是多个点源叠加作用的结果。

第二种参数化类型将沉降模拟成(一些叠加的)椭球形的沉陷(Kenselaar and Quadvlieg,2001)。假定位移率在时间上是线性的,则沉降速度随距离沉陷中心长度的增加呈指数下降。某一位置上点 i 在时间 t 时的沉降 z 可用下式表示:

$$z_i^{tot} = \begin{cases} \dot{z}(t - t_0) e^{-\frac{1}{2} r_i^2} &, \quad t \geq t_0 \\ 0 &, \quad t < t_0 \end{cases} \tag{2.16}$$

又

$$r_i = \sqrt{\frac{((x_i - x_c)\sin\phi + (y_i - y_c)\cos\phi)^2}{a^2} + \frac{((x_i - x_c)\cos\phi - (y_i - y_c)\sin\phi)^2}{b^2}} \tag{2.17}$$

式中:$\dot{Z}$ 为点 i 的位移率;R_i 为点 i 到沉陷中心的距离;t_0 为沉降开始发生的时间;x_i,y_i 为点 i 的位置;x_c,y_c 为沉陷中心位置;ϕ 为沉陷方位角;a,b 为椭球轴的长度。

最后一个模型类型是沉降预测网格:基于储层的地球物理学动态和覆盖层,在被划分成一些方块区(网格单元)的规则网格的相关区域中预测移位。沉降预测中考虑了地球物理学参数的空间变化。因此,这种沉降预测比点源和椭球形模型能够提供更真实的沉降预报。点源和椭球形模型倾向于将沉降模式简化。所有三种模型都具有需要评估的模型偏差。如果这些模型偏差能用地球物理学机制解释得通,则函数模型可以改善。

2.3.3.2 沉降——随机模型

由于函数形变模型通常不是我们所熟知的先验模型,所以随机模型中常常含有一些模型缺陷。这就要求借助能够描述空时特性的协方差函数对模型缺陷进行模拟。因此,方差 - 协方差矩阵不仅含有测量噪声分量 n,而且含有模型缺陷 s:

$$Q_y = Q_{nn} + Q_{ss} \qquad (2.18)$$

模型缺陷包括形变信号本身进行参数化和对测量点进行物理表达过程中存在的不确定性。例如:如果测量点表现出因浅层地下移位造成的额外自主运动,则其移位将无法清楚地代表因天然气和石油开采引起的沉降。这些自主运动可以随机模拟为空间上不相关但时间上相关的运动(如图 2.8 所示)。关于自主运动的一个典型案例是水准测量网络(见 6.5.4 节中的案例)中所用的基准点沉降运动。Koppejan 模型是一种常见的沉降模型(Verruijt and van Baars, 2005),它将沉降模拟成一个关于时间的对数函数。由于 $\lim_{t\to\infty} \lg(t) = \infty$,表现为模型缺陷的沉降行为是无限的,因此方差图及其相应的协方差函数不存在。自主运动可以随机地或通过经验协方差函数(Houtenbos,2004)模拟成一种随机过程(Odijk and Kenselaar,2003):

$$\sigma_{s_i^t}^2 = \sigma_s^2 |t - t_0|^{2p}, \sigma_{s_i^t s_i^u} = \frac{1}{2}\sigma_s^2(|t - t_0|^{2p} - |t - u|^{2p} + |u - t_0|^{2p})$$

$$(2.19)$$

式中:t_0 为沉降开始前的参考时间;t、u 为两个时间点;p 为经验协方差函数的幂。如果 $p = 0.5$,该经验协方差函数可简化为随机模型,例如,可见 Chatfield(1989)。2003 年,在格罗宁根地区根据水准测量预测天然气开采引起的沉降过程中,把自主基准点运动引起的噪声设置到 $0.2 \text{mm}/\sqrt{年}$(Schoustra, 2004)。

因沉降信号参数化或沉降预测过程中存在不确定性引起的模型缺陷,也可以利用协方差函数随机地进行描述。以 Houtenbos(2004)中的协方差函数为例,它能够模拟测量与沉降预测之间的空间和时间相关偏差:

$$\sigma_{z_i^t z_j^u} = \frac{1}{2}\sigma_z^2(|t - t_0|^{2p} - |t - u|^{2p} + |u - t_0|^{2p})e^{-(l_{ij}/L)^2} \qquad (2.20)$$

式中:z_i^t 为时间为 t 时点 i 的模型缺陷;$E\{z_i^t\} = 0$。点 i 和点 j 之间的距离由 l_{ij} 定

义。在式(2.20)中,模型缺陷用一个随时间变化的幂函数模型和一个在空间上变化的指数协方差函数进行模拟。空间的指数协方差函数模拟空间相关性长度为 L 的偏差。由于气田深度约为地下 3km,预计形变信号具有至少 3km 的相关长度。为了覆盖所有空间上相关的形变信号,2003 年预测因天然气开采引起沉降的过程中(Schoustra,2004),把相关长度设到 4km。随时间变化的幂函数模型考虑了因时间上的沉降预测估计不到位或估计过高而造成的随机偏差。

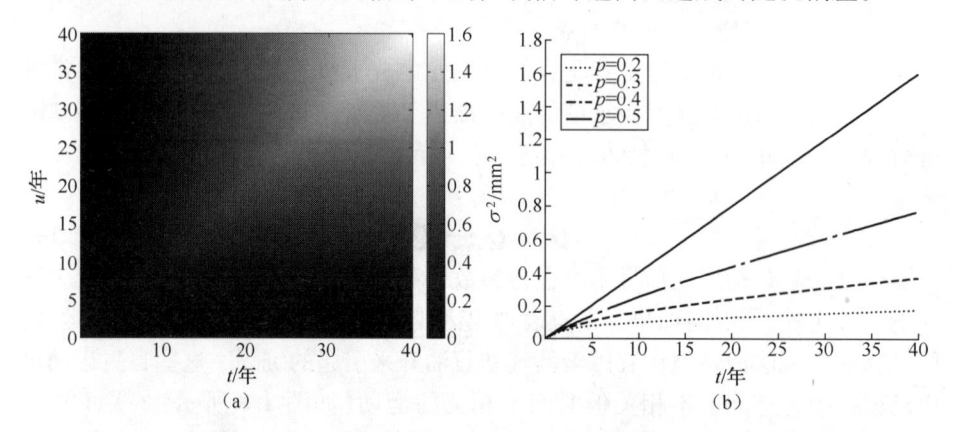

图 2.8 (a)根据式(2.19),随机模拟自主运动引起的协方差。自主运动引起的协方差随时间的增加而增大。(b)幂 p 在不同数值情况下的自主运动方差。如果 $p=0.5$,则方差增量随时间的增加(沉陷行为)而减小

函数和随机模拟都有助于提高监视相关形变信号所用的测量技术。因此,在 6.5 节中将模型缺陷作为质量评估的部分内容进行了更加深入的讨论。

2.3.4　天然气开采引发沉降的形变分析

在监视油气开采引起的沉降过程中,荷兰天然气和石油开采公司采用了逐点多时相(2.3.2 节)和连续时空形变分析(2.3.3 节)两种方法。

逐点多时相形变分析的优点是,它能提供关于独立基准点运动的直接见解。举个例子,格罗宁根地区的逐点多时相形变分析就是根据水准测量活动中获得的基准点高度进行分析(de Heus et al.,1994)。这种方法的缺点是基准点高度由选择的参考基准点决定。更进一步而言,每年都有 2% 的基准点消失,这将造成时序不完整(Schoustra,2004)。也就是说,相关形变信号的时空相关性无法使用。

把沉降模拟成连续时空现象(2.3.3 节)时,很容易将不完整的时空序列包含进来。而且,由于引用了沉降的时空相关,所以异常值、识别误差和自主基准点运动都可检测并能自动清除。最后,由于将高度差测量用做基础观测,测量就与参考基准点的选择无关了。

应用连续时空形变分析概念的方法在 Kenselaar 和 Quadvlieg(2001)以及

Houtenbos(2004)中都有描述。Kenselaar 和 Quadvlieg(2001)的沉降模拟(SuMo)概念将沉降信号 z 模拟为一个(或多个叠加的)椭球形沉陷,线性基准点速度从沉陷中心向外逐渐下降。而 Houtenbos(2004)的沉降残余建模概念(SuRe)使用的是基于地下地质力学的沉降网格预估模型。

SuMo 和 SuRe 的基础数学框架可用下式表达:

$$\underline{h}_{ij}^{t} = H_{j}^{t_0} - H_{i}^{t_0} + z_{j}^{t_0 t} - z_{i}^{t_0 t} + \underline{\delta h}_{ij}^{t} + \underline{\delta s}_{j}^{t} - \underline{\delta s}_{i}^{t} + \underline{\delta z}_{j}^{t_0 t} - \underline{\delta z}_{i}^{t_0 t}① \quad (2.21)$$

式中: $\underline{h}_{ij}^{t}$ 为当时间为 t 时点 i 和点 j 之间的空间高度差观测;$H_{j}^{t_0}$、$H_{i}^{t_0}$ 为未知的初始高度。天然气开采引起沉降的函数模型用 z 表示。使用预测网格时,z 被从高度差观测中去除,引起沉降残差(SuRe)的产生。随机模拟的分量有 δh(测量噪声)、δs(自主运动)和 δz(沉降模型缺陷)。在 SuRe 方法中,这些随机模拟分量的参数借助方差分量估计进行预测。随机参数的例子有很多,如方差系数、空间相关长度和时间幂,见式(2.20)。SuRe 概念的应用(包括 VCE)在 6.5.4 节中有述。在此,把鹿特丹地区的一些形变分量分离成一些自主运动和时空相关的形变信号。

虽然连续时空形变分析具有一些明显的优势,但重要的是,描述模型缺陷的协方差函数足以用于评估相关信号。如果协方差函数不能用于评估相关信号,则将存在移位分量来自错误形变的风险。因此,连续时空形变分析中与地质力学的联系应当十分明显。

2.4 结论

本章以荷兰格罗宁根气田为重点,对油气储层的地质和地质力学特性进行了描述。基于储层特性和生产实际情况,对地面水平的沉降模式进行了预测。最终产生的沉降与储层的几何形状、压实系数、储层厚度、储层中的压降以及覆盖层的地质力学行为有关。用于预测沉降的方法有几种,包括从根据几个储层参数建立的解析表达式到计及沉降过程中空间上不断发生变化的地球物理学参数的有限元分析。

如水准测量等的测地技术用于测量地面水平的形变。因此,沉降信号被一组在随后各个时间点上执行监视任务的测量点离散化。本节描述了两种形变分析:逐点多时相形变分析和连续时空形变分析。逐点多时相形变分析独立评估每个基准点随时间发生的形变。连续时空形变分析结合使用了研究信号的时空相关。如果不十分了解形变信号的函数模型,模型缺陷可随机进行模拟。最后,文章对荷兰所使用的形变分析方法进行了总结。

第 3 章重点关注永久散射体 InSAR 测量技术,从测地学的角度来看,该技

---

① 原文有误(译者注)。

术可用于形变监测。结合第 7 章中的 InSAR 和水准形变估计,本章中描述的形变估计概念综述将在 4.5 节和 6.5 节中进行应用,对 InSAR 位移预测进行阐释。

在线摘要

本章对油气生产引起的沉降机制进行了描述。地面水平的沉降由油气开采所引起的储层岩压实作用造成。沉降的时空演化取决于油气生产率、物理储层岩特性和覆盖在储层上方的地下层。在荷兰,为了控制水管理,避免环境破坏,沉降监测是必须履行的一项法定义务。此外,沉降监测还能提供关于储层动态和钻井作业情况的信息,例如在优化石油生产过程中进行的注蒸汽控制。

3

永久散射体InSAR

第2章讨论了油气生产造成沉降的物理机制和相关形变估计方法。本章将对 InSAR 测量技术在形变监测方面的应用进行介绍。

InSAR 利用两次雷达探测间的相位差观测进行地表形变评估。当前运行的多颗 SAR 卫星(如 ERS-2 和 Envisat)能够应用 C 波段 56mm 的波长在 800km 的高度上对 100km×100km 的区域每隔 35 天获取 SAR 图像。借助毫米水平的精度,能实现干涉测量相位观测。但是,除了相关形变信号以外,干涉测量相位还受大气信号延迟、地形和轨道误差的影响。而且,只有分数相位能够被观测得到,这说明从卫星到地面的整周数是未知的。常规 InSAR 只能成功应用于那些不随时间变化而发生重大地表变迁的区域,此时与形变信号所具有的量级相比,各种误差源的影响可忽略不计。

荷兰油气生产引起沉降的量级很小(小于 1cm/年),但空间范围很大(格罗宁根气田的覆盖范围是大约 30km)。同时,该研究区域具有农业特征,此时,InSAR 受地表变化影响较大(时间去相关)。由此可见,对误差源(如大气干扰)进行准确评估非常重要。因此,基于 SAR 图像不同时间的反射性行为,采集的时间序列可用于探测可靠的测量目标:特定的永久散射体(PS)(Ferretti et al.,2000)。

本章阐述了根据 PS 相位观测进行形变估计(函数模型、随机模型和评估过程)的过程。首先,对干涉测量处理进行了概述;然后,在 3.2 节对备选永久散射体的选择进行了论述;研究开发了多种策略利用 PS 观测进行形变估计((Ferretti et al.,2001;Berardino et al.,2002;Kampes,2005)。本研究中应用了 Delft 的永久散射体 InSAR 方案(DePSI);3.4 节对构成 DePSI 基础的数学框架进行了说明。本章从理论角度对 PSI 函数模型和随机模型进行了探讨,DePSI 在荷兰沉降监测方面的实际应用将在第 6 章进行讨论。

3.1 干涉测量处理

SAR 图像由一组可分配到单个分辨单元的复杂观测组成(图 3.1)。这些复杂观测由分辨单元内所有散射目标的叠加作用产生。SAR 图像的距离分辨率由系统带宽(Hanssen,2001)决定。例如 ERS-2 的距离带宽为 15.55MHz,对应的距离分辨率是 9.6m。在方位向上,多普勒带宽用于优化方位分辨率。ERS-2 的多普勒带宽约为 1378Hz。脉冲重复频率(PRF)更高,为 1680Hz,可对多普勒谱进行过采样。

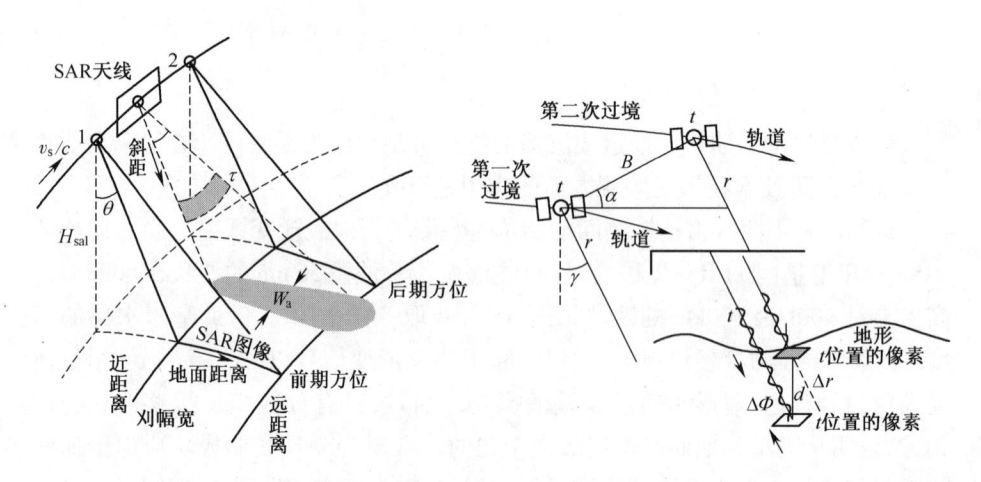

图 3.1　(a)SAR 获取的图像几何原理(Hanssen,2001)。卫星速度 v_s 约为 7km/s。深灰区域表示单个脉冲的足迹。处于早晚方位之间以及远近距离之间的一景 SAR 图像总覆盖用浅灰色表示。(b)重复过境 InSAR 和通过相位差观测进行的形变探测

SAR 图像的像素间距与分辨率紧密相关。像素间距由采样率决定。ERS-2 的距离采样率是 18.96MHz。ERS-2 距离向的像素间距是 7.9m,对应约 20m 的地面距离。ERS-2 的方位间隔为 4m。虽然严格意义上的像素是代表分辨单元的一个无穷小点(Hanssen,2001),但本书中的术语"像素"指被像素间隔所覆盖的区域。

地球上的每个物体用连续脉冲观测后,将出现在原始数据中的不同距离单元中。通过聚焦,可以把这些观测转移到同一距离单元中。本研究中,干涉测量处理流程的输入为聚焦后的单视复(SLC)图像。

每个复观测都可以转换为幅度观测和相位观测。幅度表示从分辨单元向传感器反射的强度。对两幅配准后的 SAR 图像(一幅主图像,一幅辅图像)中每个分辨单元进行复数相乘,可计算得到干涉图。干涉相位差是进行地表形变估计的实际观测依据。

本研究利用代尔夫特(Delft)大学的面向对象的雷达干涉测量软件(Doris)(Kampes and Usai,1999)进行干涉测量图计算。关键步骤如图 3.2 所示。

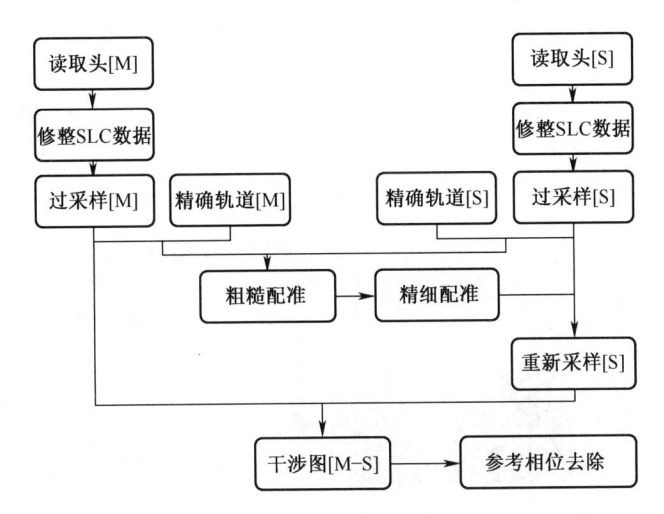

图 3.2 干涉测量处理过程图解。主图像与辅图像进行了过采样和配准。主图像与重新采样的辅图像进行复数相乘可计算得出干涉图。最后一个阶段减去了椭球的参考相位

3.1.1 过采样

读取 SLC 数据和精确的轨道之后，SAR 图像在进行配准和形成干涉图之前要进行 2 倍过采样，其目的是避免 SAR 图像复数相乘中出现频谱混叠。这是因为空域相乘的结果等于频域的卷积，两幅 SAR 图像经过复数相乘后的谱长度（方位向和距离向）将增大 1 倍。图 3.3 和图 3.4 描述的是过采样的效果。ERS 的脉冲重复频率是 1680Hz，方位带宽是 1378Hz。经过过采样后，脉冲重复频率为 3360Hz，可避免复数相乘产生频谱混叠。确定最小过采样系数时，需要对多普勒中心频移进行补偿。多普勒中心频率就是散射仪穿过天线束时的中心频率。欧空局的 SLC 图像为零多普勒处理图像，这说明通过在精确轨道上进行正交投影即可确定相应的卫星位置。但在实际采集过程中，真实的多普勒中心线从不与飞行方向精准地垂直。因此，SAR 数据多普勒谱在方位向上将发生偏

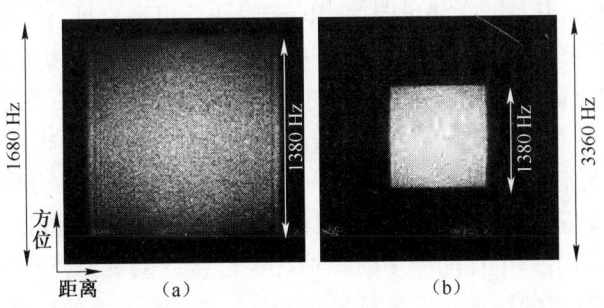

图 3.3 原始 SAR 图像谱（a）和经过 2 倍过采样之后的谱（b）

移。Hanssen(2001)的文献中系统地描述了该机理。用高多普勒中心频率(大于2000Hz)进行 ERS-2 图像采集时,2 倍过采样仍不足以避免频谱混叠的发生。2 倍过采样可避免频率高达 990Hz 的多普勒偏移混叠;4 倍过采样则能覆盖频率高达 2670Hz 的多普勒偏移。一些 ERS-2 图像表现出更高的多普勒偏移,此时需要更大的过采样系数。

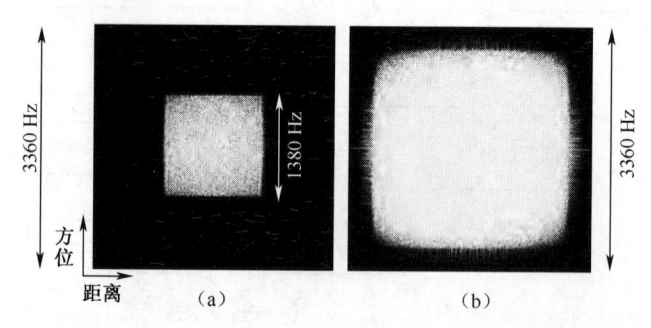

图 3.4 经过 2 倍过采样处理后的 SAR 图像谱(a)和经过复数相乘后的谱(b)。
过采样后,谱尺寸增大 1 倍;由于过采样的作用,没有发生图像混叠

相对于初始采样率,过采样图像的雷达坐标处于亚像素水平,这说明雷达坐标系中的目标位置在过采样图像中能够被更加精确地确定出来。

3.1.2 配准

主图像和辅图像的配准输入由完成过采样的 SLC 图像与精确的轨道(Scharroo and Visser,1998;Doornbos and Scharroo,2004)共同构成。配准是非常重要的一个步骤。如果配准精度不高,则会破坏 PS 选择过程,使 PS 相位观测精度降低。荷兰东北部的高度差很小(小于 30m)。此时,配准可用二次多项式来实现。为了估计精确的配准多项式,配准窗口在相关区域上方的均匀分布十分重要。特别是在受时间去相关影响的乡村地区,需要合理选择配准窗口。因此,在均匀分布的局部峰值点周围放置了多个备选窗口,这里假设这些峰值点与时间上稳定的地形特征相对应。

配准多项式根据主辅 SAR 图像中的一组相应位置点进行估计,而主辅 SAR 图像根据(过采样)备选窗口之间的相关性优化进行获取。为了去除奇异值,应用了一种测地测试程序(Teunissen,2000b;Kampes,2005)。在这一步骤中,测试区域的尺寸不应设置得过于严苛,这是因为测试尺寸决定了排除掉良好观测的可能性(Ⅰ型误差)。如果错误地去除了过多的良好观测,观测的空间覆盖就会减小,进而导致备选 PS 较少的乡村地区产生不精确的外推配准矢量。

图 3.5 给出了一个在配准多项式估计中已接受的观测点空间分布示例,图中具有高观测密度的区域对应的是城市地区,而被水覆盖的区域由于时间去相关的原因不包含任何观测。残留配准在距离向和方位向上的标准偏差分别约为

0.1 和 0.2 像素(2 倍过采样)。通过描述配准观测及其残差的空间分布,能够很容易识别出不精确配准的图像。

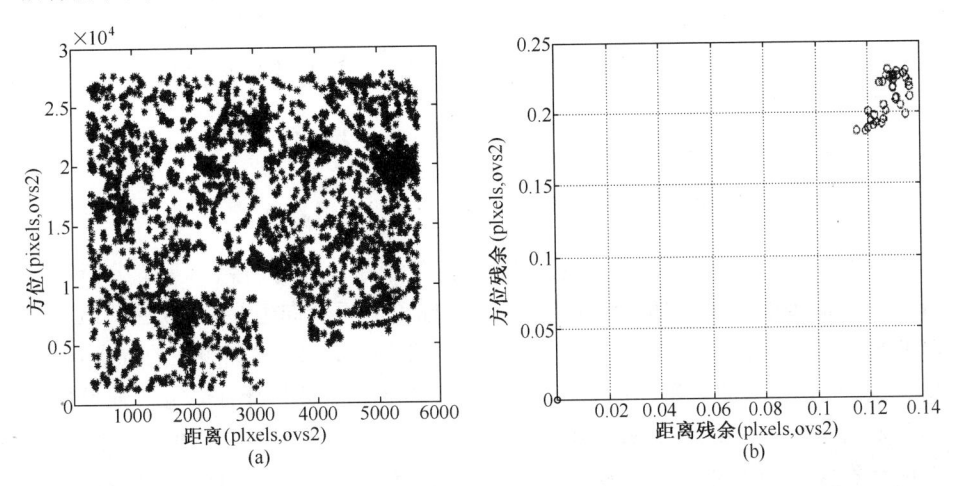

图 3.5 估计配准多项式所用观测的空间分布(a)和每次采集残留配准的标准偏差(b)。配准窗口在这一区域以及乡村区域都呈均匀分布。不含窗口位置点的图像部分被水覆盖。残留配准的标准偏差在距离向和方位向上分别约为 0.1 和 0.2 过采样像素。这等于原始分辨率中距离向和方位向上的大约 0.05 和 0.1 像素

3.1.3 干涉图计算

完成配准多项式估计之后,辅图像进行重新采样到主图像的几何图形。然后,通过将主图像与重新采样的辅图像观测进行复数相乘,即可计算得出干涉图。在最后一个步骤中,去除了因地球的椭球形状带来的干涉测量相位影响。图 3.6 给出了参考相位去除前后的干涉图。去除参考相位之前干涉图中的干涉条纹描述了因地球的椭球形状带来的相位影响。在去除参考相位之后,含有相

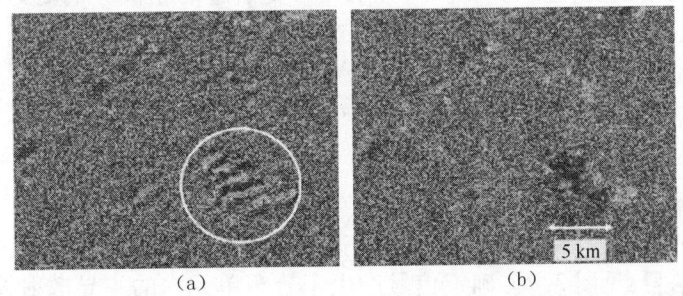

图 3.6 去除参考相位之前(a)和之后(b)的干涉图。时间基线和垂直基线分别是 140 天和 166m。重复线条图案(a)描述的是因地球的椭球形状造成的相位影响。去除参考相位之后,干涉图中只有城市区域表现出明显的相干性(b)。图像的大部分区域都是时间去相关引起的噪声干扰

关人造特征的城市地区和遭受时间去相关影响的乡村地区之间的差异十分显著。干涉测量相位不仅代表着地表形变,而且还含有大气干扰、地形高度差和剩余轨道误差带来的影响。为了能够在存在其他相位影响的情况下估计形变,将利用一个时间序列的 SAR 图像选择一个测量点网络(永久散射体)。下一节中,将详细论述测量点的选择。

3.2 永久散射体选择

一个干涉图中,并非所有的相位观测值都含有有用的信息。一个分辨单元覆盖的地球表面可能会随时间发生改变,目标可能不会向卫星方向反射,或者在足够高的信噪比(SNR)条件下,这些目标也可能不具备能被观测到的物理特性。为了选择相干的(即可解译的)测量点,我们选择在时间上具有恒定的强反射性的备选目标(永久散射体(Ferretti et al.,2000))。这些目标通常可作为分辨单元内存在主导散射体的单个物理目标("人造特征")。它们的行为很多都与点散射体相似,可从多个角度对其进行观测。因此,这些点散射体观测对主辅 SAR 之间的有效(垂直)基线较不敏感。永久散射体不一定是分辨单元内的主导点散射体。虽然分布散射体(如岩石)对观测几何角度(即垂直基线)有着不同的相关性,但它们也可做 PS 使用。

本节描述了备选 PS 的选择,阐述了如何从 SAR 图像的时间序列中选择具有高相位相干概率的目标点。

3.2.1 备选 PS 的识别方法

为了估计所有的干涉测量相位分量(地表形变、地形高度、大气干扰等)并使用有效的运算方法,我们根据潜在最可靠的备选 PS 构建了一个一阶网络。由于干涉测量相位观测是缠绕的,且未知形变引起的相位分量受到数个"误差源"的污染,所以应用了备选 PS 的幅度观测。选择备选 PS 的方法可分为三类,其参数分别如下:

(1) 信号—杂波比(SCR)(SCR,1993);
(2) 归一化幅度离差(D_a)(Ferretti et al.,2001);
(3) 监管分类(Humme,2007)。

SCR 估计基于这样的假设:PS 观测含有一个受随机圆高斯分布杂波干扰的确定信号,见图 3.7。确定信号产生于分辨单元内的主导散射体。杂波反映的是点散射体周围的分散散射体。SCR 和相位方差之间的关系可定义为(SCR,1993)

$$\text{SCR} = \frac{s^2}{c^2}, \sigma_\psi^2 = \frac{1}{2 \cdot \text{SCR}}(\text{rad}) \tag{3.1}$$

式中：σ_ψ^2 为单次 SAR 观测的相位方差；s 为主导散射体的幅度；c 为周围环境中的杂波。

在时间上具有高 SCR 的散射点可标记为备选 PS。SCR 假设散射体周围环境具有静态随机特性。但这种随机特性很可能并不可靠，特别是在短距离上有多个散射体的城区，这些散射体很容易互相干扰。因此，实际 SCR 估计并不简单。自动区分两个相邻的备选 PS 需要 SCR 评估窗口和信号边缘检测器具有很高的灵活性。

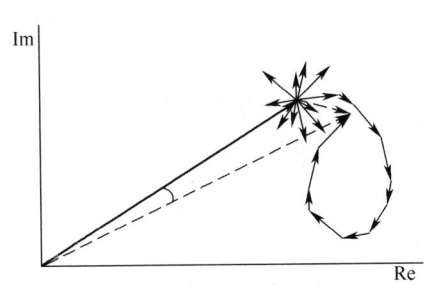

图 3.7 含有确定信号的复杂 PS 观测，信号具有叠加的高斯分布式杂波（实心箭头线）。确定信号代表主导散射体处于分辨单元内。小的虚线箭头线代表产生的杂波信号，它使主导散射体的相位观测具有不确定性

归一化幅度离差方法（Ferretti et al.,2001）并不执行空域分析，而是执行一种幅度时间序列分析。每个像素可通过幅度离散度 σ_a 和幅度在经历时间段内的平均值 μ_a 之间的比例进行定量：

$$D_a = \frac{\sigma_a}{\mu_a} \tag{3.2}$$

具有低归一化幅度离差的点散射体也具有很低的相位离散度。所以，它们可选作备用 PS。归一化幅度离差和 SCR 之间存在直接关系（SCR,1993），即

$$D_a = \frac{1}{\sqrt{2 \cdot \text{SCR}}} \tag{3.3}$$

归一化幅度离差的典型阈值是 0.25（Ferretti et al.,2001），对应 SCR 数值为 8。

基于 SCR 和归一化幅度离差的备选 PS 选择方法使用的是幅度观测。同时，我们还对相位稳定度作为备选 PS 的选择标准进行了研究（Hooper et al.,2004）。在形变为空间相关的假设下，对相位稳定度进行了分析，通过对相邻备选 PS 的相位观测值进行平均，选择出了残留噪声最低的备选 PS。但是，对于荷兰的典型陆地应用而言（分散的城市和乡村之间被一些农业和植被区域分隔开），干涉图中只有一小部分像素含有永久散射体。因此，在使用这种方法时，应基于幅度观测进行一个预选择。

近期，研究人员还对选择备选 PS 的监督分类进行了研究（Humme,2007）。在那些 PS 分布对于研究信号估计非常重要的区域，通过手动选择含有人造目

标散射特征的像素可降低遗漏备选 PS 的可能性。

选择备选 PS 时,幅度观测不应受到卫星系统特性和观测几何角度的影响,这一点很重要。要获得仅代表备选 PS 物理特征的幅度观测,应进行 SAR 幅度标定。下一节将介绍一种不需详细执行幅度标定的新方法,可节约可观的计算时间。

3.2.2 伪标定

要基于幅度对备选 PS 进行无偏选择,就要对 SAR 进行标定,将对应于物理 PS 特性的幅度观测从由观测几何角度和传感器特征引起的幅度变化中分离出来。ESAERSSAR 标定是 SAR 标定的一种方法(Laur et al.,2002)。这种 SAR 标定方法定量化描述了卫星系统的特性。我们利用乘性因子针对变化的系统特性修正幅度观测。该乘性因子的建立基于三种系数:每次采集的常量系数(标定常数、天线方向图增益、复制脉冲功率)、由观测几何角度(距离、入射角)决定的系数,以及随整幅图像上不同位置而发生变化(功耗)的系数。

ESASAR 标定方法可用于进行地物解译,解译中幅度数值需要在整幅 SAR 图像上进行比较。但是,一个时间序列的 SAR 图像内的永久散射体位置变化很有限。进行 PS 选择时,不需要具备比较远、近距离之间幅度的能力。能够确定 PS 附近环境中有效的标定系数就足够了。此外,潜在备选 PS 本身的未标定幅度观测可用于估计标定系数,因为它们与不受时间去相关影响的人造特征相对应。这促进了无关传感器的经验标定方法的发展(Bovenga et al.,2002;Cassee,2004)。

本节描述的标定新方法在此进行了更进一步的研究:该方法并非执行详细的经验标定过程,而是评估在完成了标定执行的情况下是否足以完成备选 PS 的选择。这就是伪标定。特别是,通常 PS 只占全景图像的一小部分(1%~2%或更低)且只有其干涉测量相位用于估计形变信号,所以这种方法具有节省计算时间和节约标定图像存储空间的优点。本章描述了伪标定的数学框架及其在实测数据中的应用。

3.2.2.1 数学模型

经验 SAR 标定可建模为由函数模型和随机模型组成的高斯-马尔可夫(Gauss-Markov)模型。观测是指潜在备选 PS 的幅度,未知数是每帧图像的幅度乘性因子(标定系数)。

由于传感器特征和观测几何角度在 SAR 图像上呈均匀变化,所以可以把图像划分成一些图像小块,各小块中的幅度乘性因子可以假定为常量。每个小块中,潜在的备选 PS 可根据归一化幅度离差进行选择。归一化幅度离差可根据未标定图像序列计算得出。对于一系列选定的 p 个相邻潜在 PS,乘性因子 C_k 根据所有 K 幅 SAR 图像相对于参考图像评估获取。其函数和随机模型如下:

$$E\{\underline{y}\} = E\{\underline{a}_p^k\} = c_k a_p^{\text{ref}}, D\{\underline{y}\} = \sum_{p=1}^{p} \sigma_{a_p}^2 \boldsymbol{Q}_p \tag{3.4}$$

式中：a_p^k 为方差为 $\sigma_{a_p}^2$ 的图像 k 中备选 PS p 的观测幅度。备选 PS p 不受传感器特性和观测几何角度影响的未知幅度用 a_p^{ref} 表示。由于标定系数只能进行相对评估，所以其中一个标定系数固定在数值 1 上。求解式(3.4)，即可得出一组可用于进行伪标定的标定系数。

式(3.4)给出的随机模型并不是我们所熟知的先验模型。它假设幅度变量反映的是叠加在随机噪声上的备选 PS 物理特性。这些随机噪声由观测几何角度(入射角和斜视角)引起。幅度变量的初始数值可根据未标定图像序列中的幅度离差(幅度方差)得出。

基于平差残差，更新随机模型的方差系数可通过方差分量估计(VCE)进行估计(Teunissen,1988)，见 2.3.1 节。SAR 标定验证整个方差矩阵的一个方差系数 $\hat{\sigma}^2$ 或对每个备选 PS 的方差系数 $\hat{\sigma}_1^2, \hat{\sigma}_2^2, \cdots, \hat{\sigma}_P^2$ 进行估计。由于精确估计方差系数要求有冗余，这里选择更新具有一个方差系数的方差 — 协方差矩阵。备选 PS 之间的相对加权数由未标定图像序列中的幅度离差产生。

3.2.2.2 测试观测误差

存在误差的观测(如不稳定潜在备选 PS 的幅度)对标定系数估计有影响。因此，应当执行测试来跟踪寻找这些错误测量点，并将它们从数据库中清除出去。零假设 H_0 应与备选条件 H_A 进行比较(Teunissen,2000b)：

$$H_0 : E\{\underline{y}\} = c_k a_p^{\text{ref}} \text{ 相对于 } H_A : E\{\underline{y}\} = c_k a_p^{\text{ref}} + C_y \nabla \tag{3.5}$$

点测试用于跟踪寻找标定系数估计过程中错误的潜在备选 PS，它是对单个备选 PS 所有幅度观测的一种集成测试。其 C 矩阵如下式所示：

$$\boldsymbol{C}_p = [0, \cdots, 0\ I_p\ 0, \cdots, 0]^{\text{T}} \tag{3.6}$$

式中：I_p 为 PS p 所有幅度观测的假定误差。

3.2.2.3 阈值调节

通过应用标定系数，能够获得一个时间序列的标定后图像。然后，从 3.2.1 节中选择一种识别方法进行备选 PS 的选择。这需要计算和存储已调整的幅度观测。伪标定省略了这一步骤，它通过测试确定：如果图像已经完成标定，是否备选 PS 的选择也已经完成。

伪标定调整理想情况下(传感器特性没有引起幅度变化)的归一化幅度离差阈值使之与未标定图像序列的当量阈值相适应。把这一过程称为阈值调节，基于对具有归一化幅度离差阈值的随机样本进行的蒙特卡罗(Monte-Carlo)仿真加以实现。这些样本与标定系数相乘，进而可估计不标定情况下的新归一化幅度离差阈值。图 3.8 描述的是随 SAR 图像序列的归一化幅度离差发生变化的修正阈值。

由于 PS 幅度仅用于 PS 选择，所以这是一个简单而又快捷的备选 PS 检测方法。随后,根据相位差观测则可判定接受或是排除备选 PS。

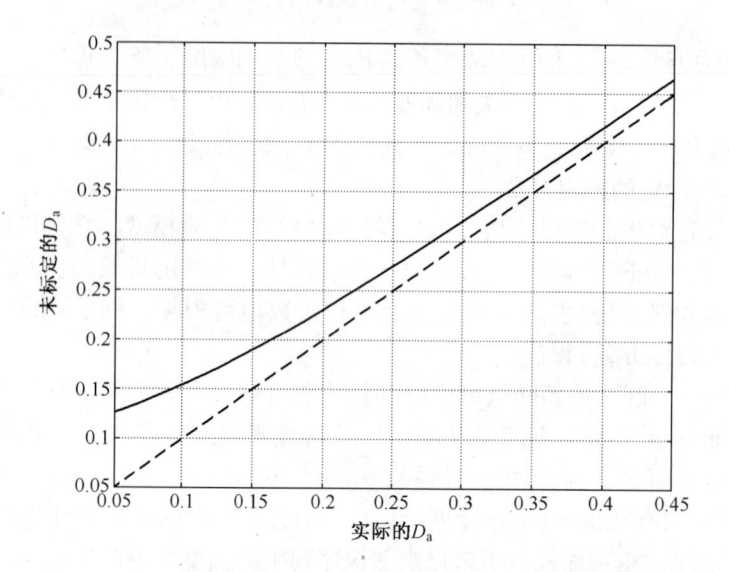

图 3.8　伪标定的阈值调节:基于估计标定系数,对不标定序列(实线)的相应阈值进行了计算。虚线表示真实的归一化幅度离差

3.2.2.4　伪标定的应用

这里基于选定的潜在 PS 的相位历程,对伪标定执行了性能分析,并将其与其他方法进行了比较。每条弧的两个潜在 PS 之间的相位残差用相位相干系数的方式进行了参数化描述(Ferretti et al. ,2001):

$$\gamma = \left| \frac{\sum_{i=1}^{N} e^{j\Delta w_i}}{N} \right| \tag{3.7}$$

式中:N 为干涉图数目;Δw_i 为两个 PS 之间的相位残差。如果备选 PS 属于至少两条超出相位相干阈值的弧的一部分,则该备选 PS 为可接受 PS 点。

在一个 8km×6km 的测试区域对 ESA ERS SAR 标定方法和伪标定进行了比较。在选择稀疏的备选 PS 网格进行(残余)地形和形变估计过程中,分析了 73 幅 ERS-1 和 ERS-2 图像序列。针对每个 200m×200m 的网格单元,选择了最佳的潜在 PS。这些 PS 在低于 0.25 的阈值条件下具有最低的归一化幅度离差。图 3.9 中描述的是 ESAERSSAR 标定和伪标定都能检测到的潜在 PS。表 3.1 给出的是检测到的潜在 PS 数、基于相位行为(相干阈值 0.75)排除的潜在 PS 的百分比和两种方法都接受的潜在 PS。

这些结果表明,对于 PSI 而言,伪标定是基于物理传感器参数进行全景图像标定外的另一种方法。伪标定方法能检测到更多的 PS,同时基于相位观测的虚警概率也更低。

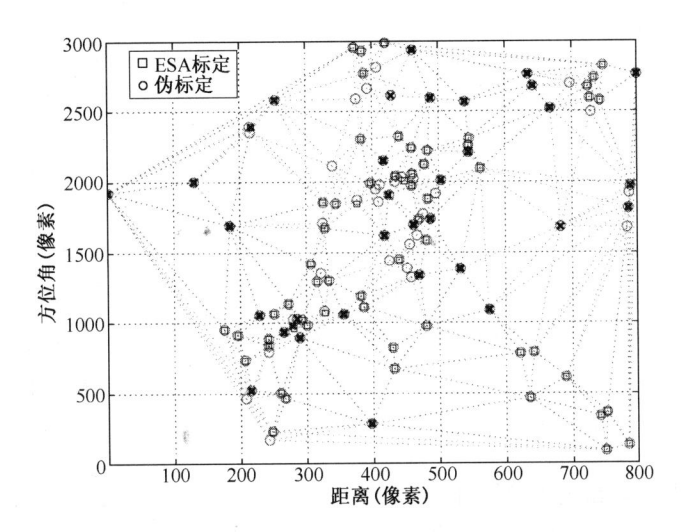

图3.9 ESA ERS SAR 标定(正方形)和伪标定(圆圈)检测到的备选 PS。基于相位相干被排除的点都用黑叉做了标记。伪标定不执行详细的幅度标定,可取代基于传感器特点的标定

表3.1 EAS ERS SAR 标定和伪标定间的比较

	#PS(PS数)	排除率/%	共同PS/%
ESA标定	58	35	81
经验验证	93	21	81

3.3 永久散射体相位观测

选择了备选 PS 以后,它们的干涉相位观测量可用于验证当前的 PS 选择和相关形变信号估计。本节重点关注干涉图像对和网络设计。函数模型将在3.4节进行描述。

3.3.1 主图像选择

主图像和辅图像进行复数相乘就能得到干涉图。对于 K 幅 SAR 图像,两幅图像之间能够建立 $(K-1)$ 个独立的干涉对。通常的做法是生成一个具有共同主图像的干涉图序列。但是,干涉图像对实际上可以随机选择(如通过最小化两个组合之间的垂直基线)。对于同一组 PS,在选择干涉图像对时形变估计应该保持不变。

对于单一主图像的序列,主图像应基于序列相干性(Kampes,2005)进行选择。序列相干性是一个关于垂直基线 $B_\perp$、时间基线 T 和多普勒形心线频率 f_{dc} 的函数:

$$\gamma^m = \frac{1}{k}\sum_{k=1}^{k} g(B_{\perp}^{k,m}, B_{\perp_{\max}}) \cdot g(T^{k,m}, T_{\max}) \cdot g(f_{\mathrm{dc}}^{k,m}, f_{\mathrm{dc}_{\max}}) \quad (3.8)$$

式中：

$$g(x,c) = \begin{cases} 1 - |x|/c, & |x| \leqslant c \\ 0, & |x| > c \end{cases} \quad (3.9)$$

m 为主图像；k 为辅图像；$B_{\perp_{\max}}$、$T_{\max}$、$f_{\mathrm{dc_{max}}}$ 分别取为 1500m、15 年和 1380Hz(方位带宽)。由于点散射体反射在多种观测角度上都是恒定的，选择的最大垂直基线可大于临界基线 $B_{\perp,\mathrm{crit}}$。该临界基线引起的频谱偏移量等于距离带宽(ERS 是 1.1m)。PS 指的是表现出最小时间去相关的特征。因此，为了覆盖整个序列的时间范围，时间窗口可以设置。

3.3.2 二重差分观测

PSI 测量值 $\underline{\varphi}_p^{ms}$ 是 PSp 的主图像 m 和辅图像 s 之间在时间上的干涉测量相位差，并且只能测量分数相位，从卫星到地面的整数相位周期不能进行测量；相位观测是"缠绕的"。第一个"可解译的"PSI 观测是主、辅图像之间以及 PSp 和 q 之间的二重差分 $\underline{\varphi}_{pq}^{ms}$(Hanssen, 2004)。二重差分指时间上的差分和空间上的差分。这说明 PSI 观测既需要时间上的参考，也需要空间上的参考(基础)：一个采集时间和一个 PS。对于同一组 PS，选择不同的空间和时间参考时形变估计值应该保持不变。SAR 图像个数为 K、PS 个数为 P 时，根据原始相位观测建立起来的独立二重差分数目为 $(K-1) \cdot (P-1)$。本研究中的二重差分可表示为 $\underline{\varphi}_{pq}^k$，这里 $k = 1,2,\cdots,(K-1)$，$(K-1)$ 是独立干涉图像对的数目。

SAR 图像和 PS 的数目决定了可以建立的独立二重差分数。干涉测量(时间)组合在 3.3.1 节中已经进行了讨论。一种空间分布方案是图 3.10 中描述的星形网络。在星形网络中，这些空间差分参照一个 PS。与干涉图像对一样，这并非是一个强制要求。利用 P 个 PS 能够建立 $(P-1)$ 个任意的独立组合。例如，可以利用 SBAS 方法(Berardino et al., 2002)优化图像序列的垂直基线来约束空间去相关。考虑到特定的目标在有限的时间窗口中仅作为永久散射体，PSI 估计性能可根据垂直基线和时间基线两方面因素进行优化。

星形网络的缺点是检测不到错误的备选 PS。与基于德洛内三角剖分的网络相比，星形网络含有的弧数量更少、弧长更长(图 3.10)。弧长较长的缺点是相位差观测将含有更多的大气信号，因此也对解缠误差更加敏感。应用基于德洛内三角剖分的网络，可用 3.4 节中描述的函数模型逐个弧进行相位解缠和参数估计，接着进行非闭合测试。通过这种方法，可以排除当连接弧的闭合差不全为零时的备选 PS。冗余网络可用于跟踪和清除错误的备选 PS。估计形变信号时，只有 $(P-1)$ 个独立空间组合可以使用。

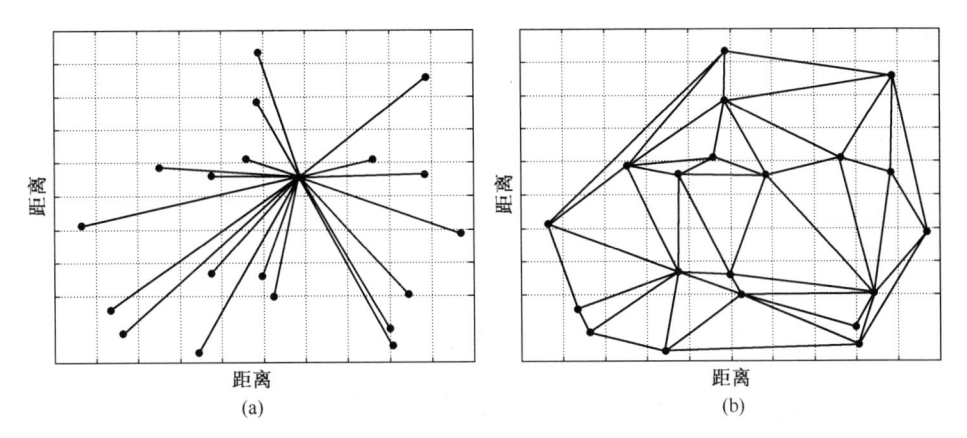

图 3.10 空间 PS 网络构型：星形网络(a)和基于德洛内三角剖分的网络(b)。星形网络中的空间差异是线性独立的。基于德洛内三角剖分的网络则包含相关的空间差异。虽然相关的组合没有为形变信号估计提供信息，但它们可用于检测错误的备选 PS

3.4 PSI 估计

本节首先对基于测地平差和测试技术的 Delft PSI 估计方法(DePSI)进行描述。接着，再对函数模型、整数最小二乘估计和随机模型进行详细的描述。最后，给出 DePSI 估计序列，该序列起始于后续会增密的一个一阶网络。

3.4.1 函数模型

干涉测量二重差分观测量受到因形变、(剩余)地形、大气信号、轨道不精确性、分辨单元内的主导散射体位置以及测量噪声带来的影响。分辨单元内的主导散射体位置又称亚像素位置。缠绕的观测意味着只能观测到分数相位，而从卫星到地面的整周数为未知。缠绕干涉测量相位 φ 与解缠干涉测量相位 φ^{unw} 的关系为

$$\underline{\varphi}^{\text{unw}} = \underline{\varphi} + 2\pi \cdot a \tag{3.10}$$

式中：$a \in Z$ 为整数模糊数。本书中，缠绕和解缠相位观测都用 $\underline{\varphi}$ 表示。具体情况下，书中会明确指出 $\underline{\varphi}$ 指的是缠绕还是解缠相位观测。

考虑所有的相位分量(包括其缠绕特性)，PSI 观测方程组可如下进行表达(Kampes, 2005)：

$$\underline{\varphi}_{ij}^k = -2\pi a_{ij}^k - \frac{4\pi}{\lambda} \frac{B_i^\perp}{R_i^m \sin\theta_i^m} H_{ij} - \frac{4\pi}{\lambda} D_{ij} + \frac{4\pi}{\lambda} \frac{B_i^\perp}{R_i^m \tan\theta_i^m} \eta_{ij}^m + \frac{2\pi}{v}(f_{\text{dc},i}^m - f_{\text{dc},i}^s)\xi_{ij}^m$$

$$+ f_{\varphi_{\text{orbit}}}(\xi_{ij}^m, \eta_{ij}^m) + \underline{\varphi}_{ij_{\text{defo}}}^k + \underline{\varphi}_{ij_{\text{atmo}}}^k + \underline{n}_{ij}^k \tag{3.11}$$

式中：$\underline{\varphi}_{ij}^k$ 为二重差分相位观测；$B_i^\perp$、R_i^m、θ_i^m 分别为 PS i 的垂直基线、距离和入射

角;a_{ij}^k 为 PSi 和 PSj 之间的整数模糊数;H_{ij} 为 PSi 和 PSj 之间的(剩余)地形高度;D_{ij} 为 PSi 和 PSj 之间的形变;ξ_{ij}^m 为方位向的亚像素位置;η_{ij}^m 为斜距亚像素位置;η、ξ 分别为距离和方位雷达坐标;v 为卫星速度;$f_{dc,i}^m$,$f_{dc,i}^s$ 分别为主图像和辅图像的多普勒中心频率;$f_{\varphi_{orbit}}(\xi_{ij}^m,\eta_{ij}^m)$ 为随雷达坐标变化而变化的(剩余)轨道趋势;$\varphi_{ij_{defo}}^k$ 为剩余形变信号;$\varphi_{ij_{atmo}}^k$ 为(剩余)大气信号;n_{ij}^k 为测量噪声。

噪声分量 n(测量噪声)不仅取决于 PS 物理特性,还包含因处理误差(配准、内插)带来的分量。

以恒定生产率进行天然气开采所引起的稳态沉降通常可用线性位移率进行模拟:$T^k v_{ij}$,单项式中的 T^k 代表时间基线,v_{ij} 代表恒定的速度。对于具有有限相关性长度的线性模型,其偏离量可并入 3.4.3 节中所讨论的随机模型当中。

由式(3.11)给出的方程组是欠定的。除了待估计的其他未知参数(地形高度、形变等)以外,每个二重差分观测还都有各自的未知模糊数。使方程组达到满秩的一种方法就是添加伪观测。考虑一个简化的方程组,公式中的未知参数被简化为地形高度 H 和形变参数 D。为未知参数添加伪观测会得到如下方程组(Hanssen,2004):

$$E\begin{bmatrix}\varphi_{ij}^k\\ \underline{d}\\ \underline{h}\end{bmatrix}=\begin{bmatrix}-\dfrac{4\pi}{\lambda} & -\dfrac{4\pi}{\lambda}\dfrac{B_i^\perp}{R_i^m\sin\theta_i^m} & -2\pi\\ 1 & 0 & 0\\ 0 & 1 & 0\end{bmatrix}\begin{bmatrix}D\\ H\\ A\end{bmatrix},D\begin{bmatrix}\varphi_{ij}^k\\ \underline{d}\\ \underline{h}\end{bmatrix}=\begin{bmatrix}Q_\varphi & 0 & 0\\ 0 & \sigma_d^2 & 0\\ 0 & 0 & \sigma_h^2\end{bmatrix}$$

(3.12)

伪观测是待估计未知量的初始值。其随机模型中方差的选择要使各估计能够覆盖数值的整个物理范围。这里需要指出的是,二重差分相位观测 Q_ϕ 的方差——协方差矩阵为满秩,见 3.4.3 节。

除了式(3.11)中缺少冗余以外,地形高度和距离向亚像素位置之间还存在明显的线性相关性。拿两个 PS 点 i 和 j 之间的弧来说,这种与相位观测有关的函数关系可通过高度项乘以入射角的余弦值加以确定:

$$-\dfrac{4\pi}{\lambda}\dfrac{B_i^\perp}{R_i^m\sin\theta_i^m}\cdot\cos\theta_i^m+\dfrac{4\pi}{\lambda}\dfrac{B_i^\perp}{R_i^m\tan\theta_i^m}=0 \quad (3.13)$$

这说明,距离向亚像素位置十分影响(残余)高度的估计。借助点目标分析(Werner et al.,2003),可利用幅度观测对距离向亚像素位置进行估计。另一种选择是排除方程组中的距离向亚像素位置。距离向亚像素位置精度对形变信号估计的影响将在 4.2.1 节中进行更加深入的讨论。

3.4.2 整数最小二乘估计

式(3.11)中含有整数参数——相位模糊数。对于每个分数相位观测值,可以对其加上或减去整数倍的相位周期。图 3.11 给出了位移估计中的模糊数,大小等于半波长。

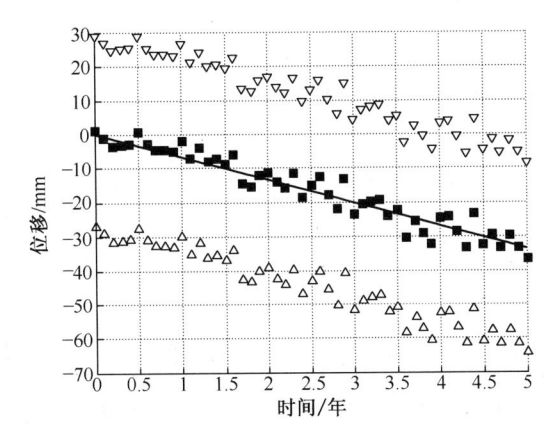

图 3.11 位移估计中模糊数的模拟实例
■—实际位移;▽、△—位移中的模糊数。

既含有整数又含有实值(浮动)未知数的方程组可用整数最小二乘估计(ILS)(Teunissen,2001b)进行求解。观测方程组如下:

$$y = Aa + Bb + e \tag{3.14}$$

式中:y 为观测矢量;a 为未知整数参数;b 为未知浮动参数。残差矢量 e 由模型缺陷 s 和测量噪声 n 组成。在 PSI 中,观测矢量由干涉测量相位二重差分和伪观测组成。整数的估值参数是模糊数;实数估计量为地形高度和形变参数。式 (3.14) 的解可经过三步求得:

(1) 整数浮点化解,用相应的方差—协方差矩阵 Q 获得实数估计 $\hat{a}$ 和 $\hat{b}$;
(2) 将浮点数估计 $\hat{a}$ 映射到整数空间:$\check{a} = S(\hat{a})$;
(3) 计算 $\hat{b}$ 的固定解:$\check{b} = \hat{b} - Q_{\hat{b}\hat{a}}Q_{\hat{a}}^{-1}(\hat{a} - \check{a})$。

整数矢量 z 的归整域用 S_z 表示。它含有所有映射到相同整数矢量 z 的实值模糊数矢量。$\hat{a}$ 映射到 z 的概率可通过对整个归整域 $\hat{a}$ 上的概率密度函数求积分计算得出:

$$p(\check{a} = z) = \int_{S_z} p_{\hat{a}}(x)\mathrm{d}x, \quad z \in Z^n \tag{3.15}$$

由此可得

$$p_{\hat{a}}(x) = \frac{1}{\sqrt{\det(Q_{\hat{a}})}(2\pi)^{\frac{1}{2}n}} \mathrm{e}^{-\frac{1}{2}\|x-a\|_{Q_{\hat{a}}}^2} \tag{3.16}$$

正确的整数模糊数估计 $P(\check{a} = a)$ 的概率称为成功率。实值参数的固定解 $\check{b}$ 的概率密度函数是整数映射概率和浮点解条件概率密度函数的加权和。因此,它呈多态分布,而非正态分布,即

$$p_{\check{b}}(x) = \sum_{z \in Z^n} p_{\hat{b}|\hat{a}}(x \mid z) p(\check{a} = z) \tag{3.17}$$

这里针对计算时间效率及其估计性质,对两种整数估计方法(即序贯归整法和整数最小二乘法)进行了更加详细的讨论。

序贯归整法结合使用直接归整法和序贯条件最小二乘平差技术。首先将第一个浮点估值舍入到其最接近的整数值,然后再根据与前一次估计的相关性对所有的随后浮点数估计值都进行舍入。自举估值程序并无特别之处,它取决于模糊数的阶数。实际上,可以应用一个去相关—Z 变换来减少条件方差(Teunissen,1995)。$Q_{\hat{a}}$ 可分解为

$$Q_{\hat{a}} = LDL^T \tag{3.18}$$

式中:L 为下三角形矩阵;D 为含有条件方差 $\sigma^2_{\hat{a}_{i/I}}$ 的对角矩阵。模糊数去相关增加了自举解 $\check{a}_B$ 的成功率,它可以看作是模糊数估计成功率的下限:

$$P(\check{a}_B = a) = \prod_{i=1}^{n} \left[2\Phi\left(\frac{1}{2\sigma_{\hat{a}_i|I}}\right) - 1 \right] \tag{3.19}$$

其中

$$\Phi(x) = \int_{-\infty}^{x} \frac{1}{\sqrt{2\pi}} e^{-\frac{1}{2}v^2} dv \tag{3.20}$$

在方差—协方差矩阵的度量标准中,整数化最小二乘法使式(3.14)最小化:

$$\min_{a,b} = \| y - Aa - Bb \|^2_{Q_y}, a \in Z^n, b \in R^p \tag{3.21}$$

它可分解为三个正交项:

$$\| y - Aa - Bb \|^2_{Q_y} = \| \hat{e} \|^2_{Q_y} + \| \hat{a} - a \|^2_{Q_{\hat{a}}} + \| \hat{b}(a) - b \|^2_{Q_{\hat{b}|\hat{a}}} \tag{3.22}$$

通过最小化第二项,可执行 $\hat{a}$ 到整数空间的映射。然后再应用 Z 变换最小化搜索空间。虽然进行 ILS 所需要的计算时间比序贯归整法多很多,但 ILS 估计算法将正确整数估计的概率提高到最大。

本研究中,由于更加精确的 ILS 方法都很费时,所以应用序贯归整法控制计算时间。式(3.19)给出了模糊数分辨率的成功率下限。模糊数分辨率的成功率上限用模糊数精度因子(ADOP)进行确定。它代表着各条件方差的几何平均值:

$$\text{ADOP} = \sqrt{\det Q_{\hat{a}}}^{\frac{1}{n}} \tag{3.23}$$

3.4.3 随机模型

PSI 随机模型是一种因测量噪声和模型缺陷(剩余形变、大气信号)带来的叠加影响。二重差分相位观测 $y = \varphi^k_{ij}$ 的方差—协方差矩阵为

$$Q_y = W(Q_n + Q_{\text{defo}} + Q_{\text{atmo}})W^T \tag{3.24}$$

式中:矩阵 W 指定了从单次 SAR 相位观测到二重差分的转换:

$$W = \begin{bmatrix} 1 & -1 & -1 & 1 & & \\ \vdots & \vdots & & & \ddots & \\ 1 & -1 & & & -1 & 1 \end{bmatrix} \quad (3.25)$$

测量噪声用 Q_n 表示,Q_{defo} 和 Q_{atmo} 分别代表未建模形变和大气信号的模型缺陷。

以 PS 相干测量以及干涉测量序列内 PS 目标的时间和几何(去)相关为重点,文献 Rocca(2007)、De Zan 和 Rocca(2005)中给出了 PSI 方差—协方差矩阵的另一种构建方式。

3.4.3.1 测量精度

Q_n 中指定了 SLC 相位精度,它由测量精度和物理 PS 特性决定,因此每个 PS 的 Q_n 都不一样。

如果目标表现出很低的相位离散度,可通过正态分布进行概算求得相位观测的概率密度函数。通过拟合优度检测法对此进行评估显示,拟合优度检测能够指示出由多个实现项组成的数据库是否服从特定的分布。柯尔莫哥洛夫-斯米尔诺夫(Kolmogorov-Smirnov)测试就是这样一种拟合优度检测法,其检验统计量可定义为数据库累积分布和累计假设分布之间的最大绝对差,它在这种情况下为正态分布。Lilliefors 优度拟合检验(Lilliefors,1967)采用与 Kolmogorov-Smirnov 检验统计相似的方法定义其检验统计量,同时根据数据库估计了正态分布的参数。我们计算了点散射体相位残余以及数量相同的正态分布独立采样的 Lilliefors 检验统计量数值(图 3.12)。根据参考正态分布(用水平线表示)的偏差,可以得出结论:如果相位标准偏差低于 0.3rad(2~3mm),则相位剩余为近似的正态分布。

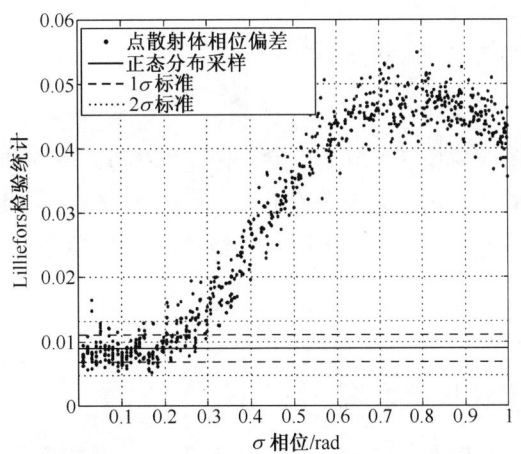

图 3.12 正态分布情况下点散射体相位观测的优度拟合检测统计量。只有在相位标准偏移低于 0.3rad 时,才能认为观测呈正态分布

40　第3章　永久散射体 InSAR

实际上,缠绕相位观测具有多重模态概率密度分布,Adam 等,(2004)文献中对此进行了详细介绍:

$$\text{pdf}(\psi) = \frac{\sqrt{\text{SCR}} \cdot |\cos(\psi)|}{\sqrt{(\pi)}} \cdot e^{-\text{SCR}\sin^2\psi} \quad (3.26)$$

式中:ψ 为单幅 SAR 图像中的相位观测。相位观测的概率密度函数是一个关于 SCR(或归一化幅度离散,见式(3.3))的函数。

另一种常用精度测量是多干涉图复数相干(Colesanti et al.,2003)。然而,由于该测量只能在进行了参数估计之后才能确定,它与模型缺陷混淆在一起,因而不适合对观测精度进行客观描述。

3.4.3.2　模型缺陷

未建模形变量可用 Q_{defo} 中的随机模型进行描述。PSI 位移可代表不同机制引起的形变。由于关于形变机制的发生及其函数模型的知识通常不是充分的先验知识,所以模型缺陷可建为随机模型。根据移位原因(2.3.3 节),可借助代表一定空时特性的协方差函数来实现这一过程。为实际应用这些协方差函数,可能需要对 PS 进行分类。将在 4.5 节中对此进行讨论。

由于与相位观测有线性(化)关系的(剩余)大气干扰十分复杂,所以大气干扰通常建为随机模型。大气信号的谱行为使之能够用 Matern 级协方差函数(Grebenitcharsky and Hanssen,2005)对大气干扰进行模拟。由于干涉图具有高空间分辨率,我们能够估计此协方差函数的参数。一种简化策略是经验协方差函数,该函数由方差系数和每幅 SAR 图像的相关长度进行参数化处理(Kampes,2005)。

根据式(3.24),可得如下一种用于估计油气生产引起的沉降的随机模型:

$$Q_y = W\left(\sum_{p=1}^{P} \sigma_p^2 Q_p + \sigma_{\text{defo}}^2 e^{-\left(\frac{l_{ij}}{L_{\text{defo}}}\right)^2} e^{-\left(\frac{t_{ij}}{T_{\text{defo}}}\right)^2} + \sum_{k=1}^{K} \sigma_{k,\text{atmo}}^2 \exp^{(-l_{k,ij}^2 w^2)}\right) W^{\text{T}} \quad (3.27)$$

式中:σ_p^2 为方差相位观测 PSp;l_{ij}、t_{ij} 分别为 PSi 和 j 间的空间和时间差;L_{defo}、T_{defo} 分别为空间和时间相关长度剩余形变;σ_{defo}^2 为方差剩余形变信号;σ_{atmo}^2 为方差(剩余)大气信号;w 为与大气信号分数维相关的参数;L_{atmo} 为相关长度大气信号;$w^2 = \frac{\ln(2)}{L_{\text{atmo}}^2}$。

3.4.4　DePSI 估计策略

鉴于计算约束以及在存在大气干扰情况下可解缠的高精度观测要求,Delft PSI(DePSI)方法以嵌套的方式应用参数估计。这种嵌套方法从备选 PS 的一个一阶网络(PSC1)开始实施,这些备选 PS 具有最小的幅度偏移,这意味着精确的相位观测具有很高的似然度。这些一阶点构成了初始(稀疏)网络。初始网络可用于进行初始模糊数估计和初始相位屏(大气的和/或轨道的)估计。为了产生精确的相位场估计,这些一阶点应该均匀分布。

由于方程组没有冗余,且观测随机模型中存在一些不确定性,观测和模型误差无法进行检验。尽管 P 个备选 PS 只能建立 $(P-1)$ 个独立二重差分,但为了确定哪些备选 PS 可以接受,对多个空间配置进行了评估。这些空间配置可具有德洛内或蛛状网络形状(Kampes, 2005)。一阶网络中已接受备选 PS 的子集表示为 PS1。

二阶备选 PS(PSC2)要相对于一阶网络进行选择,它们可用做 PS 分布的密化。已接受二阶点的子集标识为 PS2。为了避免一阶网络中的误差在二阶网络中传播而无法被察觉,应用了额外的测试过程。PS 网络的密化工作可无限重复。

3.5 结论

利用幅度观测对备选永久散射体进行选择。分析结果表明,耗时且占用存储空间的幅度标定可用伪标定代替。伪标定并不具体地执行标定,而是调整归一化幅度离散阈值,使之与未标定的序列相匹配。应用根据未标定图像块估计的标定系数并借助蒙特卡罗模拟就能实现这一点。

本章根据二重差分相位观测估计了未知参数(形变、地形高度等),并介绍了 DelftPSI 估计方法的数学框架。首先在一个稀疏的一阶网络中进行参数估计,然后,在测试了一阶网络并清除了错误的备选 PS 后进行密化步骤。

同时,本章还指出了 PSI 估计中的局限,如缺少冗余以及随机模型中存在不确定性。在第 4 章中,将继续分析函数和随机模型中的缺陷对未知(形变)参数评估的影响。除了 PSI 测量技术本身的精度以外,本章还将重点关注 PSI 用于相关形变信号估计的可行性。

在线摘要

在第 2 章中,对油气生产引起沉降的物理机理和形变估计方法进行了讨论。本章则对可作为形变监测用测量技术的 InSAR 进行了介绍。

4

质量控制

第3章阐述了地表形变估计的数学框架。当今时代,应用PSI进行形变监测开始转向关注区域中受时间去相关困扰的小尺度形变现象。在这种情况下,变形估计的精度和可靠性越来越重要,因此本章重点论述质量控制。

如果不考虑测量技术,形变监测的质量控制本质上应该由两部分组成:
- 估计参数的精度和可靠性;
- 估计参数与相关信号的关系。

对于荷兰因天然气开采引起的沉降而言,这两个组成部分都十分重要。第一部分将对PSI精度和可靠性进行定量,以评估PSI技术相对于水准测量技术所具有的潜能。当相关形变信号为天然气开采引起的沉降信号时,不论形变机制情况如何,InSAR都能观测散射体的运动。因此,我们的挑战是,在可能存在多种变形原因(浅层压实、建筑物的不稳定性等)的情况下区分出天然气开采引起的沉降。

第4章包含两部分。4.1节~4.4节主要论述函数模型和随机模型中存在的不确定性。可能的模型误差对形变估计的影响用第3章中的数学框架进行评估。PSI观测精度需借助Delft角反射器实验进行经验评估。4.5节对用于提高预测相关形变信号的理想化精度的信息进行了调研。本节着重对永久性散射体并对相关信号空时特性先验知识的应用进行了更加深入地描述。

4.1 PSI精度和可靠性

精度指一个随机变量偏离其平均值的偏离度。如果未作特别说明,本书中的精度指方差的平方根,即一个随机变量的标准偏移量(1σ准则)。在PSI中,观测精度取决于测量精度和测量目标的物理特性。精度的这两个量不可轻易分开,所以构建InSAR观测的方差—协方差矩阵十分复杂。因此,要用独立的水准测量在受控角反射器实验中对InSAR随机模型进行验证(4.4节)。

可靠性可定义为对模型缺陷的敏感度和模型缺陷的可检测度(Teunissen, 2006b)。PSI观测公式(式(3.11))系统中没有冗余。因此,对模型误差和观测中的异常值进行测试是不可能的。但是,如果模糊数分辨率的成功率等于1,则可以认为这些模糊数是确定的。这样,观测公式的 PSI 系统就变成冗余的,大地测量测试技术则可以用于评估可靠性(出处同上)。基于正确相位解缠的假设,我们评估了函数和随机模型中存在的不确定性对参数预测的影响。针对数学框架中不同组成分量中存在的误差,它指出了形变估计的敏感度。然而,需要强调的是,由于正确的相位解缠已假定,所以这是最乐观的情况。

如果相位解缠的成功率不能假设为1(乡村地区就可能存在这种情况),则PSI 预测的数学框架不能进行可靠性评估。但是本书将说明,利用观测同一形变信号的多个独立卫星路径将能够引入冗余,进而能够对形变估计的可靠性做出陈述。这种方法称为多轨PSI,我们将在第5章中对其进行详细的论述。

4.2 函数模型缺陷的影响

本节对式(3.11)的函数模型缺陷对未知参数的影响进行了调研。以不精确的亚像素位置致使 PS 高度和位移率评估中存在可能的偏差为例,模型误差对未知参数的影响可根据下式确定:

$$\nabla \hat{x} = (A^T Q_y^{-1} A)^{-1} A^T Q_y^{-1} \nabla y \tag{4.1}$$

式中:A 根据式(3.11)确定了相应的函数关系;Q_y 为二重差分的方差—协方差矩阵;∇y 为模型误差;$\Delta \hat{x}$ 为模型误差对参数估计的影响(Teunissen,2000b)。

形变监测中相关的未知参数为各种位移估计。要进一步定义 PS 目标,地形高度估计也十分有价值。例如,根据地形高度能够确定 PS 反射来自于屋顶还是来自于地平面。因此,本节将讨论模型误差对位移和地形高度预测的影响。研究中的潜在模型误差是指不精确的亚像素位置、旁瓣观测和轨道不精确性。此外,本节还对相位解缠成功率进行了描述。

本节中的所有结果都基于仿真。为了获得真实的图像几何数据(垂直基线和时间基线的分布),从覆盖荷兰北部的六个现有 ERS 轨道配置中进行采样。并且,还选择将形变模拟为恒定的位移率(速度)。用这种方法,函数模型中的冗余可得到最佳利用。此外,开采中气田上方的沉降在整个监视时段中可应用一个线性位移模型(图3.11)按时间进行解缠。

评估模型误差过程中相位解缠的成功率可看做是1。这意味着我们能够在最乐观的情况下针对不同模型误差获得关于形变敏感度和高度估计的定量值。4.2.4 节告诉我们,低 PS 密度的区域不能保证成功率的数值为1。我们已经在本章简介部分指出,还需要用其他方法来评估结果的可靠性。本研究中,已经发展成为一种可靠性评估方法,我们将在第5章中对此单独进行讨论。

4.2.1 亚像素位置

不精确的亚像素位置将导致 PS 高度和速度评估中存在不精确性(Perissin,

2006)。根据式(3.11),可推断出亚像素位置 $\phi_{\mathrm{obj},ij}$ 产生的相位贡献:

$$\varphi_{\mathrm{obj},ij}^{k} = \frac{4\pi}{\lambda} \frac{B_i^{\perp}}{R_i^m \tan\theta_i^m} \eta_{ij}^m + \frac{2\pi}{v}(f_{\mathrm{dc},i}^m - f_{\mathrm{dc},i}^k)\xi_{ij}^m \qquad (4.2)$$

这是一个关于斜距(η)和方位角(ξ)亚像素坐标的函数,模型误差∇y就是距离和方位向亚像素位置 $\Delta\eta_{ij}^m$ 和 $\Delta\xi_{ij}^m$ 的误差所带来的误差。模型误差采样用荷兰北部六个 ERS 路径的图像几何数据进行了计算。随后,再用式(4.1)对单弧 PS 高度和速度估计受到的影响进行计算。在 Q_y 中考虑了二重差分之间的相关性,见3.4.3节。设计矩阵包含相位观测与未知 PS 高度、速度之间的函数关系:

$$A = -\frac{4\pi}{\lambda}\left[\frac{B_i^{\perp}}{R_i^m \sin\theta_i^m} \quad T^k\right] \qquad (4.3)$$

式中:T^k 为与未知 PS 速度相关的时间基线。

根据式(4.1)可以推导出,距离向亚像素位置中的误差影响在 PS 高度上产生了0~4m 不等的误差,但它们不会影响 PS 速度(假设标准过采样系数是2)。PS 高度估计中的误差直接影响 PS 的水平位置(4.5.2节)。

方位向亚像素位置中的误差在 PS 高度上引起的误差很小(小于0.25m)(同样,假设过采样系数为2)。速度受到的影响为0~0.5mm/年。当包含的图像相对于主图像具有大于500Hz 的更高多普勒偏移时,这些系统误差的影响就会增大:PS 速度的误差可高达3mm/年(见图4.1)。

在执行 DePSI 方案监视天然气开采引起沉降的过程中,亚像素位置没有包含在函数模型中,见第6章。这样做的潜在原因是为了避免进行参数估计时的冗余下降。而且,距离向亚像素位置和 PS 高度(3.4节)之间也有关联,这使它们的联合估计变得十分复杂。如果 PSI 图像序列中所有的图像都用系数2进行过采样,且如果去除具有高多普勒偏差的图像景,则特定散射体的最大 PS 速度

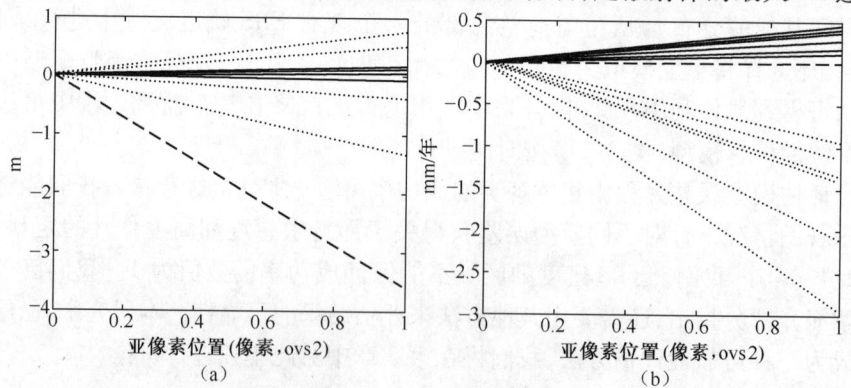

图4.1 距离(虚线)和方位(实线)上亚像素位置误差对 PS 高度(a)和速度(b)估计(过采样系数为2)的影响。点线代表包含具有高多普勒偏移(大于500Hz)的采集的情况

误差可预计为大约 0.5mm/年。但是,对像格罗宁根(位移率小于 1cm/年)这样的地区进行沉降监测时,如果包含了高多普勒图像,则函数模型中应该包含关于方位向亚像素位置的估计。

4.2.2 旁瓣观测

表现为明确点散射体的 PS 目标的空间信号特征为 sinc 函数模式(Oppenheim et al.,1983;Cumming and Wong,2005),该 sinc 函数为

$$\text{sinc}(x) = \frac{\sin(\pi x)}{\pi x} \tag{4.4}$$

sinc 函数旁瓣位于其他的分辨单元中,而不是位于散射仪主瓣中。每隔一个旁瓣的相位都等于主瓣相位,而相间旁瓣中的这些相位都是反向的 π 个弧度,见图 4.2。由于所有旁瓣的相位观测都参照相同的物理目标,所以它们不是孤立的。由于旁瓣的相位行为是相干的,所以它们具有能够被识别为备选 PS 的相似性。相对于旁瓣所参照的 PS,本节对不同距离和方位位置的影响进行了研究。

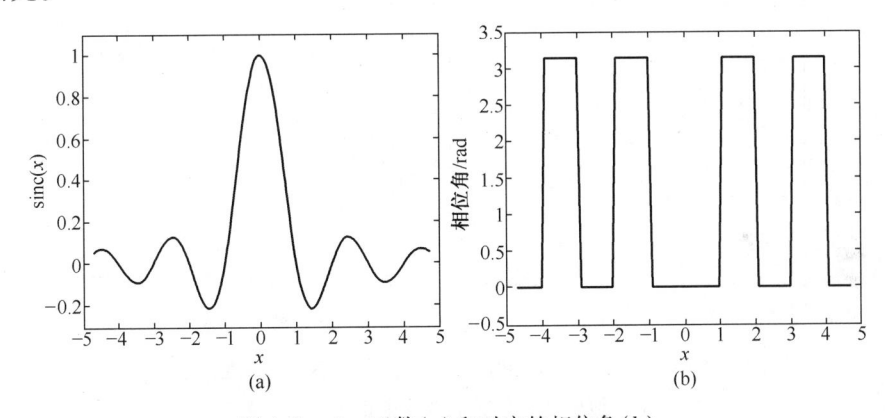

图 4.2 sinc 函数(a)和对应的相位角(b)

本节评估了旁瓣观测对 PS 高度和速度估计的影响,旁瓣观测中的模型误差包括:· $B_i^\perp$、R_i^m 和 θ_i^m 中的误差;

• 参考相位 $\frac{4\pi}{\lambda} B \sin(\theta_i^m - \alpha)$ 中的误差。

由于基线 B 及其方向 α 仅与卫星的位置有关,所以它们在旁瓣观测中保持不变。入射角的变化可借助平地近似法进行计算:

$$\theta_i^m = \arccos\left(\frac{H_{\text{sat}}}{R_i^m}\right), \frac{d\theta_i^m}{dR} = \frac{H_{\text{sat}}}{(R_i^m)^2 \sqrt{1 - \left(\frac{H_{\text{sat}}}{R_i^m}\right)^2}} \tag{4.5}$$

式中:H_{sat} 为卫星高度。

第4章 质量控制

根据式(4.3),能够推断出 PS 高度估计受到了很大影响:在距离目标位置四个像素的距离长度上,有大约 20m 的变化。速度估计等于旁瓣 PS 目标的速度估计。因此,位移率估计没有因为纳入旁瓣观测而发生偏差。但是,必须认识到,旁瓣观测是物理散射体的相位观测的重复过程。它们不是独立存在的,不会在相关形变信号估计中造成冗余。

由于高度估计受到的影响,被错误探测成 PS 的旁瓣地理编码也是错误的。距离坐标和旁瓣高度已根据图 4.3 中描绘的比率做出了改动。根据图 4.4 可以推断出,不正确距离坐标的地理坐标变化与不正确的高度估计的地理坐标变化方式相同。因此,如果高度估计能够补偿不同的距离位置,旁瓣的地理定位将与真实 PS 目标的地理定位相一致。图 4.3 描述的是,距离坐标中相对于主波瓣(实际目标)位置的负变化会在波瓣高度估计中引起一个正变化。因此,旁瓣高度估计的地理编码受到的影响可借助其距离坐标进行消除。这样,旁瓣的地理位置将正是它所参照的 PS 的位置。这将在逐点目视图中产生几个由下至上逐一绘制的估计曲线图。

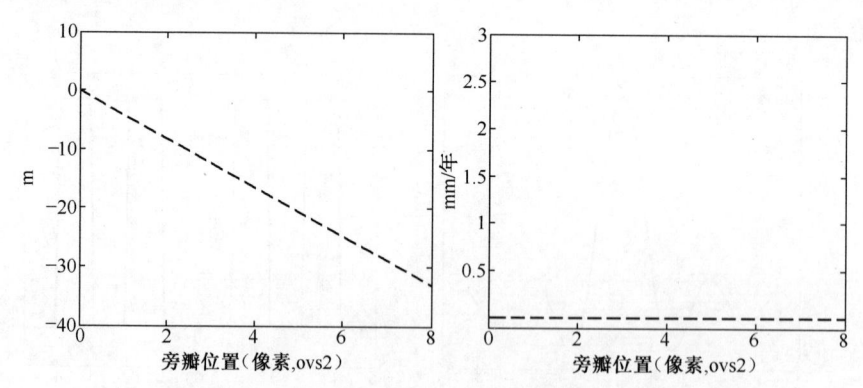

图 4.3 旁瓣观测对高度(a)和速度(b)估计的影响。高度严重受影响,而旁瓣的速度估计与它们所参照的 PS 的估计一致

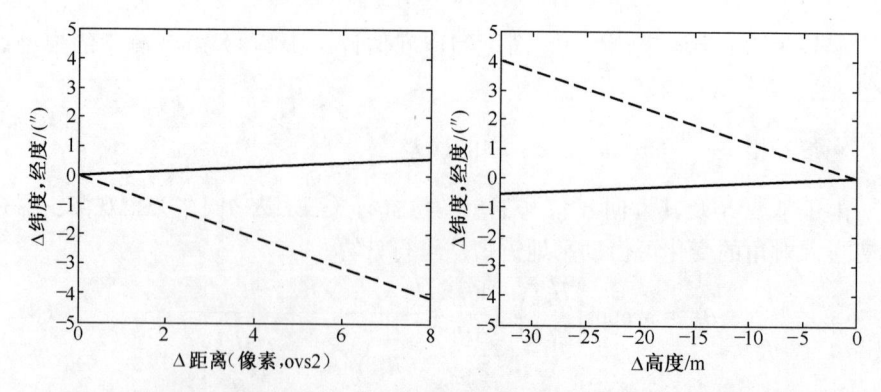

图 4.4 距离坐标和高度偏差对地理位置的影响:纬度(实线)和经度(虚线)地理坐标的差异大约是几秒(1″大约是 30m)

4.2.3 轨道的不精确性

由于相关形变信号的空间分布范围十分宽广,必须对剩余轨道分量的影响进行研究。轨道误差可以分解为顺轨误差、交轨误差和径向误差。由于顺轨误差在配准步骤中可进行充分的校正,所以系统相位误差的分析仅受交轨误差和径向误差的制约(Hanssen,2001)。轨道误差的影响就是关于参考相位的不正确估计以及垂直基线计算中存在的误差。参考相位的不正确估计能够由近及远地进行系统传播。

为了研究轨道误差的影响,对现有六个 ERS 路径的剩余切向误差和径向误差影响进行研究。仿真包括以下四个步骤:

(1) 分别用 8cm 和 5cm 的标准偏差针对所有图像生成随机切向误差和径向误差;

(2) 调整基线尺寸和方向;

(3) 计算远、近距离之间参考相位中引起的模型误差;

(4) 利用调整好的垂直基线调整设计矩阵。

图 4.5 和图 4.6 分别给出了随机轨道误差对速度和高度估计的影响。径向轨道误差对速度估计的影响最大:可达 1mm/年。切向误差产生的最大速度偏差为 0.5mm/年。径向轨道误差引起的高度估计偏差可达 2m,而切向误差引起的高度偏差则小于 0.5m。就分布空间范围很大的区域的速度估计而言,这意味着会存在一个小的空间趋势。我们将在第 5 章的多轨方法中进一步讨论空间趋势的保留和清除。

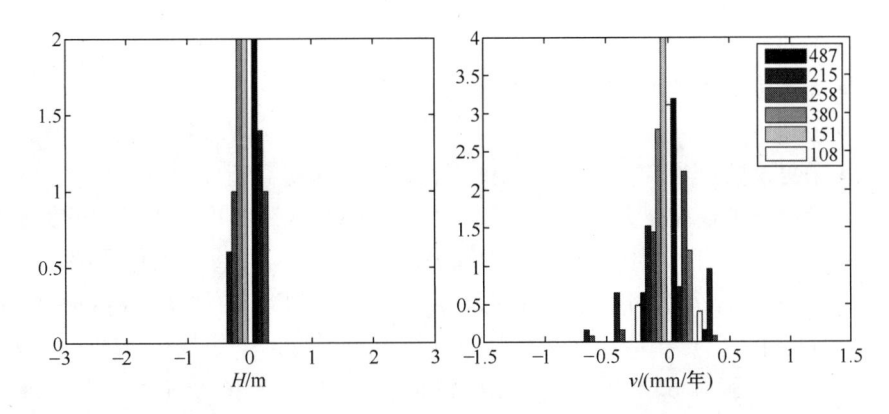

图 4.5 由六个路径的随机切向轨道误差($\sigma=8cm$)在远、近距离(100km)之间引起的 PS 高度和速度估计不确定性。每次执行每个轨道的随机顺轨误差仿真,都要对相应的相位观测误差进行计算。相位观测误差由远、近距离之间的参考相位中存在的误差引起。然后,又对速度和高度估计受到的影响进行了计算。这两个柱状图给出了每个轨道 50 次仿真的结果

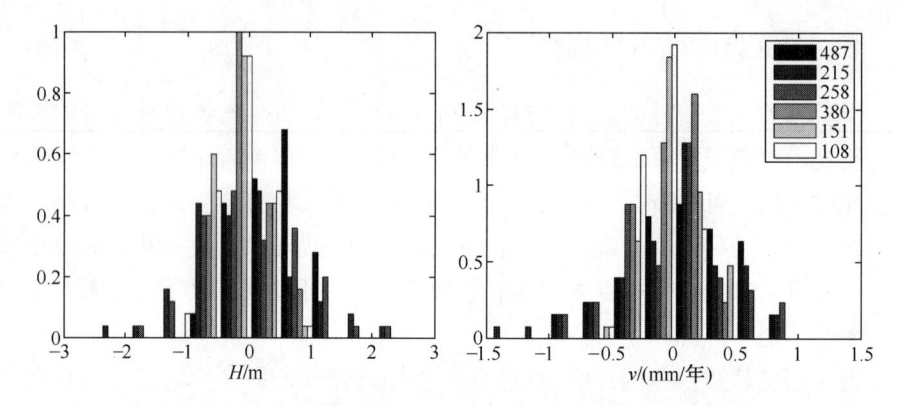

图4.6 本图描述的是由六个路径的随机径向轨道误差($\sigma=5$cm)引起的远、近距离(100km)之间 PS 高度和速度估计的不确定性。每个路径随机径向误差的每次仿真都要进行相应的相位观测误差(该误差由远、近距离之间参考相位中的误差引起)计算。然后,再对速度和高度估计受到的影响进行计算。上述柱状图给出了每个路径 50 次仿真的结果

4.2.4 大气干扰情况下的相位解缠

对于 PS 密度相对较低的乡村地区的 PSI 应用,大气信号估计在质量评估中起着非常重要的作用。在备选 PS 的一阶网络中,大气干扰与弧长成正比,因此与分数相位差观测进行正确解缠的成功率成反比。在进行了每弧度的时间解缠之后,要执行空间网络检验,跟踪并清除引起空间解缠闭合差的备选 PS。但是该过程不能确保防止第二类误差的出现:第二类误差指的是那些尽管空间解缠错误,却还是没有被清除掉的备选 PS。在每次采集中估计并去除了大气延迟量(APS)之后,解缠成功率就会上升。解缠成功率的优化取决于:
- 干涉测量相位差的测量精度;
- 大气体系的量级(能量)(取决于天气条件);
- PS 密度:APS 的空间采样;
- 采集次数:当有更多样本可用时,主 APS 可用更高精度进行评估。

本章研究了在存在大气干扰的情况下成功率与观测精度以及 PS 密度之间的关系。我们使用了序贯归整法(式(3.19))的成功率,并将其用作下限(Teunissen,2001b)。序列中的干涉图数目设为 25,可用作 PSI 的最小值(Colesanti et al.,2003)。因此,产生的成功率将是与 APS 估计需要的采集数相应的下限值。

我们对一系列 APS 进行了模拟,包括一些具有分数维的标量大气体系(Hanssen,2002)。三个体系区别鲜明:体系Ⅰ覆盖大范围的变化,体系Ⅱ覆盖从分辨率水平到湍流层厚度的几种量级的变化,体系Ⅲ代表小范围的变化。由于体系Ⅲ很可能并非由大气引起,我们将其从仿真中排除。体系Ⅰ和体系Ⅱ之间的过渡设定在 2km 的距离上。体系Ⅰ和体系Ⅱ的幂律指数分别为 $-5/3$ 和 $-8/3$。

表 4.1 表明,如果观测精度很高,在较低 PS 密度情况下能够获得高成功率。在低 PS 密度情况下,由于弧长越长,APS 清除对其越是有利,所以 APS 估计之前和之后的成功率增大也更加重要。与具有城市 PS 密度的区域成功率相比,如果弧的相位离散度低于 1/20 周(<3mm),乡村地区也可获得类似的成功率。不过,图 6.20 表明,这一精度要求不是必须满足的。表 4.1 同时也告诉我们,特别是在 PS 密度约为 5PS/km 的地区,数值为 1 的成功率不可能得到保证。这意味着模糊数不可看做是确定的量。因此,由于没有冗余,用函数模型式(3.11)进行直接质量评估也是不可能的。在这种情况下,必须使用其他手段进行质量评估,如第 5 章所述的多轨 PSI。

表 4.1 在具有仿真相位观测和大气延迟量条件下,25 幅干涉图的序列中相位解缠的自举成功率。表中分别列出了成功率高于 0.5、0.8 和 0.99 的弧度的百分比。该表描述了观测精度和 PS 密度对成功率的影响。观测精度用周(cycle)表达:20/1 周对应的是 2.8mm 的精度,1/10 周对应的是 5.6mm 的精度

采集	σ_ϕ/周	在 APS 估计之前成功率			在 APS 估计之后成功率		
		>0.5	>0.8	>0.99	>0.5	>0.8	>0.99
100PS/km^2							
25	1/20	100(%)	100	99	100(%)	100	100
25	1/10	71	34	18	75	40	21
5PS/km^2							
25	1/20	100(%)	98	95	100(%)	100	100
25	1/10	38	8	3	40	20	7

4.3 随机模型中的缺陷

本章对随机模型组成(即测量噪声和模型缺陷)中存在的不确定性进行了概述。而后,又介绍了方差—协方差矩阵的精度参数化,即参考 PS 和主图像。方差—协方差矩阵与空间和时间参考无关。

4.3.1 测量精度

与其他大地测量技术相反,PSI 可观测量的随机模型是一种人们知之甚少的先验知识。这是因为测量精度与物理 PS 特性息息相关。由于地理编码中存在不确定性,识别反射的源头很复杂。而且周围散射体的反射模式还可能会产生干扰,在相位观测中引起额外的噪声。

3.2.1 节已经告诉我们,相位方差与信号—杂波比成函数关系。SCR 与归一化幅度离散直接相关,见式(3.3)。与 SCR 成函数关系的相位方差可用做先验方

差,给出不同 PS 的相对加权。这将意味着只有一个未知的方差系数(一个标量系数): $Q_n = \sigma^2 Q$,等式中的 Q 代表先验方差—协方差矩阵。代尔夫特大学角反射器实验完全按该过程执行了操作,我们将在 4.4 节中单独对此进行描述。

另一个选择是估计每个 PS p 的方差系数: $\sum_{p=1}^{P} \sigma_p^2 Q_p$。这意味着,需要对更加多的方差系数进行评估,同时方程组中的冗余保持不变。因此,每个 PS 方差系数的估计都将更加不精确。方差分量估计的概率和局限将在 4.3.3 节中进行描述。

4.3.2 区分未建模形变和大气信号

由于关于形变信号函数模型的认识通常十分有限,用时空过滤法来描述相位残余与未建模(非线性)形变和大气信号的关联。基于大气信号与时间不相关而未建模形变却与时间相关的假设,能够将这些残余区分开来(Ferretti et al., 2001)。

如果形变信号的函数模型是正确的,那么所有的残余都应该与大气信号(和测量噪声)有关。然而,未建模形变信号的出现无法提前预知。为了保留所有可能的未建模形变信号体系,使所有残余都与形变信号相关联。因此估计时间序列表现出更大的噪声,看起来质量很低。但是,当使观测中的高变化性与大气信号相关联,随后再进行去除时,将存在风险,可能同时将未建模形变也去除了。这意味着会丢失相关信号,进而带来不可恢复的模型误差。

在 DePSI 估计过程(6.1.3 节)中,通过应用一个具有低通滤波器(出处同上)特点的时间移动普通滤波器,可将相位残数分解为大气信号和未建模形变。移动普通滤波器的窗口尺寸越大,从相位残数中清除出来的高频信号也越多。因此,错误地将未建模形变识别为大气信号的风险也随着移动普通滤波器窗口尺寸的增大而增加。

图 4.7 给出的是一个将时间剩余分解成大气信号和未建模形变的模拟实例。仿真序列含有 30 幅图像,历时 15 年时间。仿真的图像只含有大气信号,没有未建模形变和测量噪声。因此,所有的剩余都应该与大气信号相关。时间移动平均过滤器的大小可表达为形变信号的相关长度。巨大的相关长度与缺失的未建模形变相对应:相位剩余中所有的高频信号都可滤出并识别为大气信号。根据图 4.7 可推断出,对于大于 6 年的时间相关长度,相应的剩余确实可归因于大气信号。而且,可以看到,如果相关长度被设到小于 6 年的数值上,则部分大气信号将被错误地解译成形变信号。

非线性形变和大气信号的区分是保留可能未建模形变与保持移位评估精度之间的一种折中。因此,高精度的位移估计的代价很可能是将部分未建模形变遗漏到了大气信号中。

如果不用低通滤波器过滤未建模的形变,本书建议将大气信号和未建

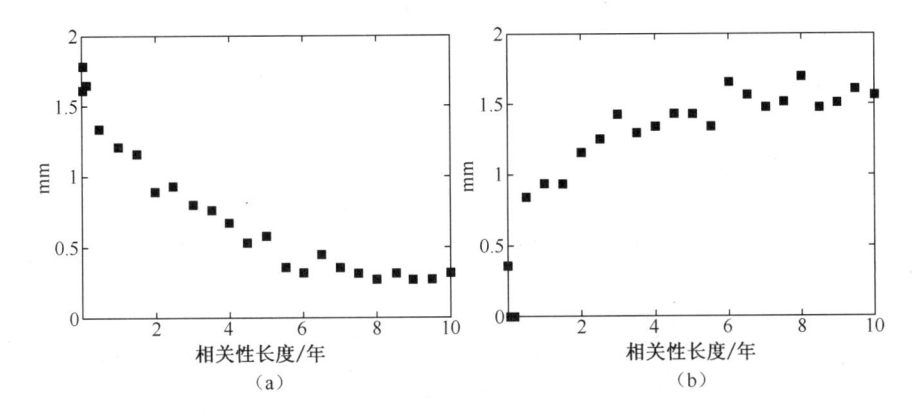

图 4.7 未建模形变(a)和大气信号(b)的分离。形变信号的相关性长度与时间移动普通滤波器窗口尺寸相一致。相关性长度数值很小时,相位残数可识别为未建模形变。形变信号相关性长度的尺寸越大,被识别为大气信号的剩余分量也越多

模形变都结合到 PSI 方程组的随机模型中。这将整合质量描述中存在的各种不确定性。下一节,将详细描述 PSI 估计过程中随机参数评估的概率和局限。

4.3.3 方差分量估计的概率和局限

方差分量估计(VCE)(Teunissen,1998)对随机模拟的参数进行估计。例如,测量噪声的方差系数和大气干扰的空间相关长度就是随机模型参数。考虑应用 VCE 时,三件事必须牢记:

(1) 只有数学模型中存在冗余时,才能应用 VCE;
(2) 只有独立的随机模型参数才能进行估计,即 VCE 方程组中没有秩亏;
(3) 需要估计的随机参数数量越多,随机模型参数估计的精度也越低。

2.3.1 节中指出,方差分量可用平差残数进行计算。这样,就需要冗余。因此,只有在模糊数是确定的情况下,才能在 PSI 中应用 VCE。应用 VCE 的另一个条件是方差分量的独立性。这意味着用相同协方差函数,但用不同量级和相关长度模拟的模型缺陷不能单独进行估计。

残余信号的初步随机模拟使用的是一个以方差、空间和/或时间相关长度或幂为变量的(经验的)协方差函数(如果模型偏差不受限)。更高级协方差函数的使用应视对信号先验知识的掌握情况而定。对于空间上相关但时间上不相关的大气干扰,Grebenitcharsky 和 Hanssen(2005)描述了更高级的协方差函数。

如果冗余条件以及方差分量的独立性都已具备,则必须估计方差分量估计的可实现精度。评估的方差分量越多,它们就越不精确。此外,还必须考虑不同

方差分量间的相关性。这种相关性决定了一种随机模拟的信号泄露到其他信号中的可能性。

在 2.3.1 节中所描述的 VCE 过程中，只有方差系数被看做是方差分量。Q_y 可作为方差系数和余因数矩阵的线性组合进行分解。然而，对于时空相关的信号，余因数矩阵 Q 和(一些)方差分量之间的关系通常是非线性的。因此，观测的方差—协方差矩阵以泰勒级数进行展开。对于 PSI 观测的随机模型，它包含重叠的测量噪声以及因大气信号和未建模形变产生的噪声，这种分解的因式可表达为

$$Q_y = Q_0 + W\left(\frac{\delta Q_n}{\delta Q \sigma_n^2}\mathrm{d}\sigma_n^2 + \frac{\delta Q_{\mathrm{defo}}}{\delta \sigma_{\mathrm{defo}}^2}\mathrm{d}\sigma_{\mathrm{defo}}^2 + \frac{\delta Q_{\mathrm{defo}}}{\delta L_{\mathrm{defo}}}\mathrm{d}L_{\mathrm{defo}} + \frac{\delta Q_{\mathrm{defo}}}{\delta T_{\mathrm{defo}}}\mathrm{d}T_{\mathrm{defo}}\right.$$
$$\left.+ \frac{\delta Q_{\mathrm{atmo}}}{\delta \sigma_{\mathrm{atmo}}^2}\mathrm{d}\sigma_{\mathrm{atmo}}^2 + \frac{\delta Q_{\mathrm{atmo}}}{\delta L_{\mathrm{atmo}}}\mathrm{d}L_{\mathrm{atmo}}\right)W^{\mathrm{T}} \quad (4.6)$$

式中，矩阵 W 将相位观测从单次采集转变到时空二重差分。总之，用式(4.6)对六个方差分量进行了估计：

- 测量精度(σ_n^2)的一个方差系数；
- 未建模形变信号($\sigma_{\mathrm{defo}}^2, L_{\mathrm{defo}}, T_{\mathrm{defo}}$)的一个方差系数、空间相关长度和时间相关长度；
- 未建模大气信号($\sigma_{\mathrm{atmo}}^2, L_{\mathrm{atmo}}$)的一个方差系数和空间相关长度。

方差分量可通过迭代方法求得，由于 Q_y 被分解为一个已知部分和一个未知部分，VCE 方程组与 2.3.1 节的略有不同。

$$l_k = \hat{e}^{\mathrm{T}}Q_y^{-1}Q_k Q_y^{-1}\hat{e} - \mathrm{tr}(Q_y^{-1}P_A^{\perp}Q_k) \quad (4.7)$$

要阐述方差分量精度与冗余以及随机参数数量的相关性，需要考虑下列残余形变信号的模拟实例。模拟的残余形变信号仅含有测量噪声和空间相关噪声：

$$Q_y = W(\sigma_n^2 I + \sigma_{\mathrm{defo}}^2 \mathrm{e}^{\left(-\frac{Q_l^2}{L}\right)})W^{\mathrm{T}} \quad (4.8)$$

其泰勒展开式为

$$Q_y = Q_0 + WW^{\mathrm{T}}\mathrm{d}\sigma_n^2 + W(\mathrm{e}^{\left(-\frac{Q_l^2}{L}\right)})W^{\mathrm{T}}\mathrm{d}\sigma_{\mathrm{defo}}^2 + 2\sigma_{\mathrm{defo}}^2 W\left(\frac{Q_l^2}{L^3}\mathrm{e}^{\left(-\frac{Q_l^2}{L}\right)}\right)W^{\mathrm{T}}\mathrm{d}L$$
$$(4.9)$$

式中：Q_l 为 PS 距离矩阵。这些观测分布在一个 5km×5km 的区域上，它们的预计值是 0，相关长度是 2.5km，测量噪声和模型噪声的方差分别是 $1\mathrm{mm}^2$ 和 $4\mathrm{mm}^2$。用柯勒斯基分解 $Q_y = R^{\mathrm{T}}R$ 对这些观测进行了模拟。基于柯勒斯基分解，这些观测可按 $\underline{y} = R^{\mathrm{T}}\underline{n}$ 进行计算，$\underline{n}$ 是标准正态分布变量的一个矢量。

图 4.9 给出的是进行三个方差分量联合评估以及仅进行测量方差系数评估时被其标准偏差($\hat{\sigma}/\sigma_{\hat{\sigma}}$)划分开的方差分量估计。显而易见,方差分量估计的精度随冗余的增加而增加,并且需要估计的方差分量越少,方差分量估计的精度就越高。此外,我们还注意到,模型噪声分量的估计质量不太高;其估计的标准偏差几乎等于模型噪声方差本身。

最后,本节对网络构型对 VCE 精度的影响进行了研究。对星形网络和"最短距离"网络(图 4.8)都进行了模拟。两种网络构型的模拟结果在图 4.9 中进

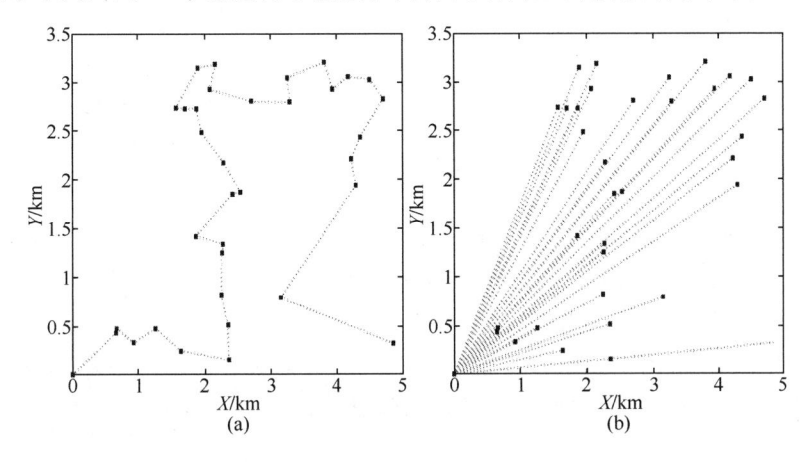

图 4.8 网络构型:(a)最短距离和(b)星形网络。这些观测为空间差

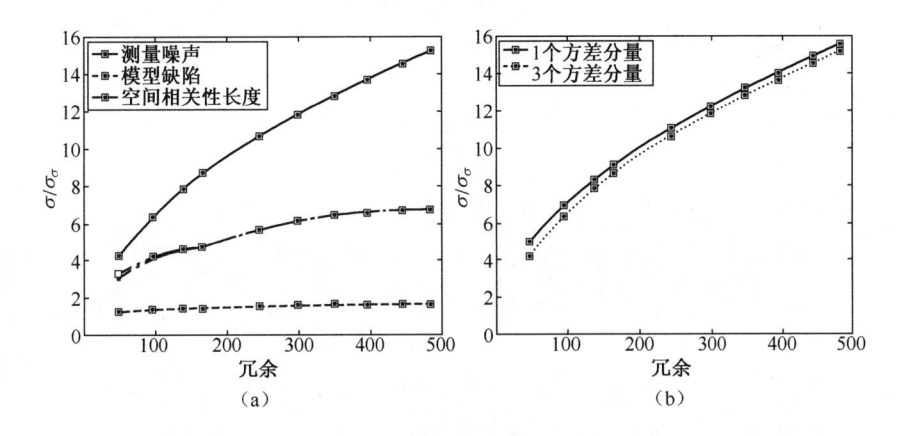

图 4.9 (a)评估测量噪声和空间相关噪声时被其标准偏差($\sigma_{\hat{\sigma}}$)分开的方差分量估计($\hat{\sigma}$)。(b)仅评估测量噪声时被其标准偏差($\sigma_{\hat{\sigma}}$)分开的方差分量估计($\hat{\sigma}$)。如果评估中涉及的分量越少,则方差分量精度越高。星形和方块表示根据基于相同观测的不同空间组合的网络设计(星形网络和路径网络,见图 4.8)所获得的方差分量评估。方差分量精度与网络类型无关

行了描述:被评估方差分量的精度一致。这一事实不难解释,因为两种网络构型中的线性组合都是根据相同观测构建起来的。

4.3.4 误差放大因子

PSI 评估过程中的随机模型可用方差—协方差矩阵表示。不论是否应用 VCE,都需要对观测和参数估计的方差—协方差矩阵进行质量测量。由于二重差分引起的相关性以及模型缺陷带来的时空相关性,观测和参数估计的方差—协方差矩阵都是满秩。如果只对主对角线上的方差进行精确估计,会产生一个与二重差分时空参考有关的精度测量,见 3.3.2 节。然而,用不同时空参考生成的二重差分来自于同一组相位观测。因此,其方差—协方差矩阵中的信息是相同的。

本节表明,存在一种标量精度测量,能够描述与时空参考无关的方差—协方差矩阵质量:它就是误差放大因子。GPS 模糊分辨率理论进行的模拟证明,模糊数误差放大因子(ADOP)(Teunissen and Odijk,1997)与所选参考卫星无关。与该理论相似,我们将会证明 PSI 二重差分与所选择的时空参考无关。它基于容许模糊数变换(出处同上)理论。该理论说明,如果各变换的行列式等于±1,则向其他参考的变换是允许的。这符合变换矩阵及其逆矩阵仅含有整数点的性质。

考虑 K 幅图像中观测到的一组 P 个 PS,相对于参考 PS1 和采集时间 $k=1$ 的二重差分相位观测可表示为 φ_{p1}^{k1} $(p=2\cdots P, k=2\cdots K)$。通过变换矩阵 $\boldsymbol{T}$,二重差分可变换到参考 PS 2:

$$\varphi_{p2}^{k1} = \boldsymbol{T}\varphi_{p1}^{k1} \tag{4.10}$$

新得出的方差—协方差矩阵可用传播定律进行计算:

$$Q_{\varphi_{p2}^{k1}} = \boldsymbol{T} Q_{\varphi_{p1}^{k1}} \boldsymbol{T}^{\mathrm{T}} \tag{4.11}$$

P 个 PS 的变换矩阵 $\boldsymbol{T}$ 具有如下形状:

$$\begin{bmatrix} \varphi_{12}^{k1} \\ \varphi_{32}^{k1} \\ \vdots \\ \varphi_{p2}^{k1} \end{bmatrix} = \begin{bmatrix} -1 & 0 & \cdots & 0 \\ -1 & 1 & \cdots & 0 \\ \vdots & \vdots & \ddots & \vdots \\ -1 & 0 & \cdots & 1 \end{bmatrix} \begin{bmatrix} \varphi_{21}^{k1} \\ \varphi_{31}^{k1} \\ \vdots \\ \varphi_{p1}^{k1} \end{bmatrix} \tag{4.12}$$

同样,从主图像时间 $k=1$ 到 $k=2$ 的 PSI 二重差分的变换如下:

$$\begin{bmatrix} \varphi_{p1}^{12} \\ \varphi_{p1}^{32} \\ \vdots \\ \varphi_{p1}^{K2} \end{bmatrix} = \begin{bmatrix} -1 & 0 & \cdots & 0 \\ -1 & 1 & \cdots & 0 \\ \vdots & \vdots & \ddots & \vdots \\ -1 & 0 & \cdots & 1 \end{bmatrix} \begin{bmatrix} \varphi_{p1}^{21} \\ \varphi_{p1}^{31} \\ \vdots \\ \varphi_{p1}^{K1} \end{bmatrix} \tag{4.13}$$

变化矩阵及其逆矩阵具有全部的整数点,它们的行列式等于 1。因此该行

列式所定义的精度测量对 PSI 参考系统而言是不变的:

$$\det Q_{\varphi_{p2}^{k1}} = (\det T)^2 \det Q_{\varphi_{p1}^{k1}} = \det Q_{\varphi_{p1}^{k1}} \qquad (4.14)$$

因此,PSI 中的方差—协方差矩阵精度可用 PSI 的误差放大因子进行描述:

$$\mathrm{DOP_{PSI}} = \sqrt{\det Q_\varphi}^{\frac{1}{n}} \qquad (4.15)$$

如果二重差分相位观测不相关,则 $\mathrm{DOP_{PSI}}$ 将描述标准偏差的几何平均值,见图 4.10。

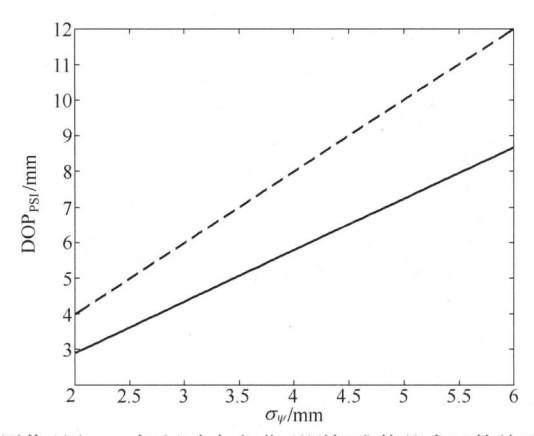

图 4.10 单幅 SAR 图像(用 mm 表达)中与相位观测标准偏差成函数关系的 PSI 二重差分相位观测(实线)的 $\mathrm{DOP_{PSI}}$。虚线描述的是二重差分相位观测不相关(几何平均值)时的 $\mathrm{DOP_{PSI}}$。无论对于相关的二重差分观测还是几何平均值,观测的标准偏差越低(精度越高),DOP 值越小。DOP 值是一个代表方差—协方差矩阵精度的标量。该精度与时空参考无关,但它却是一个关于方差—协方差矩阵的特定函数。通过一般特征值问题(式(7.11)),对两个方差—协方差矩阵执行了全面的对比。式(7.11)针对不同特征值给出了方差—协方差矩阵中所含有的精度

同样,这也表明,二重差分位移估计的精度可用 $\mathrm{DOP_{PSI}}$ 以参数化形式进行描述,而与时空参考无关。同类型的变换矩阵 T 可用于向另一种时空差进行变换,因此位移估计 $Q_{\hat{d}}$ 的方差—协方差矩阵的行列式也将是一个不变量。可在 7.1.3 节中找到将 $\mathrm{DOP_{PSI}}$ 用做精度测量的实例。在此,它与时空参考无关,用它评估形变信号时间采样的影响。

4.4 测量精度

对于相关信号的形变参数的质量描述,PSI 观测统计信息至关重要。4.3.1 节中已经指出,InSAR 随机模型不是一个为人们所熟知的先验模型。因此,本节致力于验证 InSAR 相位观测统计数据,这同时也是 Delft 角反射器实验(Marinkovic et al., 2004, 2006, 2008; Ketelaar et al., 2004a; van Leijen et al., 2006b)

的目标之一。该实验将水准测量用做独立验证技术,是一个受控实验。自 2003 年 3 月,我们用水准测量和重复过境 InSAR(ERS-2/Envisat)对五个角反射器(图 4.11)进行了监测。五个角反射器中,有三个有效运行到 2008 年。它们部署在 Delft 理工大学的一个草坪上,彼此间距 200m。除了验证 PSI 测量精度,其他目标还包括演示 ERS-2 和 Envisat 之间的连续性,以及监视浅层压实情况。

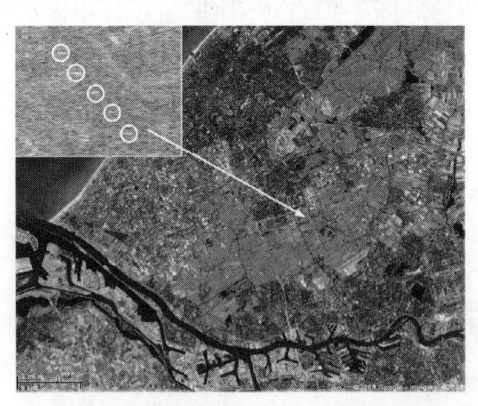

图 4.11 部署在 Delft 理工大学附近草坪上的五个角反射器的位置和幅度观测

本节首先讨论了水准测量网络的建立,并对 InSAR 和水准二重差分观测进行了论述。然后,又对 VCE 策略进行了阐释,得出了 PSI 测量精度的估计结果。

4.4.1 水准测量精度

每一次卫星过境就执行一次最大时间差为一天的角反射器水准测量。根据冗余网络中的水准测量高度差观测可计算得出各角反射器的高度。应用这种调研策略,能够检测出观测异常值,并将其从数据库中清除。该网络中还包含两个构建良好的基准点,见图 4.12:一个位于桥(rp6)中,另一个在高速公路交通框架的地基上(rp7)。由于这种高度无法根据高度差估计出来,所以使第一个基准点的高度固定(rp6)。因此所有角反射器高度都能相对于基准点 rp6 估计出来。

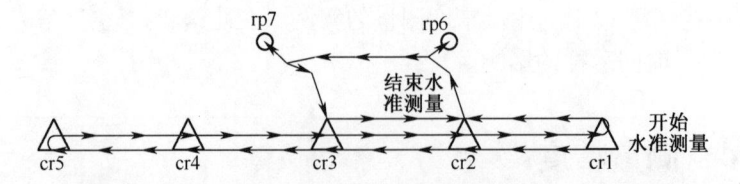

图 4.12 五个角反射器(三角形)的冗余水准测量网络。
圆圈代表两个参考基准点。箭头表示水准测量顺序

在定义上,水准高度差的测量精度与距离有关。角反射器水准测量的测量精度约为 $1\mathrm{mm}\sqrt{\mathrm{km}}$。估计高度的精度取决于测量精度和网络设计。图 4.13 描

述了各角反射器高度相对于固定基准点 rp6 的平均精度。水准高度标准偏差通常处于 0.5mm 和 1mm 之间。由于没有对每次测得的杆高执行重复观测,前三次水准测量的高度精度都稍有下降。2006 年 7 月以后,精度再次降低,这是因为我们用一个不精确的水准测量工具替代了原先的水准测量工具。虽然图 4.13 只描述了根据水准测量获得的一些高度标准偏差,但在验证 InSAR 随机模型过程中使用了整个方差—协方差矩阵。

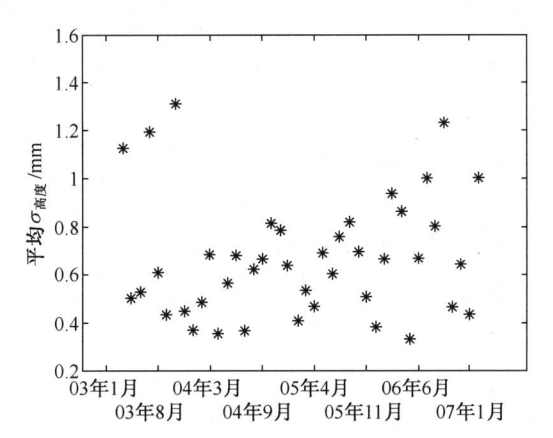

图 4.13 相对于固定基准点 rp6 的时间上的平均标准偏差角反射器高度。观测高度差的测量精度约为 $1\text{mm}\sqrt{\text{km}}$。角反射器高度的精度为 0.5~1mm。由于没有对每次测得杆高进行重复观测,前三次水准测量的高度精度较低。2006 年 7 月以后精度再次下降,这是因为更换了一个精度更低的水准测量工具

4.4.2 InSAR 先验测量精度

角反射器验证实验的目标是验证 InSAR 观测的随机模型。因此,可构建一个用 VCE 进行验证的先验随机模型(产生一个先验随机模型)。InSAR 观测的先验精度可根据信号—杂波比(SCR,见式(3.1))进行计算。杂波包括主导散射体分辨单元内部的杂波和分辨单元外部与主导散射体发生干扰的杂波。由于 SCR 根据幅度观测进行计算,因此可能需要进行幅度标定。但是,由于角反射器的位置和周围环境杂波可看做相等,所以信号与杂波的比例中,两种标定系数互相抵消。

对五个角反射器都执行了 SCR 估计。角反射器可用做点散射体,它们在空间域的显示特征为 sinc 模式。信号幅度值 s(角反射器反射强度)是 sinc 模式的最大幅度,见图 4.14。过采样系数越大,s 的测量值就越精确。

由于角反射器的空间特征图是 sinc 模式,杂波估计中必须避免与距离向和方位向的旁瓣发生干涉(Hanssen,2001)。因此,可用边界探测器在角反射器信号图的周围设定界限。这将在角反射器周围产生四个不受点散射体信号影响的区

域,见图 4.14。杂波估计基于遍历性假设。由于角反射器放置在一个巨大的均匀场中,所以该假设成立。为了获得关于相位精度的保守估计,使用了四个采样区域中最大杂波估计的平均值。

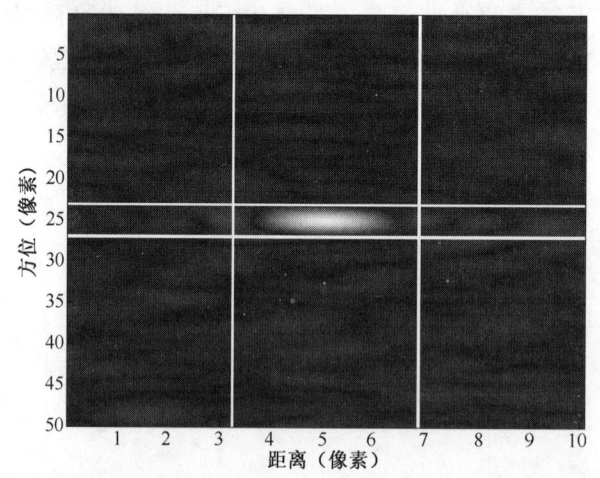

图 4.14 用于进行 SCR 估计的窗口。为了避免杂波估计中发生旁瓣干涉,角反射器反射图周围的距离向和方位向都设置了界限。杂波采样都取自角反射器信号周围的四个象限。过采样系数为 16

图 4.15 给出五个角反射器在时间上的 SCR 估计。存在一个小的肉眼可见的季节信号,可能是由于周围场中植被变化引起杂波变化所致。SCR 值的量级与 ERS-2 和 Envisat 相同。多数 SCR 值都处于 100~500(20~27dB)之间,与 0.3~0.6mm(1σ)的 SLC 相位标准偏差 σ_ψ 相对应。位移估计 D 与二重差分相位观测 φ 之间的关系(以 mm 为单位)为 $\varphi = -2D$。因此,对于二重差分视线向位移,这还意味着存在 0.3~0.6mm 的标准偏差($\sigma_D = \sqrt{4\sigma_\psi^2/2^2}$)。

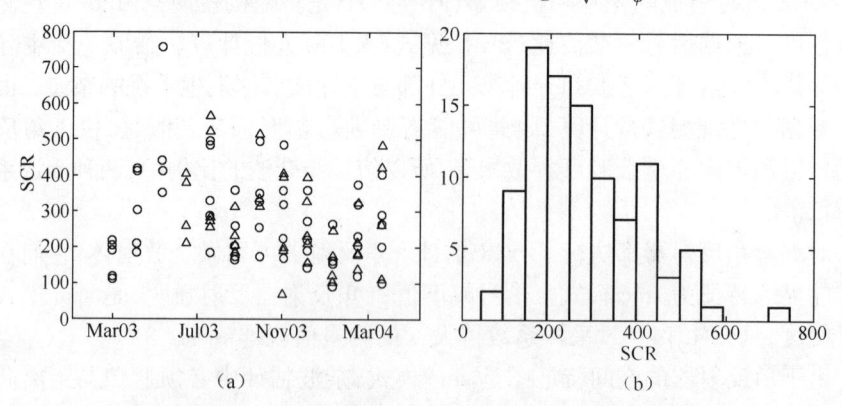

图 4.15 (a)角反射器 1~5 在时间上的 SCR 值,圆圈代表 ERS-2 的值,三角代表 Envisat 的 SCR 值。SCR 值与 0.3~0.6mm(1σ)的观测精度相对应。(b)SCR 值的分布。SCR 值约为 200 时获得最大值

4.4.3 InSAR 和水准二重差分位移

在干涉测量中,角反射器之间的空间相位差同时也是两个时间点之间的差。这些二重差分相位观测(时间和空间上的观测)是承载着可解译信息的最初变量。我们为 ERS-2 和 Envisat 图像序列选择了一幅主图(2005 年 10 月)。所有空间差异都以角反射器 4 为参考,这将实现空间距离的最小化。由于到参考角反射器的最大距离为 200 米,所以大气影响可忽略不计。

水准二重差分为沿垂直方向的竖直高度,而 InSAR 二重差分为沿卫星视线方向的椭球体高度,见图 4.16。假设大地水准面高度不随时间发生变化,则竖直和椭球高度之间的差异在二重差分中互相抵消,将在 7.1.1 节中对此进一步进行解释。同时还假设角反射器位移仅有一个垂直方向的分量。因此,InSAR 二重差分就被变换到随入射角发生变化的垂直方向。

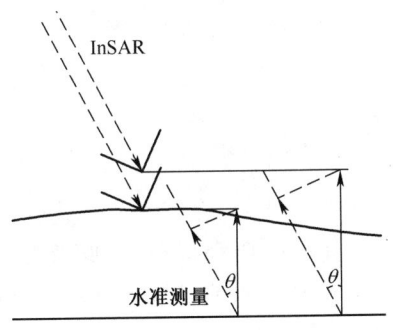

图 4.16 InSAR 二重差分观测处于卫星视线方向;水准测量以垂直向为参考

水准二重差分是一个关于水准测量高度估计 h 的线性集合:

$$\underline{d}_{ij}^{t_m t_s} = \begin{bmatrix} 1 & -1 & -1 & 1 \end{bmatrix} \begin{bmatrix} \underline{h}_i^{t_m} \\ \underline{h}_j^{t_m} \\ \underline{h}_i^{t_s} \\ \underline{h}_j^{t_s} \end{bmatrix} \tag{4.16}$$

式中:t_m、t_s 分别为主、辅时间;i、j 为两个水准测量点。二重差分方差用方差的传播定律进行计算:

$$\sigma_{d_{ij}^{t_m t_s}}^2 = \begin{bmatrix} 1 & -1 & -1 & 1 \end{bmatrix} \begin{bmatrix} \sigma_{h_i^{t_m}}^2 & \sigma_{h_i^{t_m} h_j^{t_m}} & 0 & 0 \\ \sigma_{h_i^{t_m} h_j^{t_m}} & \sigma_{h_j^{t_m}}^2 & 0 & 0 \\ 0 & 0 & \sigma_{h_i^{t_s}}^2 & \sigma_{h_i^{t_s} h_j^{t_s}} \\ 0 & 0 & \sigma_{h_i^{t_s} h_j^{t_s}} & \sigma_{h_j^{t_s}}^2 \end{bmatrix} \begin{bmatrix} 1 \\ -1 \\ -1 \\ 1 \end{bmatrix}$$

$$\tag{4.17}$$

水准高度估计不会在两个时间点之间造成关联,但二重差分的时空组合会引起相关。每个时相的水准高度的方差—协方差矩阵结构都由水准网络设计决定。

InSAR 二重差分相位观测要针对亚像素位置(Marinkovic et al., 2006)和地形高度差进行修正,然后再转换到沿垂直方向以毫米计的二重差分位移:

$$\underline{d}{}_{ij}^{k} = -\frac{4\pi}{\lambda\cos\theta_i^m}\left(\varphi_{ij}^k + \frac{4\pi}{\lambda}\frac{B_i^\perp}{R_i^m\sin\theta_i^m}H_{ij} - \frac{4\pi}{\lambda}\frac{B_i^\perp}{R_i^m\tan\theta_i^m}\xi_{ij}^0 - \frac{2\pi}{\nu}(f_{\text{dc},i}^0 - f_{\text{dc},i}^k)\eta_{ij}^0\right)$$

(4.18)

见 3.4.1 节中关于参数的定义。在该验证实验中,相对于水准二重差分对 InSAR 二重差分进行了解缠。

InSAR 二重差分的方差—协方差矩阵是一个因时空组合带来的满秩矩阵,见式(3.25)。如果单幅 SAR 图像中的相位观测具有方差 σ_ψ^2,则两个角反射器间二重差分 $\underline{\phi}$ 的方差—协方差矩阵具有如下结构:

$$\boldsymbol{Q}_\varphi = \sigma_\psi^2 \begin{bmatrix} 4 & 2 & 2 & \cdots & 2 \\ 2 & 4 & 2 & \cdots & 2 \\ \vdots & & & & \\ 2 & 2 & \cdots & 2 & 4 \end{bmatrix}$$

(4.19)

注意,由于角反射器之间的距离都很短,在此忽略了大气信号引起的 SLC 相位观测之间的去相关。InSAR 和水准测量二重差分的方差—协方差矩阵都可用做方差分量估计过程的输入。

4.4.4 随机模型的验证

水准测量是一项十分成熟的测量技术,其精度和可靠性都能在冗余网络配置中进行验证。对于每一个水准测量时间,都检测了错误观测并用数据检测法将其清除。此外,还根据平差残数对测量精度进行了评估,对水准观测 Q_h^0 的初始方差—协方差矩阵进行了更新。该水准观测 Q_h^0 具有一个方差系数($Q_h = \sigma^2 Q_h^0$)。因此在随机模型的验证过程中,水准方差—协方差矩阵是固定的。应用这种方法,就可以参照独立水准测量结果对用于 InSAR 观测的先验随机模型进行验证。

InSAR 二重差分的后验精度预测可用具有分离组模型(Tiberius and Kenselaar, 2003)的方差分量估计来执行。观测可分为三个不相关的组:水准测量、ERS-2 和 Envisat 二重差分。水准二重差分的方差—协方差矩阵保持不变,而 InSAR 二重差分的离散可用具有未知方差系数 σ_k^2 的方差—协方差矩阵 $\boldsymbol{Q}_k$ 进行描述。这些观测的方差—协方差矩阵为

$$Q_y = \begin{bmatrix} Q_{\text{lev}} & 0 & 0 \\ 0 & \delta_{E2}^2 Q_{E2} & 0 \\ 0 & 0 & \delta_{EV}^2 Q_{EV} \end{bmatrix} \quad (4.20)$$

式中：Q_{lev} 为水准二重差分的方差—协方差矩阵；$E2$ 为 ERS-2 二重差分；Ev 为 Envisat 二重差分。由于二重差分组合引起了协方差，Q_{lev}、$E2$ 和 Ev 为满矩阵。

描述水准测量与 InSAR 二重差分位移的函数模型可构建为条件等式模型。这些条件进一步说明，水准测量和 InSAR 二重差分位移间的闭合差应该等于 0：

$$B^T E\{\underline{y}\} = \begin{bmatrix} -I & I & 0 \\ -I & 0 & I \end{bmatrix} \begin{bmatrix} \underline{d}_{ij}^{t_m t_s} \\ \underline{d}_{ij}^{E2} \\ \underline{d}_{ij}^{EV} \end{bmatrix} = 0, \quad (4.21)$$

式中：B 为条件等式设计矩阵；i,j 为角反射器指数；t_m、t_s 为主、辅图像次数；$E2$、Ev 为干涉图像对（ERS-2，Envisat）。条件等式与式（4.20）中的随机模型结合起来成为方差分量估计的输入。

4.4.5 InSAR 后验精度

InSAR 观测的后验精度（即式（4.20）中的方差系数）可根据从 2003 年 3 月有效运行至 2007 年年末的三个角反射器（角反射器 3、4 和 5）的二重差分位移进行估计。这些角反射器呈一条直线排布，相互之间距离 200m。中间的一个角反射器（角反射器 4）被指定为空间参考。图 4.17（37 幅 ERS-2 和 43 幅 Envisat 图像）描述了角反射器 3 和角反射器 5 相对于角反射器 4 的二重差分位移时间序列。很明显，水准测量、ERS-2 和 Envisat 二重差分位移十分一致。图 4.18 描述的是水准测量和 InSAR 二重差分位移的散点图。很明显，ERS-2 二重差分位移中存在一些异常值。如果相对于位移时间序列，闭合差超过了分布式散射体二重差分的标准偏差，选择清除这些异常值。这种标准偏差根据均匀分布推导出，与有效波长有关，即

$$\sigma_{d_{ij}^{\text{ms}}}^2 = \left(\frac{\lambda}{4\cos(\theta_{\text{inc}})}\right)^2 / 3 \quad (4.22)$$

ERS-2 和 Envisat 二重差分的这种偏差设定在 8.8mm 处。这种标准偏差是经过正确解缠的二重差分位移的上限。因此，我们将一个 ERS-2 二重差分位移拒绝并从数据库中清除，见图 4.17 中打叉的"叉号"标记。水准测量和 ERS-2 二重差分位移之间相关度在清除异常值之前是 79%，在清除异常值之后是 84%。水准侧和 Envisat 二重差分位移之间相关度是 94%。

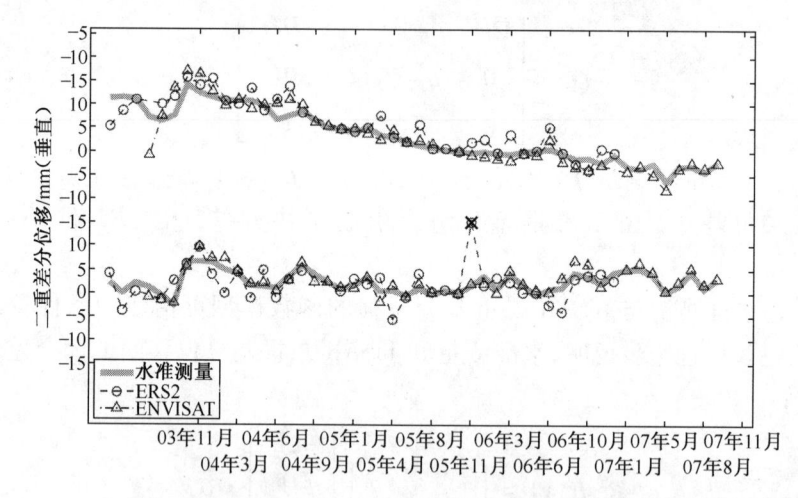

图 4.17　ERS-2(37 幅图像)、Envisat(43 幅图像)和水准测量(mm,垂直)的二重差分位移时间序列。上边的时间序列描述的是角反射器 3 和角反射器 4 之间的二重差分;下边的时间序列描述的是角反射器 5 和角反射器 4 之间的二重差分。ERS-2 二重差分位移中的异常值用叉号做了标记

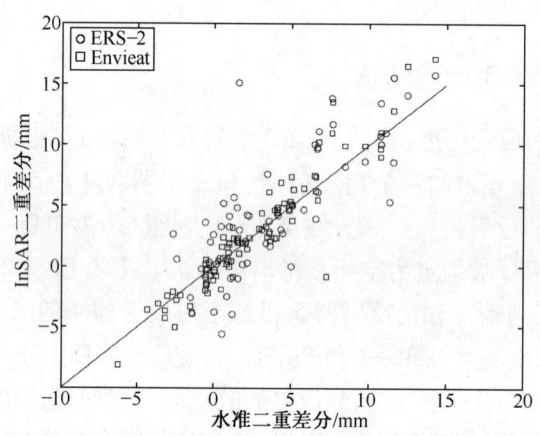

图 4.18　水准测量、ERS-2(圆圈)和 Envisat(方块)的二重差分位移(37 幅 ERS 图像,43 幅 Envisat 图像)的散点图。2000 年后,卫星姿态控制出现不良状况,ERS-2 数据大受影响。水准测量与 ERS-2 二重差分位移之间的相关度在清除异常值之前和之后分别是 79%和 84%。水准测量与 Envisat 二重差分位移之间的相关度是 94%

图 4.19 给出的是水准测量和 InSAR 之间的闭合差分布。根据 4.4.4 节中描述的 VCE 可求得 InSAR 二重差分的后验精度。它使 ERS-2 和 Envisat 分别产生了 3.0mm 和 1.6mm 的平均二重差分位移精度,见表 4.2。

虽然能够断定基于 SCR(图 4.15)的先验 InSAR 精度估计值过高,但是 InSAR 二重差分位移的标准偏差也就大约几毫米。Envisat 二重差分位移的精

表 4.2 ERS-2 和 Envisat 在执行了 VCE 后二重差分位移的平均标准偏差。根据 VCE 获得的估计的标准偏差为 0.2mm

项 目	水准测量	ERS-2	Envisat
σ_d/mm	1.5	3.0	1.6
σ_{σ_d} VCE/mm	—	0.2	0.2

度等于水准测量精度,这说明 InSAR 可用于进行形变监测。水准测量和 Envisat 二重差分位移之间 0.94 的相关度系数更加有力地证明了这一点。ERS-2 精度较低的一个可能原因是时间序列中存在很大的多普勒偏移(-1700~+3600Hz)。因此相位观测对亚像素位置十分敏感。Perissin(2006)和 Marinkovic et al.(2006)对亚像素位置的影响进行了研究。Ferretti et al.(2007)还对使用两面镜和 GPS 测量的另一个验证实验进行了描述,获得了垂直向和水平向上亚毫米精度水平的 InSAR 位移估计。

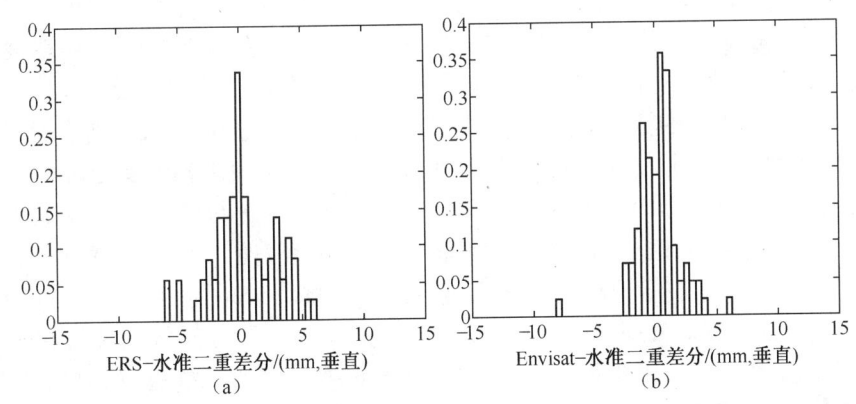

图 4.19 (a)转变到垂直向的以毫米计的 ERS-2 和水准测量之间以及 Envisat(b)和水准测量之间的二重差分闭合差。ERS-2 和 Envisat 的后验二重差分位移精度分别是 3.0mm 和 1.6mm

4.5 执行形变监测的理想化精度

本章前言部分已经指出,形变监测的精度控制包括两部分:测量技术的精度和可靠性,以及形变估计与相关信号的关系。

4.1 节~4.4 节对 PSI 作为一种测量技术的精度和可靠性进行了论述,同时还对模型误差对 PS 高度和速度估计的影响进行了研究。在没有估计方位向亚像素位置的情况下,预计速度误差约为 0.5mm/年。轨道误差能够在整个 SLC 范围上引起大约 1mm/年的速度误差。虽然这些结论基于比较乐观情况下的正确相位解缠,且形变估计的可靠性也需要进行进一步的研究(见第 5 章),但能够断定,PSI 作为一种测量技术,其精度能够达到毫米水平。受控角反射器实验已经证明,Envisat 二重差分位移精度为 1.6mm,与水准测量二重差分位移精度

(1.5mm)相近。

基于如 PSI 和水准测量等技术的精确大地测量,其有效性不需要高到能够对相关形变信号执行精确、可靠的评估。因此,本节重点描述形变估计和相关信号之间的关系。为改善相关形变信号的估计,给出了关于 PSI 有效工具的总体论述。在这种情况下,理想化精度的概念可用做一种能够将测量与相关信号引起的位移匹配起来的方法。

在传统的大地测量中,理想化精度能够指示出地形中某一点的识别精度。人们能够清楚地识别出具有高理想化精度的点(如屋角)。与屋角相比,运河中部则具有较低的理想化精度。相同的概念适用于根据大地测量执行形变参数估计。例如:如果天然气开采引起沉降的相关信号被相同量级的浅层地下形变所污染,它将具有很低的理想化精度。

虽然形变评估的理想化精度在每种大地测量技术中都扮演着重要角色,但鉴于测量点的物理特性,它在 PSI 中发挥的作用比在如水准测量或 GPS 等的传统技术中更加显著。水准测量使用的是一些经过良好定义的基准点(如地基建立在稳定地下层上的建筑物中的基准点)。在存在 SAR 反射的情况下,由于高度估计和地理编码的精度有限(大约为几米,见 Perissin(2006)),识别物理测量目标和反射类型十分复杂。此外,地球表面还可能受到由多种形变原因引起的空间和时间变化的影响。由于用如 InSAR 等遥感技术进行的地表形变观测通常不考虑形变机理,区分相关形变信号将十分具有挑战性。

在4.5.1节解释了形变原因之后,4.5.2节中将对 PSI 中可用的工具进行描述,以此增加我们对物理 PS 特性和反射类型的认识。然后,4.5.3 节将在形变参数空间中全面应用理想化精度。在此,研究形变信号的时空相关度知识将用于根据形变体系执行 PS 选择。

4.5.1 形变体系

由于雷达卫星是在空间监视散射体的运动,干涉测量相位差可能代表由多种变形机制引起的形变。天然气开采引起的沉降信号很可能会受到其他时间—空间位移的污染。因此,PS 相位观测中的形变贡献可能是几个形变体系引起的位移的叠加影响,如:

- 结构不稳定性(包括地基);
- 浅层质量位移(地下水位变化和压紧作用);
- 深层质量位移(天然气、石油和矿物开采)。

这三种形变体系在荷兰都存在,格罗宁根气田上方沉降区域中的这三种体系则更加突出,见 6.5 节。

为了能够将一个 PS 的运动与其驱动机制联系起来,考虑可能的散射特性非常重要。PS 主要是来自于建筑物的一种镜面(单反射)反射,但它也可能是与两面角反射器类似的二面反射(二次反射,受墙面约束)。这也可以扩展到多次反射效应,如与三面角反射器类似的三次反射。图4.20描述的是可能的形变原因以及单反射和二次反射之间差别。如果PS的物理性质为未知,则土壤压紧作用很容易被错误地识别为天然气开采。

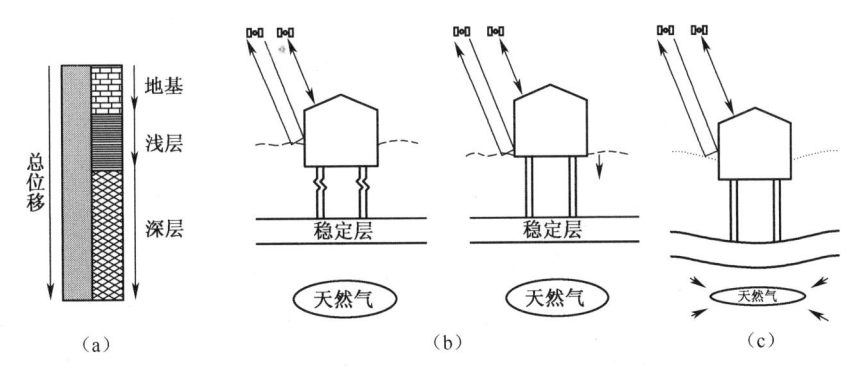

图4.20 形变体系及其对单反射和二次反射的影响
(a)结构不稳定性(地基),只对单反射有影响;(b)浅层质量位移(压紧),只对二次反射有影响;
(c)深层质量位移(天然气开采),对单反射和二次反射都有影响

4.5.2 PS特征

本章对有助于识别物理PS特性和反射类型的PSI技术进行了论述。PS位移可能由几种形变体系(叠加在一起共同)引起。要将各形变体系分离,就要了解反射类型。如果相关信号代表地下深层位移引起的沉降,那么了解PS位移是代表来自地下深层上地基稳固的建筑物的直接反射,还是代表受浅层压实作用影响而与周围事物之间发生的二次反射十分重要(图4.21)。

图4.21 一种可能的二次反射(PS速度-9mm/年)。由于建筑物周围的铺砖地面发生沉降,SAR反射波很可能是二次反射。建筑物面向卫星观测方向,说明二次反射是可能的

仅凭 PS 水平位置的精度还不足以确定一个 PS 源自地面水平还是源自屋顶。我们能够获得 1m 左右的 PS 三维定位精度,见 Perisson(2006)。如果只提供了像素水平的 PS 雷达坐标,则精度取决于地面分辨率和 PS 高度估计的精度。过采样系数数值为 2 时,像素的地面分辨率为方位向和距离向(ERS,Envisat)2m×10m。高度估计的精度决定了地理位置的精度。高度 H 和水平位置 x 之间关系的近似表达式为

$$\delta x = \frac{\delta H}{\tan(\theta_i)} \qquad (4.23)$$

式中:θ_i 为入射角。高度估计偏差和水平位置之间的系数约为 2.5。因此,如果不考虑亚像素位置,水平位置应该很容易超过 10m 开外。

PSI 有多种技术可用于更好地进行 PS 识别。第一种技术前面已经提到过,即 PS 高度估计。虽然其精度可能只有 1m,但它足以确定 PS 反射是来自于地面水平还是来自于屋顶。其他两种技术分别使用极化测量 Envisat 观测和随观测几何角度发生变化的 PS 模式。这些方法的共同目标是区分直接镜面反射和多次(主要是二次)反射。本研究中的 PS 特征应用基于如下假设:来自地基建在地下深层上的稳定建筑物的镜面反射是评估因地下深层位移造成沉降的最适合的目标(图 4.22、图 4.23),见 6.5 节。

图 4.22 荷兰的 PS 目标:经过调整,屋顶与卫星视线方向垂直。
这些目标通常用直接镜面反射来表示

图 4.23 荷兰更多的 PS 目标
(a)用作分布式 PS 的玄武岩铺砖岩脉;(b)通常用多次反射描述的水闸。

4.5.2.1 PS 高度

PS 高度可用于估计反射产生自建筑物的屋顶还是地面水平。PS 高度可作为未知参数纳入 PSI 函数模型,见式(3.11)。其精度取决于二重差分相位观测的精度、采集次数(冗余)和采集几何角度(垂直基线的分布)三方面因素。Perissin(2006)已经证明,如果目标的亚像素位置已知,则可获得几分米的高度精度。

尽管如此,亚像素位置的精度(特别是距离坐标)对高度估计有很大影响,见 4.2.1 节。PS 高度引起的相位贡献见下式:

$$\varphi_{H,ij}^{k} = -\frac{4\pi}{\lambda} \frac{B_i^\perp}{R_i^m sin\theta_i^m} H_{ij} \quad (4.24)$$

而斜距亚像素位置带来的相位贡献见式(4.25):

$$\varphi_{\eta,ij}^{k} = +\frac{4\pi}{\lambda} \frac{B_i^\perp}{R_i^m \tan\theta_i^m} \eta_{ij}^m \quad (4.25)$$

由于 PS 高度与距离向亚像素位置之间存在直接的线性关系,错误距离坐标引起的 PS 高度偏差可表达为

$$\delta H = -\cos\theta_i \cdot \delta\eta \quad (4.26)$$

对于间隔 7.9m 的斜距像素(ERS),这意味着 PS 高度偏差为-7.3m。如果用系数 2 对 SAR 图像序列进行过采样且未执行其他的距离向亚像素位置估计,则高度偏差预计约为 3.5m,4.2.1 节中的图 4.1 可证实这一点。高度偏差下降时,PS 目标的亚像素位置需要进行更加精确的估计。但是,这种情况并不直观。由于 PS 高度和距离向亚像素位置之间线性相关,距离向亚像素位置不能作为额外的未知参数纳入函数模型中。这使我们仅剩下一种选择,即基于(过采样)幅度观测估计距离向亚像素位置,同 4.4 节和图 4.14 中对角反射器执行过的估计一样。

在基于 PS 高度估计描述 PS 特征之前,清除 PSI 结果中的旁瓣十分重要。旁瓣的相位观测是实际目标相位观测的复制产物,但是因为它们被分配到了错误的距离单元中,所以它们的高度估计也是不正确的,见 4.3 节。图 4.24 描述了一例旁瓣高度变化:它们处于-20~+20m 范围内。

旁瓣清除过程可进一步划分为以下两组:
(1)基于幅度观测(sinc 模式的卷积)清除旁瓣;
(2)基于差分相位观测清除相关像素(Perissin,2006)。

理想的点目标在空间表现为 sinc 模式。因此它们可用具有 sinc 核的卷积进行检测。通过对整个图像序列的过采样 PS 切片进行复数相乘,整个时序的采集都可得到利用。使用这种方法,杂波得到了抑制,点目标变得更加突出。点目标亚像素位置的精细估计由额外的过采样决定。已经将该过程用于 Ketelaar et al.(2005)论著中所描述的研究。

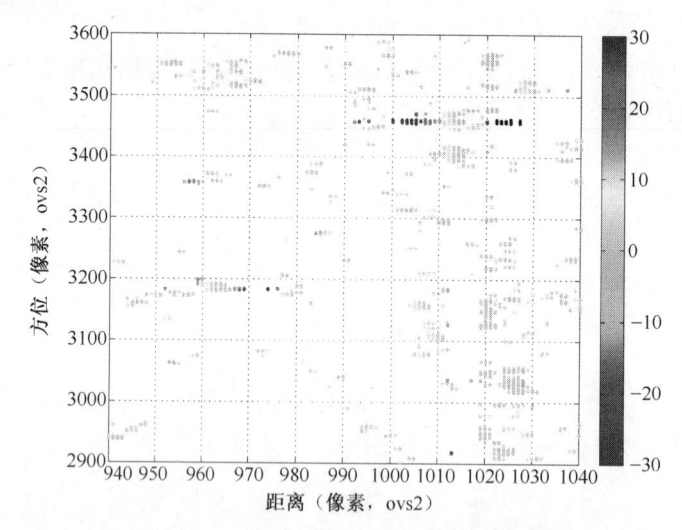

图 4.24 包含旁瓣观测的 PS 高度估计。旁瓣的高度偏差由其距离位置决定

Perissin（2006）开发了一种基于后续旁瓣之间相位观测的反演的方法，能够检测和清除相关像素。该方法基于距离向和方位向上像素间相位观测的相关性测量。通过应用图像序列，可提高相关像素的检测精度。

基于幅度观测进行旁瓣清除的缺点是，自然目标的空间模式会偏离理想点目标的 sinc 模式。因此，具有强反射的旁瓣仍可检测为 PS 目标，这取决于幅度模式和 sinc 模式之间的相似性阈值。基于相关像素的相位相关性进行的旁瓣清除会受到相位相关性阈值的影响，见彩图 4.25。但是，Perissin（2006）告诉我们，对于相关性阈值大小为 0.8 的 PS 目标而言，错误地排除独立像素的可能性极低。因此，我们更倾向于使用基于相位观测的旁瓣清除。或者，也可以通过选择与本地幅度最大值一致的像素执行一个初始选择。

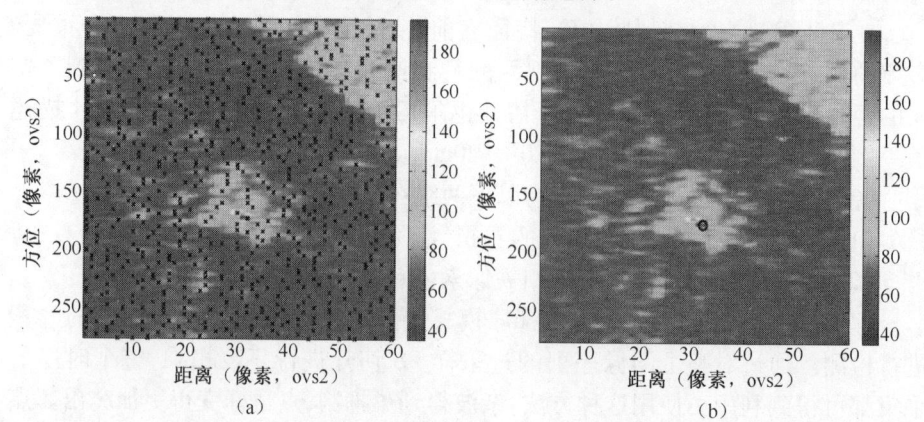

图 4.25 基于差分相位观测的旁瓣清除。独立像素的数目与相关性阈值有关
（a）大小为 0.2 的相关性阈值；(b) 大小为 0.8 的相关性阈值。
（阈值越高，被错误识别为独立目标的目标就越少）

总结:清除旁瓣后,PS 高度可用于描述 PS 特征。此外,还需根据相位观测精度、图像数、采集几何角度和距离向亚像素位置精度来定量高度估计的精度。

4.5.2.2　因观测几何角度变化而变化的 PS 反射率

另一种 PS 特征方法基于随采集几何角度(Ferretti et al., 2005)变化的反射率。这种方法基于如下假设:镜面反射比二面反射的观测角度范围小。它利用入射角(垂直基线)和斜视角(多普勒中心频率)的变化识别 PS 反射率行为。

Ferretti et al. (2005)将 PS 幅度观测模拟为 sinc 函数,与垂直基线和多普勒中心频率有关。未知参数有①目标延伸;②最大反射(主瓣位置)的垂直基线和多普勒中心频率。目标延伸就是以米计的交轨和顺轨目标尺寸,与 sinc 宽成反比。

图 4.26 的两幅图分别描述了彩图 4.27 中多图反射率测绘图中的散射体位置,以及其相对应的地理位置。彩图 4.27 描述的是荷兰北部一个随入射角和斜视角发生变化的目标的反射率。按照 Laur et al. (2002) 的标定程序,观测幅度首先转换到后向散射系数,但省略了针对不同观测几何角度的修正过程。这些后向散射系数可看做归一化强度(反射率)观测,这些观测是获取反射率模式最佳拟合所需估计过程的输入。反射率模式最佳拟合应在未知参数的预定义搜索空间进行监测。彩图 4.27 中所描述的目标很可能是一个二面反射目标,因为其反射在整个入射角范围内都很强。随斜视角变化的主瓣位置偏离 0 位,说明目标的方向与主图像的卫星地面路径方向不同。

(a)　　　　　　　　　　　　(b)

图 4.26　(a)彩图 4.27 所描述的多图像反射率测绘图中的散射体位置;
(b)相对应的地理位置(来源:Google 地图)

4.5.2.3　交叉极化方式

极化测量可用于区分偶数和奇数反射次数的散射体(van Zyl, 1989; Hoekman and Quinones, 1998)之间的区别。在奇数反射次数情况下,HH 和 VV 极化方式之间的相位角是 180°,而偶数次数反射情况下的这两种极化方式间的相位角是 0°。因此,极化测量数据有助于进行 PS 分类,将其归入镜面(或三面)以及二面散射体类别。

与 ERS-1 和 ERS-2 相反,Envisat 能获取双极化数据。交叉极化运行(HH/

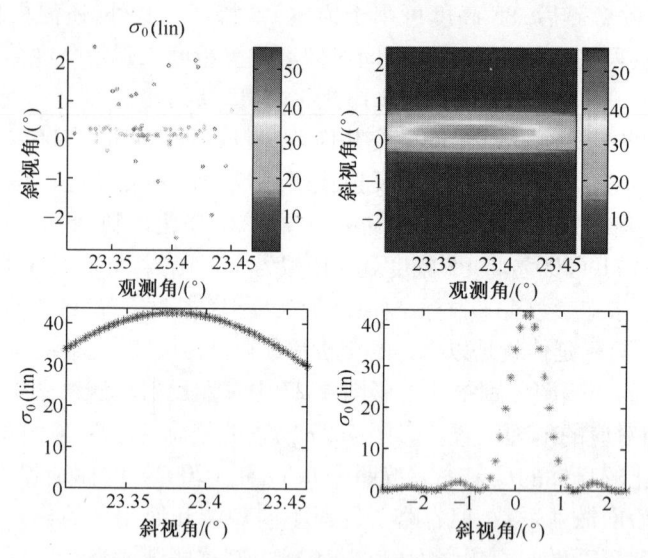

图 4.27　反射率模式拟合:随入射角和斜视角变化的归一化强度观测、
反射率模式拟合及其距离向(入射角)和方位向(斜视角)的曲线图

VV、HH/HV 或 VV/VH)(又称交叉极化(AP)模式)发生时,可获取 SAR 数据。应用这种方法,能够以不同的极化方式同时获取覆盖同一区域的两景图像。Inglada et al.(2004)解释了在两种极化测量模式之间进一步划分方位频谱的方法。该文献同时表明,HH 和 VV 频谱移动了 1/4 个带宽,因此相位差最大值将处于 0.5π 和 1.5π 之间,而不是处在 0 和 π 之间。

Envisat AP 采集(HH/VV)中的信息如图 4.28 所示。根据配准的 HH 和 VV 图像景,可对自动干涉图进行计算。根据这一自动干涉图,可以获取备选 PS 的

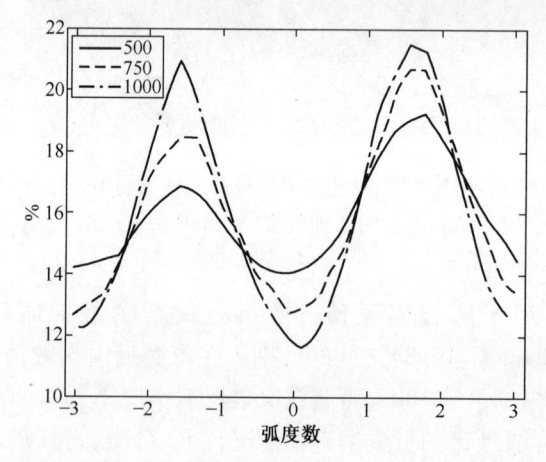

图 4.28　基于幅度(自动干涉图中幅度的平方根)进行像素选择时的
HH-VV 相位差矩形图。幅度越大,矩形图中 0.5π 和 1.5π 位置上的
波峰就越突出。这阐明了极化测量数据中所包含的反射类型信息

HH/VV 相位差。图 4.28 描述的是,自动干涉图中较高幅度像素(潜在的备选 PS)的 HH-VV 相位差的明显行为增加了。

从 Envisat 图像中获得的目标信息可与 ERS PSI 结果进行配准。虽然 PS 对观测角度的变化不太敏感,但如果 ERS 和 Envisat 都能观测到的 PS 目标数量得到优化,则 AP 数据中的信息可实现最佳使用。两个探测器都能观测到目标数取决于 ERS-Envisat 组合的垂直基线。最佳 ERS-Envisat 基线可补偿两个传感器之间 31MHz 的频率差 Δf (Perissin,2006):

$$B_\perp = \frac{\Delta f}{f_0} R_0 \tan(\theta - \alpha) \qquad (4.27)$$

式中:$\Delta f = f_{\text{Envisat}} - f_{\text{ERS}}$。产生相同观测角的基线大约为 2km,该基线上的 ERS 图像可看做主图像。Envisat 的轨道路径位于 ERS 左侧。

4.5.3 形变信号先验知识的应用

除了提高对物理 PS 特性的认识以外,通过识别观测到的形变体系也能提高形变监测的理想化精度。随后,再调整函数模型或随机模型,纳入多个形变体系。如果存在特定的相关信号(如天然气开采引起的沉降),则选择能够代表那种形变体系的 PS 子集应该就足够了。另一个方法是将 PS 位移分解为不同形变体系的各种分量。本章将描述这些策略,并对它们的适用性进行阐述。

4.5.3.1 基于相关信号空时特性的 PS 选择

根据相关信号情况,可基于其与邻近目标之间的空间相关性进行 PS 选择。实际上,在 PSI 评估中基于剩余相位相干性(Ferretti et al.,2001)选择 PS 时,通常已经执行了这种选择。对应模拟形变(如线性位移)具有相应时间相位行为的 PS 将比偏离模拟形变的 PS 具有更高的相干性。不过,本书将从其中存在所有形变体系的 PSI 结果开始进行叙述。然后,再基于关于相关信号空时特性的先验知识进行 PS 选择。书中描述了两种方法:

(1)假定位移为常量的网格单元中的异常值清除;
(2)应用相关形变信号的协方差函数的 Kriging(克里格)交叉验证。

第一种方法使用关于相关信号(的预测)的四树分解法,见图 4.29。每个四树单元内的形变估计可看做常量。应用数据检测程序清除异常值,则空间相关的 PS 就会保留下来。数据检测用的检验统计量为 w 检验统计量(Teunissen,2000b):

$$\underline{w} = \frac{c_y^T Q_y^{-1} \hat{\underline{e}}}{\sqrt{c_y^T Q_y^{-1} Q_{\hat{e}} Q_y^{-1} c_y}} \qquad (4.28)$$

式中:Q_y 为观测的方差—协方差矩阵;$\hat{e}$ 为具有相应的方差—协方差矩阵 $Q_{\hat{e}}$ 的最小二乘残差矢量。矢量 c_y 选择一种观测,对其执行 w—检验统计量计算,见

72　第4章　质量控制

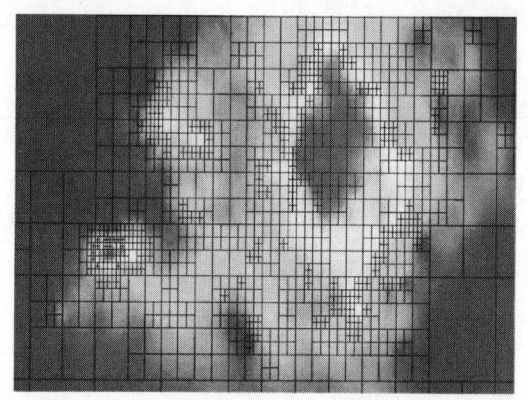

图4.29　内插 PS 速度的四树分解。在沉降信号的
斜率上,获取沉降模式特征的四树网格单元更小

2.3.1 节。如果观测不相关,则第 i 次观测的 w—检验统计量可简化为

$$w_i = \frac{\hat{e}_i}{\sigma_{\hat{e}_i}} = \frac{y_i - \hat{y}_i}{\sigma_{\hat{e}_i}} \tag{4.29}$$

式中:$\hat{y}_i$ 为第 i 次观测的最小二乘估计值。

第二种方法使用了 Kriging 交叉验证检验统计(Wackernagel,1998):

$$Z_{OK}^*(x_0) = \sum_{k=1}^{n} w_k Z(x_k), \quad T_i = \frac{Z(x_i) - Z_{OK}^*(x_i)}{\sqrt{\sigma_i^2 + \sigma_y^2}} \tag{4.30}$$

式中:$Z_{OK}^*(x_0)$ 为 x_0 位置上基于 n 个相邻点的普通 Kriging 数值;w_k 为相邻点 k 基于协方差函数的 Kriging 加权数;$Z(x_i)$ 为 i 点的观测;$Z_{OK}^*(x_i)$ 为基于 n 个相邻点(不包括 i 点)对点 i 做出的 Kriging 估计;T_i 为 i 点的交叉验证测试统计数据;σ_i^2 为 Kriging 方差;σ_y^2 为测量方差。

每个 PS 都应当基于其周围的 PS 估计并应用决定加权数的形变信号协方差函数对最小二乘插入(普通 Kriging)位移或矢量进行计算。这种插入位移或速度与实际估计值的差异除以测量和 Kriging 标准偏差,就构成了呈标准正态分布的交叉验证检验统计量。普通的 Kriging 估值算法没有偏差,条件是 Kriging 加权和应该等于1。我们只选择了交叉验证检验统计量低于特定阈值的 PS:它们的形变行为与相邻目标和相关信号相符。

实际上,四树网格单元中的数据检验与普通 Kriging 中的类似。与四树网格单元中恒定形变的假设相似,普通 Kriging 也基于恒定但未知的均值。同时,描述相关信号空时特性的协方差函数也很容易合并到形变估计的方差—协方差矩阵中。这些形变估计可作为数据分析的输入。然后,评估形变信号的方程组就可表达为

4.5 执行形变监测的理想化精度

$$y = Ax + e = Ax + s + n \qquad Q_y = Q_{ss} + Q_{nn} \qquad (4.31)$$

式中:A 为设计矩阵描述观测 y 和未知形变参数 x 之间的函数关系;s 随机模拟的形变信号部分;n 为测量噪声。除了 Kriging 交叉验证检验统计量和 w -检验统计量之间的关系,Kriging 方法还与 y^R 变量理论(Teunissen, 2000a)和最优线性无偏预测(BLUP)(Teunissen, 2007)相关。式(4.31)中随机模拟形变的最优线性无偏预测公式为

$$\hat{s} = Q_{ss} Q_y^{-1} (y - A\hat{x}) \qquad (4.32)$$

这是一个关于观测量的加权线性函数。BLUP 无偏且具有最小的方差。

如果不使用模型—驱动方法(形变体系的空时特性),也可以用数据—驱动方法区分不同形变模式。数据驱动方法将具有相似位移时间序列的 PS 聚集成簇(Ketelaar and Hanssen, 2003)。随后,还需要识别驱动每个簇发生位移的形变机制。虽然这种方法可能对评估单个相关形变信号不是很有效,但它的优点是它不需要使用关于潜在形变模型的任何先验假设。

4.5.3.2 根据形变体系分解 PS 位移

基于相关信号的时空相关性进行 PS 选择时,应当排除那些虽然含有有用信息但却很可能被其他形变体系污染的 PS。如果形变体系分量能够进行评估,则我们将得益于所有的 PSI 位移评估。但是,这种过程需要人们对所有叠加形变体系的函数模型有所了解,这些叠加形变体系的行为十分复杂。函数模型中需要对它们进行描述的参数数量可能会超过观测的数量,进而产生一个无法求解的系统。因此,形变体系通常要基于其空时特性随机模拟。

用协方差函数随机模拟形变体系进而为观测构建方差—协方差矩阵的工作与诸如阶乘 Kriging 和主要分量分析(PCA)等技术十分相关(van Meirvenne and Goovaerts, 2002)。在阶乘 Kriging 情况下,构建了多种方差图单独绘制每个空间分量。总方差图是具有不同相关性长度的方差图的叠加图。要使用阶乘 Kriging,需要掌握关于形变体系不同相关性长度的知识。在 PCA 中,方差—协方差矩阵的特征值和本征矢量明确了随机过程的尺度和方向。PCA 的缺点是对特征值和本征矢量的物理解译通常不够直观。Langbein 和 Johnson(1997)中描述了确定不同形变体系贡献的其他方法,该书对除了测地时序中的白噪声之外的时间相关噪声进行了区分。在此对信号中噪声分量的频谱评估进行了研究。由于频谱评估的缺点是要求规则采样,我们对能够优化噪声类型量级的最大似然技术进行了研究(出处同上)。

为了研究上述方法的局限是否能够克服,本节考虑了方差分量估计(VCE)(Teunissen, 1988)的适用性。起始点就是 PSI 预测中的方差—协方差矩阵(式(3.24)):

$$Q_y = W(Q_n + Q_{\text{defo}} + Q_{\text{atmo}}) W^{\text{T}} \qquad (4.33)$$

及其与 4.3.3 节中随机参数相对应的泰勒级数分解。在存在多种变形体系的情况下，Q_{defo} 可进一步分解为

$$Q_{\text{defo}} = \sum_{d=1}^{D}(Q_{\text{ds}}) \qquad (4.34)$$

式中：D 为形变体系数目。如 4.3.3 节中所指出的，不同形变体系协方差函数的随机参数应该可独立进行评估。这是一个主要限制，因为这意味着具有相似空时特性但却具有不同相关性长度的形变体系不能独立进行评估。此外，关于形变体系的时空采样也有要求，小于 PS 间距离 2 倍的相关性长度无法进行估计。

为了检验方差系数的可评估性，必须按照 4.3.3 节所述内容以相同方式进行模拟，模拟中还要特别关注时空采样和多个形变体系。VCE 模拟的重点是方差分量评估的精度。方差系数的精度和估计值之间的比例决定了方差系数的重要水平，它随后决定了其所描述形变体系的可分离性。模拟中的变化要素有二：

- 时空采样频率（测量点和时间点的数目）；
- 测量噪声和形变体系参数的数目。

由于大多数形变体系的余因子阵列都是满阵列，VCE 需要很长的处理时间，因此模拟的对象仅限于一些小型网络。

根据彩图 4.30 可推断出，如果网络冗余保持不变时需要评估的方差分量数增加，则评估方差分量的精度就会下降。空间和时间采样频率越高，冗余就越高，同时方差系数评估的重要水平也会越高。

只有在独立的情况下方差分量才能进行评估。如果具有相同协方差函数的两个形变体系合并到一个 VCE 中，则式（2.12）中的矩阵 N 将不是满秩，因此不能以特定方式获得随机参数的解。

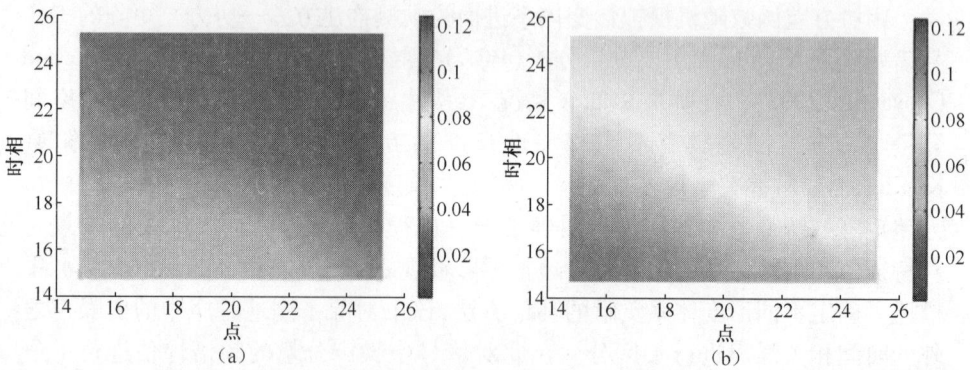

图 4.30 评估 4 个（a）随机模型参数（测量噪声和空时模型缺陷）和 6 个（b）随机模型参数（测量噪声、自主时间运动和空时模型缺陷）时的随机模型参数精度。精度因测量点数目和时间点（冗余）数目的不同而异

因此，为了得出结论，对具有相似协方差函数的形变体系相关性长度的搜索空间应用进行了研究。认为这种情况下的形变信号为具有未知量 σ^2 的固定相关性长度 L 的叠加信号：

$$Q_{\text{defo}} = \sum_{d=1}^{D} (\sigma_d^2 Q_{\text{Ld}}) \tag{4.35}$$

借助 VCE,可对不同相关性长度信号的量级进行评估。如果信号没有出现,则其量级应为 0。图 4.31 描述的是对相关性长度分别为 0、3km 和 10km 且方差分别为 4^2mm^2、3^2mm^2 和 7^2mm^2 的叠加信号进行的模拟。图 4.31 给出的是若这些相关性长度为已知先验信息时,这三个形变体系的估计方差系数。它们与叠加信号的输入方差大致相符。当相关性长度为未知且在几种相关性长度(0、3km、6km、9km、12km)的搜索空间执行 VCE 时,可以看到三个体系都不太明显。搜索空间的体系相互关联,而且由于方差系数没有实证性约束,原始形变体系无法清楚地分辨出来。

这明确地指示出了用 VCE 分离位移分量的局限。如果随机模型参数是独立的,则不同形变体系产生的分量可以分离。6.5.4 节描述了一个相关实例。不过,分离具有相似协方差函数的形变体系取决于对所有空间相关形变信号总数所做的地球物理学解译。

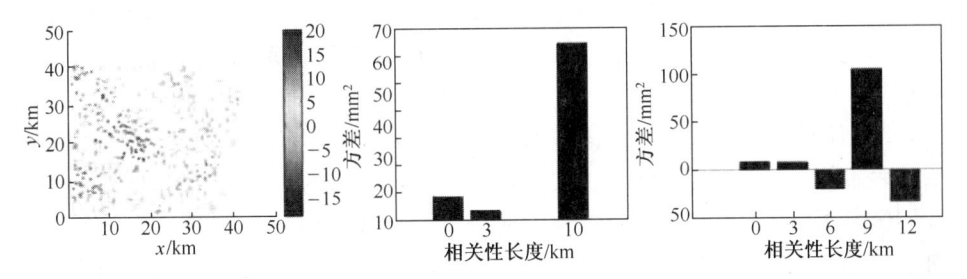

图 4.31 空间相关性长度为 0、3km、10km 的叠加形变体系的方差系数(量级)评估(a)。我们对空间相关性长度的搜索空间进行了定义。如果搜索空间中的相关性长度就是信号中的相关性长度,则形变体系的量级可正确进行估计(b)。这并不适用于相关性长度的任意搜索空间(c)。因此,形变体系的未知相关性长度不能用相关性长度的任意预定义搜索空间进行评估

4.6 结论

本章首先叙述了 PSI 作为一种测量技术的可获取精度和可靠性,深入地介绍了评估相关形变信号所用的理想化精度概念,随后又对 PSI 中能够提高形变监测的理想化精度的有效技术适用性进行了描述。

由于一种测量技术的准确度不只由其精度决定,所以还研究了模型误差对 PSI 参数评估的影响。根据实际模型误差到参数估计的传播,对函数模型中存在的缺点进行了评估。随后,又陆续对亚像素位置、旁瓣观测、轨道不精确性和模糊成功率也进行了论述。不精确的方位向亚像素位置能导致 PS 速度出现

0~0.5mm/年的系统误差。如果其中含有具有高多普勒中心频率偏差的图像，该误差会增加到3mm/年。轨道不精确性也能引起系统误差。我们给出了100km上高达1mm/年的PS速度偏差。旁瓣观测影响地形高度估计且它们不是独立的：如果PS高度用于描述PS特征，则需要清除旁瓣观测。最后，本章还说明数值大小为1的解缠成功率无法保证，尤其当区域中存在大气干扰且PS密度很低（约为5PS/km）时，完全无法达到这一成功率。

借助Delft角反射器实验的外部验证，本章已经表明Envisat二重差分位移的可获取精度约为1.6mm。水准测量二重差分位移精度与此相似：约为1.5mm。同时，Envisat和水准测量二重差分位移的相关度为94%。获取到的ERS-2和水准测量二重差分之间的相关度稍低（84%），这很可能是因为ERS-2图像序列中的多普勒中心频率偏差高。可根据这一受控实验做出结论，InSAR的可获取精度能达到毫米水平，这与水准测量技术不相上下。

随机模型参数估计取决于方程组的冗余度，因此只能在成功率等于1的条件下执行。但这一条件不一定会被满足。估计随机模型参数的过程中被估计的参数数量及其精度之间存在一种折中。确切地说，它们应当是各自独立的参数。文章引用了误差放大因子，将其用做方差—协方差矩阵的参考独立标量质量测量。

PSI质量控制不仅限于对该技术本身的精度和可靠性评估。为了描述形变估计表示相关信号的优良程度，文章同时引用了形变模拟的理想化精度概念。我们区分了不同的形变体系：结构不稳定性、浅层质量位移和深层质量位移。相对于传统测地技术，PSI中的测量点定义不似前者明确。此外，反射（镜面、二面、三面）类型决定了测量位移中存在的形变体系类型。

为了提高PSI用于形变监测时的理想化精度，对两种方法进行了阐述：

- PS特征。该方法利用地形高度估计、极化测量观测和随观测几何角度变化的反射率模式。

- 统计法。该方法既可以选择代表一种确定形变体系（Kriging交叉验证、数据检验）的PS，也可以根据不同形变体系（方差分量估计）将PS位移分解为一些分量。

由于4.2.4节已经描述了大小为1的模糊数成功率无法保证，本章中针对模型误差进行的PSI参数估计的敏感度分析代表了最乐观的情况。但是，即使是在模糊数成功率不等于1的情况下，在PSI形变监测中产生冗余也是可能的。利用观测相同形变信号的多个交叠的独立卫星路径就能实现这一点。因此，还在形变监测中引用了冗余，使可靠性评估能够开展下去。这种多轨程序的执行将在第5章中进行阐释。

在线摘要

我们在第 3 章中对评估地球表面形变的数学框架进行了阐述。当今时代,应用 PSI 进行形变监测的主要目标开始转向对遭受时间去相关干扰区域中的小量级形变现象的监测。因此,形变估计的精度和可靠性越来越重要。为此,在本章中专门对质量控制进行了细致的描述。

5

多轨PSI

第4章中已经证明,PSI 二重差分位移的精度可达到毫米水平。由于精确的形变估计结果未必可靠,因此假设相位解缠正确,并以此为前提调查了模型误差的影响(见4.2节)。然而,模糊数成功率无法确保为1,特别是在 PS 密度小于 5 PS/km^2 的区域。因此,还需要对 PSI 形变估计的可靠性进行补充评估。

本章介绍了多轨 PSI:由于独立的重叠卫星路径可观测到同一形变信号,因此 PSI 估计结果中引入了余量。根据不同的观测模式(升轨,降轨)或不同的传感器都可以形成独立重叠路径,而且根据相关区域的纬度还可以对邻轨加以利用。在荷兰,邻轨的重叠超过了 50%。这意味着,把升轨和降轨结合起来时,有四个独立的观测序列监测相关形变信号。由于引入了余量,可以利用多层重叠路径评估 PSI 形变估计的可靠性。

每条路径的 PSI 估计都有自己的坐标系(基准),且由主图像景的采集几何特征决定。因此,多轨 PSI 估计数据需要参照一个公用基准,才能进行整合。在本章中,会引入一个用于多轨基准的数学框架,该框架可同时用于评估 PSI 技术自身的可靠性。基准统一程序分为两个步骤:

(1)定义一个统一的坐标系(Ketelaar et al., 2007a);

(2)统一 PSI 参数估计数据(Ketelaar et al., 2007b, 2008b)。

基准统一程序首先定义统一雷达坐标系,定义依据是"主路径"的观测角度。继而,不同路径(参照不同的 PS)的 PSI 估计值之间的变换基于 PSI 估计结果的闭合差进行估计。由于观测角度不同,不同路径观测到的很多 PS 是完全不同的。因此,估计结果的整合和验证基于一个事实:尽管实际目标可能并不相同,但是独立监测的是一个共同的形变信号。

本章首先在 5.1 节中阐述了单轨距离内 PS 估计结果的基准统一。由于计算机存储器容量有限,Delft 的 PSI 处理进程在一条路径内用多重 PS 网络执行,因此需要单轨基准统一。接下来,5.2 节重点关注的是多轨基准统一以及 PSI 形变和高度估计结果的可靠性评估。最后,5.3 节阐述了沿卫星视线向的 PSI 形变估计是如何利用重叠路径不同的观测角度在空间上进行分解的。

5.1 单轨基准统一

基于相关区域的相干特征,一阶 PS 网络可以轻松包含成千上万的候选 PS。再加上干涉图像对的数量,就使得方程组求解时产生了存储容量问题。因此,相关参数估计是在空间重叠较小的 PS 网络中进行的,且这些网络相互统一。

在测地学中,基准统一一般用于整合重叠点域,目的是在相同基准下获取一致的坐标(Teunissen et al., 1987; Baarda, 1981)。两个基准之间的转换可以被参数化为几何变换,如相似性变换、竖直变换或仿射变换。要估计变换参数,要求两个基准中呈现的点完全相同。

基准统一从公共点调整开始。接着,重叠外的点(自由点)根据其与重叠内的点之间的关联进行校正。例如,两个点域之间估计变换的基本方程为

$$E\left\{\begin{bmatrix} \underline{z} \\ \underline{w} \end{bmatrix}\right\} = \begin{bmatrix} I & 0 \\ I & A_t \end{bmatrix} \begin{bmatrix} \underline{z} \\ \underline{t} \end{bmatrix} \tag{5.1}$$

式中:$\underline{z}$、$\underline{w}$ 为重叠内公共点的坐标;$\underline{t}$ 为变换参数。这个等式模型可以重新用公式表示为一个以坐标差为基础的方程组:

$$E\{\underline{w} - I\underline{z}\} = A_t \underline{t} \tag{5.2}$$

如果限制其中一个点域保持不变,例如在已确立的基准中用基准点整合新的观测结果,该过程运用了诸如伪最小二乘法平差之类的特殊统一程序(出处同上)。

可以结合一个测试程序来指示点域统一的精确性和可靠性。该程序可以重点关注单一观测、逐点观测、变换参数的选择和有效性、方差—协方差矩阵以及残余分布。由于只能在一个基准中观测自由点,因此无法对这些自由点进行测试。

在 PSI 中,基准统一程序由转换统一坐标系和统一 PSI 参数估计结果组成。由于重叠网络中的 PS 已参照由主图像景确定的相同坐标系,基准统一程序的第一步(定义统一坐标系)可以省略。基于上述原因,单轨基准统一仅限于重叠网络中 PSI 估计结果的统一。这些 PS 网络参照的 PS 可能各不相同。

PSI 估计统一中的输入是指 PS 位移(或速率)以及重叠 PS 网络的高度估计,还包括 PS 网络的方差—协方差矩阵。不同网络的 PSI 估计结果之间的变换可描述为一个转换,这很充分,因为重叠区域包含相同的 PSI 估计,它们只是参照一个不同的参照 PS 而已。

PS 网络统一与参照 PS 无关。相对速度估计结果及其准确性保持不变,即使参照点显示出非线性位移时也是如此。为了证明这个结论,假设重叠 PS 网络的位移为 d,位移网络的参照 PS 为 a 和 b,且 PS i 和 PS j 是重叠部分的两个

公共PS。参照PS a 显示出非线性状态，并且可以被模拟成一个二阶多项式。其中，v 是未知的 PS 速度，u 是未知的二阶分量，T_k 是第 k 个干涉图像对（设计矩阵）的时间基线：

$$E\{\underline{d}_a^k\} = T^k v_a + (T^k)^2 u_a \tag{5.3}$$

当 $k = 1, 2, \cdots, K$ 时，K 是干涉图像对的数量。参照 PSb 以及 PSi、PSj 呈现出了线性状态：

$$E\{\underline{d}_b^k\} = T^k v_b, E\{\underline{d}_i^k\} = T^k v_i, E\{\underline{d}_j^k\} = T^k v_j \tag{5.4}$$

参照 a 和 b，PS i 的位移可分别按下式计算：

$$E\{\underline{d}_{i(a)}^k\} = T^k v_i - T^k v_a - (T^k)^2 u_a, E\{\underline{d}_{i(b)}^k\} = T^k v_i - T^k v_b \tag{5.5}$$

同样，PS j 可以按下式计算：

$$E\{\underline{d}_{j(a)}^k\} = T^k v_j - T^k v_a - (T^k)^2 u_a, E\{\underline{d}_{j(b)}^k\} = T^k v_j - T^k v_b \tag{5.6}$$

不考虑参照 PS，两个网络中 PS i 和 PS j 之间的相对位移是相同的：

$$E\{\underline{d}_{ij(a)}^k\} = E\{\underline{d}_{j(a)}^k\} - E\{\underline{d}_{i(a)}^k\} = T^k v_j - T^k v_i$$

$$E\{\underline{d}_{ij(b)}^k\} = E\{\underline{d}_{j(b)}^k\} - E\{\underline{d}_{i(b)}^k\} = T^k v_j - T^k v_i \tag{5.7}$$

如果位移序列正确解缠，则重叠部分公共点之间的相对速度中参照点的非线性部分将会被抵消。这意味着，重叠部分的相对速度差同样不考虑参照点之间的位移状态。对于单个轨道内的重叠 PS 网络而言，包含大气延迟量估计的 PSI 参数估计和相位解缠是相互独立运行的。执行基准统一后，PSI 估计结果应在由 PSI 参数估计精度和可能的模型误差所共同确定的限度内，见第 4 章。6.3 节中阐述了覆盖格罗宁根区域的路径的单轨基准统一应用，并对覆盖整个图像景的四个 PS 网络重叠部分中的闭合差进行了评估。

5.2 多轨基准统一

残余误差在广大空间范围内传播致使 PSI 参数估计的系统效应在一个叠层内难以识别，在 PS 密度较低的乡村地区，相位解缠的成功率和 APS 精确度都下降时尤为如此。结合多重独立路径组合在形变信号的估计中引入余量，以此进行可靠性评估。

人们认为整合多个轨道的 PSI 估计结果是一个基准统一问题。独立路径的 PSI 估计结果位于其自身的本地雷达坐标基准中，且以其自身的参照 PS 为准。因此，所有路径之间都需要统一基准。基准统一由两步组成：

（1）定义统一的坐标系；

（2）统一 PSI 参数估计结果(位移，高度)。

基准统一程序整合了来自多重独立路径的形变估计数据。因此，不同路径的 PS 参照相同的物理目标或形变体系的可能性应该进行优化。换言之，多轨 PS 坐标应该是无歧义的。PS 的位置可以在雷达坐标系或地理坐标系中标示出来。对每条路径进行独立的地理参考并不能消除每条路径的距离和方位计时误差以及参照 PS 高度的不确定性。因此,人们提出确立一个通用雷达坐标基准:指定某一条路径为采集几何的主轨道。其他路径都是辅路径。

多层重叠路径转换到同一雷达坐标系基准将得到一致的 PS 定位。更重要的是,它使地理参考的自由度缩减到一个距离向和一个方位向的计时误差。并且,进行地理参考之前,参照 PS 高度的不确定性相对于多个轨道而言也降低了。

5.2.1 统一雷达基准

本节描述了每条路径的局部雷达坐标到统一雷达基准的转换。本节首先估计了基于精确轨道的转换参数,接着使用 PS 点域或多图像反射率地图进一步优化估计结果。

5.2.1.1 轨基雷达坐标转换

基于每条路径上主图像景的精确轨道,可以估计出路径之间一个大概的雷达坐标转换。τ 条路径可以确定 $\tau-1$ 个独立转换。

如果地水准面的高度差有限(<50m),50km 基线(相邻路径之间)的相对像素定位误差大约为 0.1 像素。该误差值处在配准精度范围内。因此,主路径参照基准中平均分布的雷达坐标子集被转换成了椭面上的地理 WGS84 坐标(图 5.1),这些坐标继而被投射到附近(重叠)路径的雷达基准中。这就产生了参照相同地理定位的两组雷达坐标。

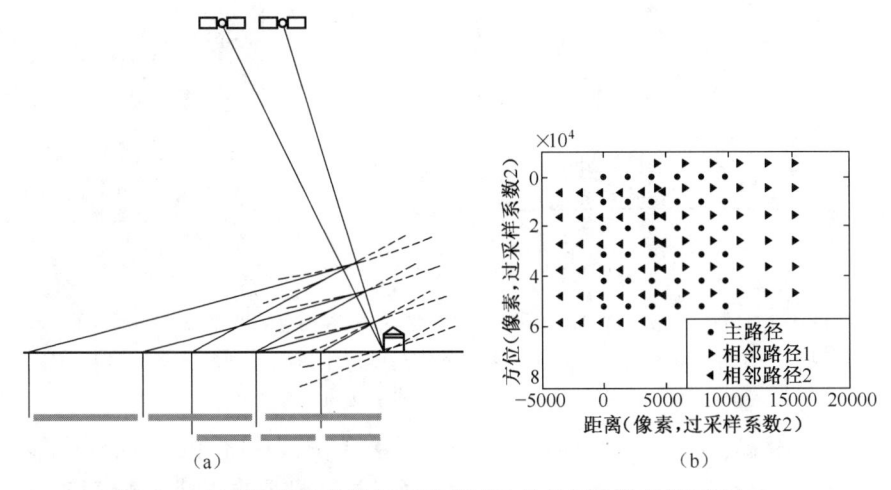

图 5.1 相邻路径的入射角不同,所产生的地面分辨率就不同(a)。
这种分辨率不同的效应可见图(b),该图描绘了辅路径上一组平均
分布的雷达坐标到主路径雷达基准的投影(b)

如果相关区域的地水准面高度差超过 50m,可以采用相同程序,但是地理定

82 第5章 多轨PSI

位的双向变换过程中必须利用椭球高。一种方法是根据外部DEM获取高度数据,另一种方法是使用估计的PS高度。由于PS高度估计与参照PS有关,因此需要获取参照PS的椭球高。

估计轨道间的雷达坐标变换时,人们认为椭球上分布点的主辅路径的雷达坐标之间的偏差是方程组中的观测结果,雷达坐标变换可用参数表达为一个p^{th}级的多项式:

$$\Delta\xi(\xi,\eta) = \sum_{i=0}^{p}\sum_{j=0}^{i}\alpha_{i-j,j}\xi^{i-j}\eta^{j}$$

$$\Delta\eta(\xi,\eta) = \sum_{i=0}^{p}\sum_{j=0}^{i}\beta_{i-j,j}\xi^{i-j}\eta^{j} \tag{5.8}$$

式中:$\Delta\xi$、$\Delta\eta$分别为方位向和距离向的偏差;α、β描述从辅路径雷达基准到主路径雷达基准的转换。任何一对重叠路径(包括邻轨和交轨)中都可以估计这种转换,见图5.2。

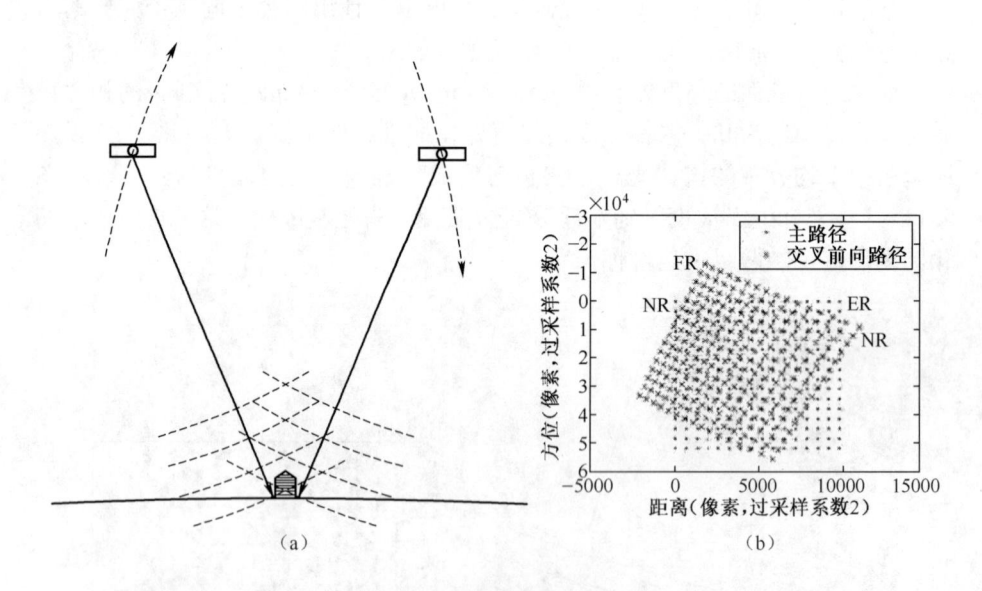

图5.2 雷达坐标变换的输入是主辅路径的基准中相应的两组雷达坐标(a)。卫星的方向与纸平面垂直。在主路径的雷达基准中可以看到重叠路径的不同观测几何形状(b)。此处描述了交轨的相对形变

雷达坐标转换参数的估计程序后紧接着一个测试程序,该程序评估了两条路径间的完整重叠中分布的残余。由于多项式的级别取决于精确轨道和雷达坐标系的相对形变,因此必须提高多项式级别以确保变换处于亚像素级。表5.1显示的是格罗宁根区域一个案例分析的结果(6.4节),该结果表明,需要5级多项式来确保邻轨和交轨的雷达坐标变换处于亚像素级。

表5.1 不同多项式级从辅路径雷达基准变换到主路径雷达基准的精确度。表中描述了估计变换参数中使用的点的最大距离坐标残余(像素,过采样系数2)

多项式级	邻近轨道	交叉前向轨道
2	3	40
3	0.3	6
4	0.15	1.5
5	0.1	0.25

5.2.1.2 使用PS点域匹配

轨道基的多轨雷达坐标变换描述距离向和方位向的计时误差。这些误差必须基于图像内容进行估计。在零假设的前提下,把定时误差参数化为距离和方位向的偏差。

PS目标主要位于未遭受时间去相关影响地区的人工地物和建筑物上。因此,重叠路径的PS位于相同的城市(化)区域,尽管其反射源和类型可能并不相同。由于每条路径都可以利用类似的PS点域,其定位域之间的最佳转换可以估计出来,甚至交轨也是如此,见彩图5.3。图5.4显示的是距离和方位转换的搜寻空间,用于不同路径的PS点域间进行最佳匹配。相对于交轨的情况,指示最佳距离和方位转换的最大相应PS值在邻轨更明显。因为出现了局部最大值,距离和方位转换的估计仍然是次优选择。因此,为了估计距离和方位转换,必须挖掘出额外信息:多重反射测绘图。

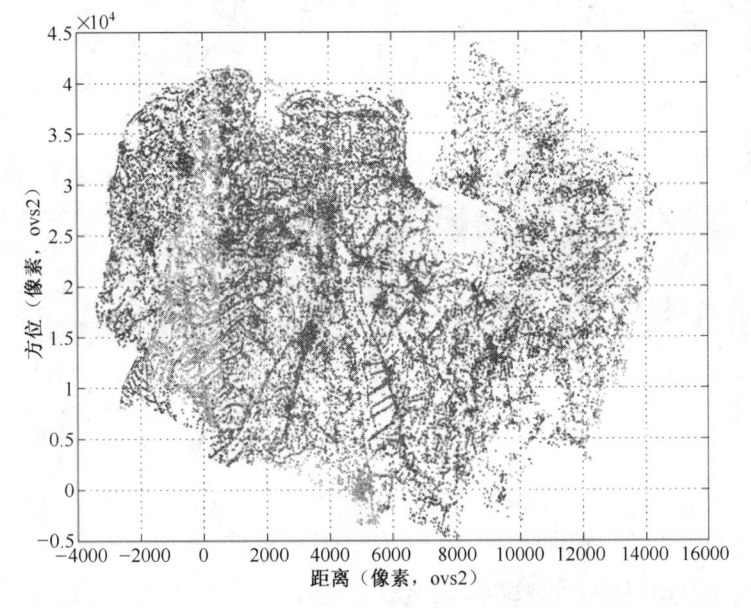

图5.3 统一雷达基准中六条路径的PS点域:PS位置与地面的建筑物相对应

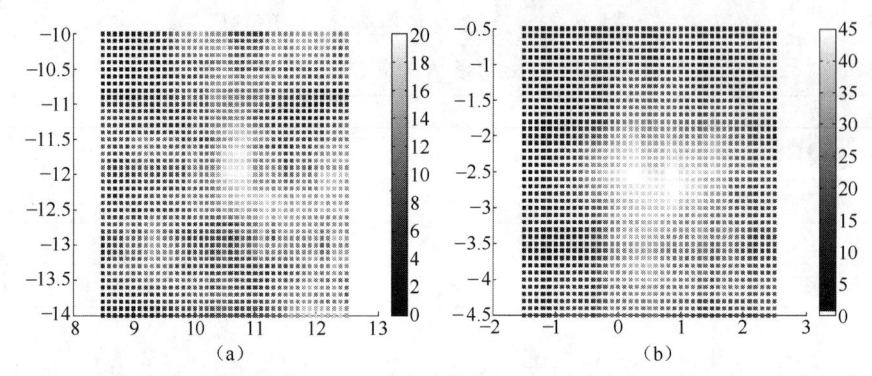

图 5.4 基于 PS 点域的基准统一：(a)两条交轨和(b)两条邻轨的最佳距离和方位变化所处的搜索空间。最佳距离和方位变化与使相应 PS 定位数达到最大的变化相对应

5.2.1.3 使用多图像反射图匹配

除了 PS 定位以外，每条路径上的多图像反射测绘图还可以用于估计路径之间的精细雷达坐标转换。由于不同路径的观测几何角度并不相同，重叠多图像反射块的地面分辨率和方向各异，见图 5.5。因此，需要采取下述步骤：

（1）在高幅度位置上选择均匀分布的多图像反射窗口；

（2）使用以初始轨道为基础的变换对主路径雷达坐标系选定的窗口进行重采样；

（3）利用相关优化估计距离和方位变换。

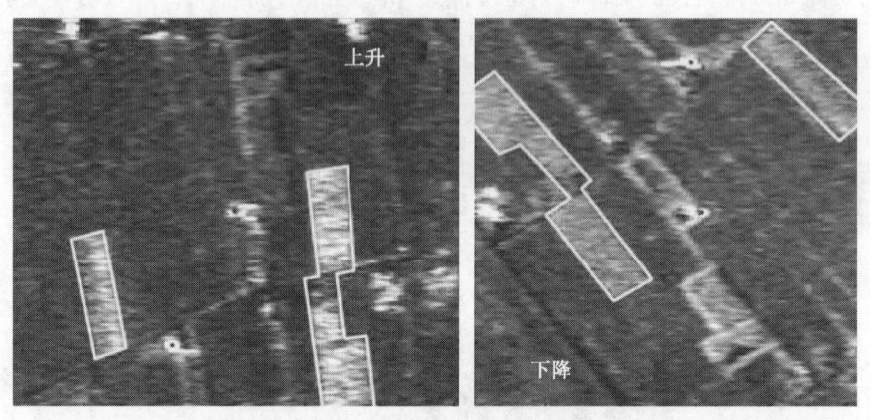

图 5.5 交轨多图像反射窗口。由于观测几何角度不同，窗口相对于彼此旋转，且地面分辨率也稍有差异。尽管如此，仍然可以观测到参照相同建筑物的反射。并且，此乡村地区的域空间模式也显而易见

使用多图像反射图的匹配是不相干匹配，这与 SAR 图像景的配准相反，后者基于以配准窗口的复杂相干。

我们没有用搜寻空间来确定距离和方位转换，而是调研了一种应用于数码摄影测量的图像匹配技术（Gruen and Baltsavias, 1985）。不同路径的多图像反

射窗口可看做幅度观测的几何转换图像块,见图5.5。如果多轨多图像反射窗口的高度差小于50m,则可利用相似性或仿射转换在本地模拟观测图像块之间的转换,见图5.2。

利用初始轨基的变换,辅路径的多图像反射窗口已经可以近似地重新采样到主路径的雷达基准。距离和方位转换是确定主辅路径的共同目标另外所需的唯一参数。因此,主路径中多图像反射窗口与其在辅路径中相对应的重采样窗口之间的转换被参数化为距离和方位向上的一个变换。摄影测量得出的匹配公式(出处同上)如下:

$$E\{\underline{f}(\xi,\eta) - \underline{g}^0(\xi,\eta)\} = \frac{\delta g^0(\xi,\eta)}{\delta \xi}\mathrm{d}\xi + \frac{\delta g^0(\xi,\eta)}{\delta \eta}\mathrm{d}\eta \quad (5.9)$$

式中:ξ为方位坐标;η为距离坐标;$f(\xi,\eta)$为主路径的多图像反射窗口中的幅度观测;$g^0(\xi,\eta)$为辅路径的多图像反射窗口中的幅度观测;$\delta g^0(\xi,\eta)/\delta\xi$、$\delta g^0(\xi,\eta)/\delta\eta$为方位和距离向的幅度梯度;$\mathrm{d}\xi$、$\mathrm{d}\eta$为微分方位和距离坐标。

$\mathrm{d}\xi$和$\mathrm{d}\eta$可以任意参数化为一个更高阶的多项式。方程组是线性化的,并且可迭代方式求解。这种方法的优点是可以引导变换参数估计,且不需要探索潜在距离和方位转换的整个搜寻空间。在雷达数据中使用这种方法的缺陷是雷达观察几何特征的幅度观测敏感度会降低图像匹配技术的鲁棒性。

最后,选择使用相干优化来估计距离和方位转换。以图像为基础的匹配技术可以用于进一步提高距离和方位转换的精确性。我们所获取的邻轨精确度为0.25像素,交轨为0.5像素。这足以在分辨率单元距离内识别多轨PS。

5.2.2 PSI估计统一

既然主路径的雷达基准中确定了所有PS的定位,就可以进入到基准统一程序的第二步:统一估计。

5.2.2.1 多轨的相同和相邻PS簇

将PS坐标转换为主路径雷达基准,可以识别出物理性质相同的散射体以及相邻轨道,甚至交叉前向轨道中的相邻散射体簇,见图5.6。邻轨的入射角只有几度的差别,这意味着指向卫星视向的两面和三面目标很可能可以从多个轨道进行观测。相较而言,交轨的观测方向几乎正好相反。例如,升轨和降轨模式能观测到柱形杆(Perissin,2006),但这样的散射体在乡村地区不常见。

如果反射类型(镜面的,双面的)相同,假设物理性质相同的目标代表着相同的形变体系。这并非意味着只有相同的散射体可以用于基准统一。重叠轨道中观测到的PS清楚地标识出了地面的人造建筑,见图5.7。这使得附近PS的分类成为可能,其位移可能由相同的形变状态引起。PS距离越短,它们越有可能代表着相同的形变体系。

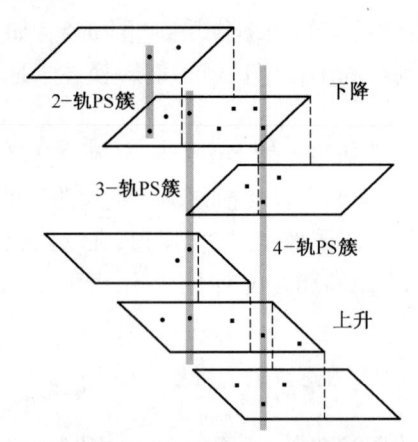

图 5.6 重叠邻轨和交轨中的 PS 簇概况图。垂直的灰色线条代表 PS 簇：
来自不同路径的 PS 组群在主路径雷达基准中的坐标(几乎)相同

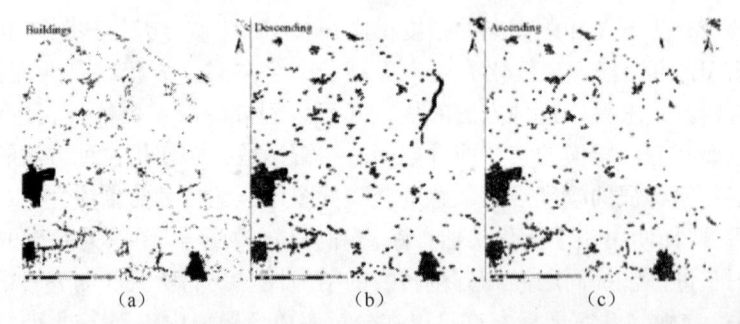

图 5.7 荷兰北部地区建筑和城市化区域分布(a)以及在重叠路径上地理编码的
PS((b),(c));(b)两条降轨的 PS;(c)两条升轨的 PS。可见 PS 与地面的人造建筑相一致

5.2.2.2 多轨方程组

用多轨 PS 簇计算变换参数,这些参数用于整合估计结果(位移,高度)。由于一个簇内的 PS 参照的是相同的目标,或者距离很近,人们认为其位移估计代表相同的形变体系,但不同参照 PS 引起的变换除外。整合 PSI 位移估计的一个方式是对形变信号进行联合估计。然而,这需要具备有关形变状态(未知)函数模型的先验知识。另一种方式是在一个 PS 簇内利用闭合差,将其作为 PSI 估计统一的观测结果。这种情况下,并不需要把 PS 簇归因于某种形变状态;不同路径的位移只会因为参照 PS 不同而不同,与形变状态无关。

如果一个 PS 簇中的 PS 来自 T 条路径,那么在该簇中只能形成 $T-1$ 个独立观测结果。例如,假设有四条路径 $T_1 T_2 \cdots T_4$ 观测相关区域,并且四条路径观测的相邻 PS 可以形成 M 个簇。多轨 PS 估计描述的是相同的形变状态,但参照的 PS 不同。由于参照 PS 不同,PSI 参数估计(位移,高度)理论上应该只取决于一个未知的变换(偏移)。因此,在路径的估计 PS 速度之间变换为零假设的前提下,函数模型为

$$E\{t\} = Ax \tag{5.10}$$

$$\begin{bmatrix} I_M & -I_M & 0 & 0 \\ I_M & 0 & -I_M & 0 \\ I_M & 0 & 0 & -I_M \end{bmatrix} \begin{bmatrix} \underline{v}_{1\cdots M}^{T_1} \\ \underline{v}_{1\cdots M}^{T_2} \\ \underline{v}_{1\cdots M}^{T_3} \\ \underline{v}_{1\cdots M}^{T_4} \end{bmatrix} = I_3 \otimes e_M \begin{bmatrix} t_0^{T_{12}} \\ t_0^{T_{13}} \\ t_0^{T_{14}} \end{bmatrix} \tag{5.11}$$

式中:t 为闭合差矢量;v 为估计 PS 速度;t_0 为变换参数;$\otimes$ 克罗内克积;I 为单位矩阵;e_M 为 $M\times1$ 的单位矢量。

输入观测结果(PSI 速度估计)的相应方差矩阵为

$$Q_t = \begin{bmatrix} Q_v^{T_1} & 0 & 0 & 0 \\ 0 & Q_v^{T_2} & 0 & 0 \\ 0 & 0 & Q_v^{T_3} & 0 \\ 0 & 0 & 0 & Q_v^{T_4} \end{bmatrix} \tag{5.12}$$

式中:$Q_v^{T_i}$ 为路径 T_i 上速度估计的方差矩阵。由于二重差分组合,$Q_v^{T_i}$ 为一个满矩阵。同时,由于式(5.11)中的线性组合,速度估计闭合差的方差矩阵也是一个满矩阵,尽管不同路径的 PSI 估计结果不相干。

如果在每条弧线上进行单轨 PSI 参数估计,随机模型就被限制在每条弧线参数估计(位移,高度)的方差矩阵上。把相干或位移变量解译为绝对精密度测量会导致一个误导性结论:距离参照 PS 越远,PS 精度越低。如果无法获取 PSI 参数估计的协方差,可以选择重新构建一个替代性方差矩阵。重新构建可基于二重差分观测 Q_y 的方差矩阵(见式(4.19)中的例子)和设计矩阵 A 来执行,见式(3.12):

$$Q_{\hat{x}} = (A^T Q_y^{-1} A)^{-1} \tag{5.13}$$

式(5.11)中的观测方程组也可以表述为一种条件方程组(Teunissen, 2000a)。条件方程组的优势在于不需要转换速度估计闭合差的方差矩阵来获取变换参数估计结果。观测等式模型的设计矩阵以及条件等式模型可以相应地标示为 A 和 B。两个设计矩阵相乘等于零矩阵:

$$B^T A = 0 \tag{5.14}$$

对于式(5.11),B 矩阵可以写成:

$$B^T A = \begin{bmatrix} e_{M-1} & -I_{M-1} & 0 & 0 & 0 & 0 \\ 0 & 0 & e_{M-1} & -I_{M-1} & 0 & 0 \\ 0 & 0 & 0 & 0 & e_{M-1} & -I_{M-1} \end{bmatrix} \begin{bmatrix} e_M & 0 & 0 \\ 0 & e_M & 0 \\ 0 & 0 & e_M \end{bmatrix} = 0 \tag{5.15}$$

式中:四条路径中 B 的维数为 $(3\cdot M)\times(3\cdot(M-1))$;$A$ 的维数为 $(3\cdot M)\times3$。

5.2.2.3 基于 PS 距离的逐步估计

如果形变估计的统一中包含的 PS 簇中 PS 间相互距离(图 5.8)不断增大,

则式(5.10)中方程组的维数会快速增加。因此,本节的研究重点在于能否应用统一程序中形变参数的逐步(静态递归)估计。形变参数的逐步估计可能会减少方程组的维数,因此可以相对较快地获取变换参数。如果每个递归阶段都同时考虑估计结果及其方差矩阵,逐步求得的解就与批量处理方式获取的解相同(Teunissen, 2001a)。

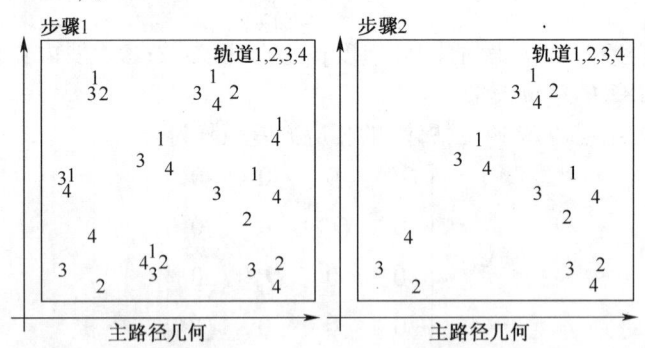

图 5.8 通过取自多个轨道的相同或相邻 PS 簇对变换参数进行逐步估计。每个递归阶段都包含彼此间距更大的簇

每一步 k 中,可求解下述模型:

$$E\left\{\begin{bmatrix}\hat{\underline{x}}_{(k-1)}\\ \underline{y}_k\end{bmatrix}\right\}=\begin{bmatrix}I\\ A_k\end{bmatrix}x, D\left\{\begin{bmatrix}\hat{\underline{x}}_{(k-1)}\\ \underline{y}_k\end{bmatrix}\right\}=\begin{bmatrix}Q_{\hat{x}(k-1)} & 0\\ 0 & Q_k\end{bmatrix} \quad (5.16)$$

式中: $\hat{\underline{x}}_{(k-1)}$ 为在前一步骤用方差矩阵 $Q_{x(k-1)}$ 获取的变换参数; $\underline{y}_k$ 为矢量,包含具有方差矩阵 Q_k 的 PS 簇闭合差。逐步统一可以通过两种方式施行:

(1) 连续统一(部分)路径,或
(2) 使用彼此间距不断增加的 PS 簇统一所有路径。

由于统一程序基于来自不同轨道的观测结果,而这些轨道应该描绘相同的形变信号,因此选择第二种方式。逐步估计由分辨单元距离内的 PS 簇初始化。接下来的每一步还需要对相互距离更大的 PS 簇进行观测。所有的 PS 都特定地对应唯一的簇。数据探测法用于消除那些并非参照相同形变状态的 PS 簇观测结果。

应用步进式程序的一个条件是每个阶段添加的 PS 观测分区都应该不相关。只有在统一全部路径的情况下这个条件才有效。因此,严格地说,步进式统一无法应用。进一步的研究必须考虑在接下来的步骤中把 PS 簇当作不相关的实际含义。

5.2.3 空间趋势

如果单轨的 PS 参数估计不存在模型不准确性,就能够用一个转换(偏移)在路径之间模拟 PSI 参数估计闭合差。然而,由于可能存在残余轨道、大气以及解缠误差,因此我们评估了一个备选条件,该假设包括距离和方位向的某种空间趋势：

$$H_A: \begin{bmatrix} I & -I \end{bmatrix} \begin{bmatrix} \underline{v}^{T_1} \\ \underline{v}^{T_2} \end{bmatrix} = \begin{bmatrix} \xi & \eta & 1 \end{bmatrix} \begin{bmatrix} t_\xi^{T_{12}} \\ t_\eta^{T_{12}} \\ t_0^{T_{12}} \end{bmatrix} \quad (5.17)$$

式中：t_ξ、t_η 分别为取决于方位和距离的变换参数,见图5.9。

评估假设所采用的方法是总体模型测试和单独 w-检验统计(Teunissen,2000b)。w-检验统计一般用于在单独观测中追踪异常值,其分布也可用于追踪系统影响。如果函数模型和随机模型都是正确的,w-检验统计则呈标准正态分布。因此,如果与标准正态分布有偏差,就意味着可能受到未建模效应的影响。进一步而言,对基准统一后的闭合差进行求值,其结果理论上应该在单轨估计的精确度范围内。

基准统一后,主路径参照系中的 PSI 结果是彼此相符的。变换参数估计的精度与基于式(5.11)的最小二乘平差相一致。然而,虽然变换参数的精确度可能很高,但由于可能的残余轨道、大气和解缠误差,主路径自身的参照系仍然会包含一些小型系统分量。这些系统分量无法明确地归为真实的形变信号或在 PSI 估计中未建模的残余分量。利用一条路径覆盖的大范围空间距离以及关于非形变区域的先验假设,可以估计并消除参照路径的空间趋势。只要明确定义了修正和误差界限,这种做法就是合理的。

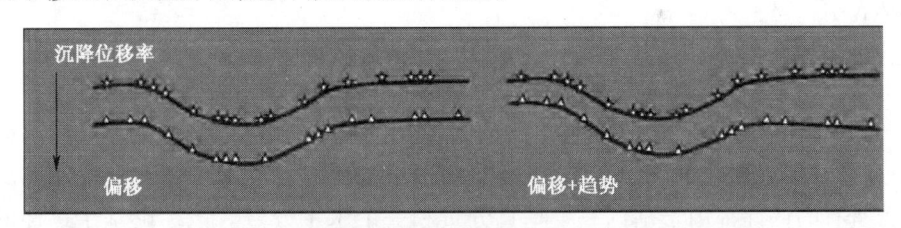

图5.9 多轨偏移(零假设)或偏差加趋势(备选条件)

5.3 分解视线形变

由于独立路径的形变估计根据不同的观测几何对相同的形变信号进行观测,视线(LOS)位移可以进一步分解为水平位移和垂直位移。如果相关形变信号包括一个水平分量,并且只从一条路径进行观测,就需要具备形变机制的先验知识。如果有两条路径可用,最好是一条升轨,一条降轨,则垂直分量和水平分量可以直接根据 PSI 估计计算出来。这同样也有助于区分不同的形变体系：浅层压实可能由垂直位移主导,而油气开采引起的沉降也呈现出水平位移。

5.3.1 方程组

利用基准统一中的多轨 PS 簇把视线位移进一步分解为垂直位移和水平位移(Hanssen, 2001)。每个 PS 簇应至少包含两个,至多包含四个来自不同观测几何的 PS(升轨、降轨以及邻轨)。如果一个簇中有两个多轨 PS,沿特定观测方向分解为垂直分量和水平分量是可能的。如果一个簇有三个多轨 PS,理论上可以分解成垂直、东向和西向的分量。最后,如果一个簇由四个多轨 PS 组成,那么分解甚至可以冗余的方式进行。然而鉴于采集几何方位限制,北向分量只能用单 PS 簇的较低精度进行获取(出处同上)。

把 PS 形变估计分解成上升视线方向的垂直分量和水平分量的方程组如下:

$$E\left\{\begin{bmatrix} \underline{d}_r^{\text{asc}} \\ \underline{d}_r^{\text{desc}} \\ \underline{d}_r^{\text{asc(a)}} \\ \underline{d}_r^{\text{desc(a)}} \end{bmatrix}\right\} = \begin{bmatrix} \cos\theta_i^{\text{asc}} & -\sin\theta_i^{\text{asc}} \\ \cos\theta_i^{\text{desc}} & -\sin\theta_i^{\text{desc}} \cdot \cos\Delta\alpha \\ \cos\theta_i^{\text{asc(a)}} & -\sin\theta_i^{\text{asc(a)}} \\ \cos\theta_i^{\text{desc(a)}} & -\sin\theta_i^{\text{desc(a)}} \cdot \cos\Delta\alpha \end{bmatrix} \begin{bmatrix} d_u \\ d_{h_{\text{ald}}} \end{bmatrix} \quad (5.18)$$

式中: d_r 为沿视线向的位移; d_u 为垂直位移; $d_{h_{\text{ald}}}$ 为方位视线方向水平位移的投影;(a)为邻轨。

入射角 θ_i 是参照 WGS84 椭球面,由从近到远的距离确定的。卫星的航向是由每条路径的主图像轨道计算得来的。卫星航向在升轨和降轨模式的差异由 $\Delta\alpha$ 表示。

5.3.2 四树分解

如果相关形变信号覆盖的空间范围很大,且在空间上相干(平滑),则可以通过合并附近多轨 PS 簇来增加位移分解的冗余。这意味着,在某个空间区域内,所有的估计都用于估计一个垂直分量和一个水平分量。该结论基于这样的假设,特定区域中估计的精度范围内,垂直分量和水平分量几乎是恒定的。冗余量增加会导致空间分解估计的精确度更高。

为进行空间分解,多轨 PS 簇的分组可基于形变信号的四树分解来进行。四树分解先把形变信号划分为相同大小的正方形块。每个方块可以进一步分解,分解取决于该方块内代表形变信号均匀性的检验统计结果。例如,进一步分解的方块代表的是最小 PS 速度和超过 1mm/年的最大 PS 速度之间的差。图 4.29 描述的是一例形变信号四树分解。在沉降碗的斜坡上,位移率变化得更快,四树分解更加详细具体。反之,在稳定区域方块没有进行再分解。

5.4 结论

用于多条独立重叠路径基准统一的数学框架已于近期研发出来。基于轨道、PS 点域以及每条路径的多图像反射率图，人们已经证实多轨 PS 定位可以转换成由主路径确定的统一雷达基准。继而，人们观测到了来自不同路径的相同或相邻 PS 簇。基于多轨闭合差，我们估计了变换参数以便 PSI 估计结果的基准统一。多个重叠路径完成基准统一之后，人们可以对路径间的闭合差进行分析，因此可以得出关于结果可靠性的结论。进一步而言，形变估计可以根据路径不同的观测几何进一步分解为垂直分量和水平分量。相关信号的四树分解可以用于增加空间分量估计的冗余。

通过在 PSI 质量控制中加入多轨统一程序，人们可以对 PSI 技术的精确度和可靠性进行评估。第 6 章将论证 PSI 用于监视格罗宁根地区油气生产引发沉降的适用性。

在线摘要

在第 4 章中，已经证实了 PSI 二重差分位移可实现的精度大约为几毫米。由于准确的形变估计并不一定可靠，因此在假设相位解缠正确的前提下，同样调查了模型误差的影响，见 4.2 节。然而，无法确保模糊数成功率为 1，特别是在 PS 密度低于 5 PS/km^2 的区域。因此，还需要对 PSI 形变估计的可靠性进行评估。本章介绍了多轨 PSI：独立重叠卫星路径可观测同一形变信号，因此 PSI 估计中引进了冗余。不同的观测模式（升轨、降轨）或不同传感器可形成独立重叠路径。此外，根据相关区域的纬度，可以对邻轨加以利用。在荷兰，邻轨的重叠超过 50%。这意味着结合升轨和降轨时，相关形变信号由四个独立的观测序列进行观测。由于引进了冗余，多条重叠路径可用于 PSI 形变估计的可靠性评估。

6

格罗宁根地区的PSI沉降监测

本章应用了第3、4、5章中的概念来监测油气生产造成的沉降。本章的研究重点是荷兰东北部地区的气田,特别是格罗宁根气田。该气田直径为30km,由六条ERS和Envisat路径覆盖。每条路径的覆盖区大约为100km×100km,这些路径几乎覆盖了荷兰整个北部地区以及德国的部分地区,见图6.1。鉴于格罗宁根气田所在的纬度(53°),其邻轨的重叠率约为50%。从1992年开始,ERS SAR以VV极化的图像模式获取收集图像。Envisat则从2003年开始用这种模式获取数据。

本章首先在6.1节中描述了InSAR处理和Delft PSI参数估计(DePSI)在这个具体案例中的应用。接下来,6.2节将展示ERS和Envisat的PSI形变和高度估计。6.3节调研了PSI估计的精度。单轨中PS网络的重叠用于交叉检验精度测量。本节还探讨了未建模残余分量影响:在Envisat的PS速度估计中,大规模空间趋势清晰可见。我们研究调查了这种趋势的潜在原因,以及消除该趋势的策略。PSI估计的精确度和潜在模型误差得到处理后,6.4节中应用了多轨程序进行可靠性评估。当完成PSI作为一种测量技术的精度和可靠性定量之后,6.5节中重点关注提高PSI的理想化精度,以便监测油气生产造成的沉降。我们还将利用关于相关信号时空状态的先验知识。并且,我们研究了PS特征化的可用技术。本章的目标是展示PSI形变估计,描述其(理想化)精度和可靠性,以便用于监测油气生产造成的沉降。

6.1 InSAR处理策略

格罗宁根地区的PSI分析使用了Delft目标导向雷达干涉测量软件(Doris (Kampes and Usai, 1999))以及PSI的Delft实施(DePSI)。本节解释了这些概念(见3.1节和3.4节)的实际应用。

6.1.1 数据覆盖及主图像选择

表6.1中列举了覆盖格罗宁根地区的ERS和Envisat路径。每条路径的处理都使用了参照公共主图像的干涉图像对。主图像采集基于序列相干性进行选

择,见式(3.8)。另外,由于全部图像景都得到了处理,同时还基于采集图像的地理定位考虑了一个序列内所获取的公共地面覆盖。一个序列内所获取的大部分图像之间的定位差都在 0.02° 以内。只有具备偏离多普勒中心频率的图像景才会出现大的地面覆盖变化,见图 6.2。

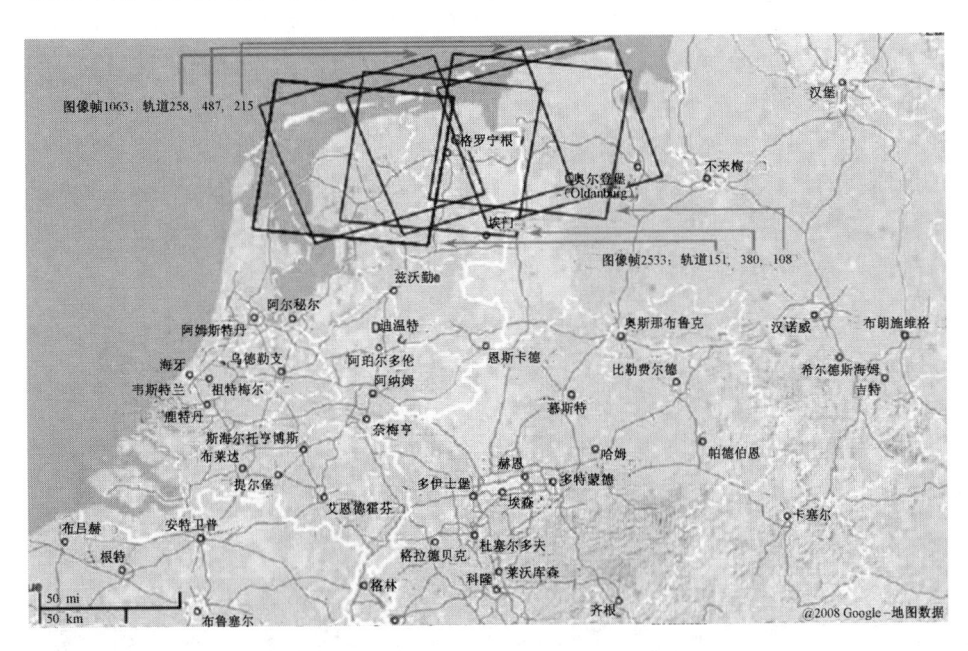

图 6.1 覆盖格罗宁根沉降区的六条 ERS 路径的空间覆盖

表 6.1:覆盖格罗宁根沉降区的六条 ERS 路径和一条 Envisat 路径。总的来说,这些路径覆盖了荷兰的整个东北地区以及德国的部分地区。获取图像中去除了偏离主图像多普勒中心频率超过 500Hz 的采集图像后即为图像景数。主图像基于序列相干性以及地理地面覆盖进行选择

传感器	轨道	图像帧	模式	位置		图像景数	主图像
ERS	151	2533	desc	Friesland	(West)	75	21-03-1997
ERS	380	2533	desc	Groningen	(main)	73	20-07-1997
ERS	108	2533	desc	Germany	(east)	63	05-08-1997
ERS	258	1063	asc	Friesland	(west)	32	06-06-1997
ERS	487	1063	asc	Groningen	(main)	33	27-06-1999
ERS	215	1063	asc	Germany	(east)	25	14-01-1997
Envisat	380	2533	desc	Groningen	(main)	41	29-05-2005

在继续研究基于序列相干性和地面覆盖选择出的主图像之前,必须证实地球表面的反射率在采集时间没有受到天气条件影响。因此,在 KODAC 的网站

上查看了主图像采集时的日常天气状况(2008)。特别是对于路径 215 而言,其主图像采集的日期是一月份,必须知晓那时地球表面是否覆盖了雪或冰。

图 6.2、图 6.3 和图 6.4 展示了每条路径的采集几何(垂直基线和多普勒中心频率与时间基线成函数关系)。PSI 处理过程中并未包含所有的采集图像。考虑到 ERS 图像的亚像素位置,需要对偏离多普勒中心频率的 ERS 图像观测结果进行校正(Marinkovic et al., 2006),这就使得在沉降率较低的农村地区,PSI 应用调研的不确定性更高。并且,Casse(2004)注意到,对带有偏离多普勒中心频率的采集图像进行幅度观测会使基于正态幅度离差的 PS 选择质量下降。由于此研究的目标是证明格罗宁根地区利用 PSI 进行沉降监测的适用性,我们已排除与主图像多普勒中心频率偏差大于 500Hz 的采集图像。根据式(3.11),多普勒偏差为 500Hz 的估计位移造成的最大影响为

$$\Delta D_{ij} = -\frac{\lambda}{4\pi}\frac{2\pi}{v}(f_{\mathrm{dc},i}^{m} - f_{\mathrm{dc},i}^{s})\xi_{ij}^{m} \qquad (6.1)$$

如果应用的过采样系数为 2,则结果为 4mm。

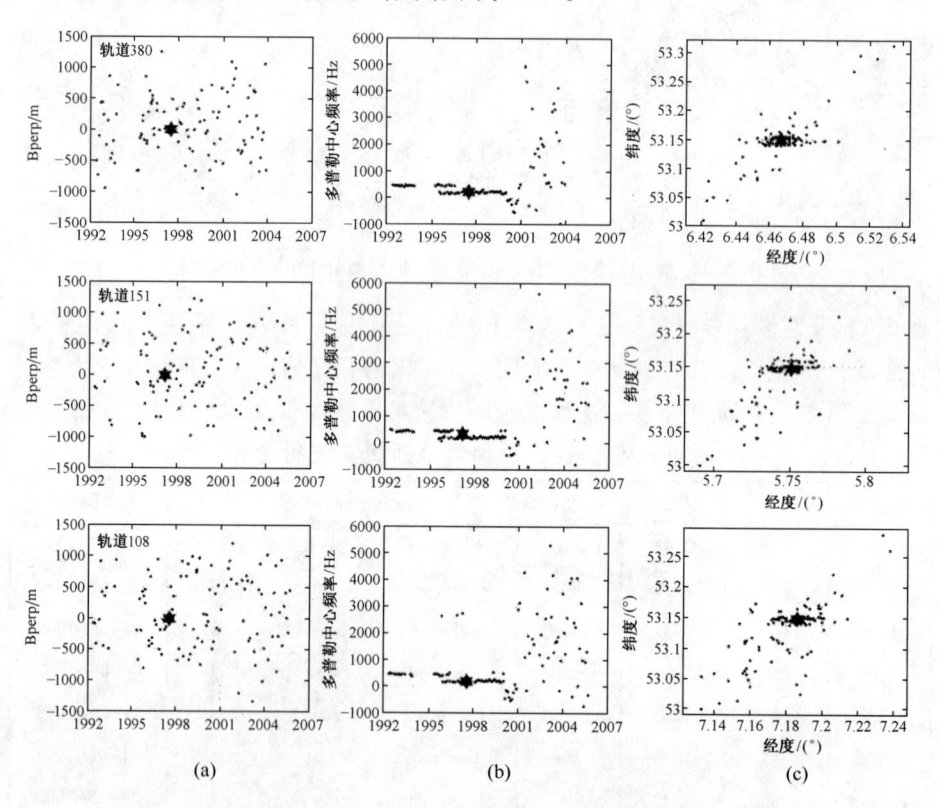

图 6.2 下降 ERS 路径的采集几何角度:(a)时间基线对垂直基线;
(b)时间基线对多普勒中心频率;(c)图像景中心的地理定位

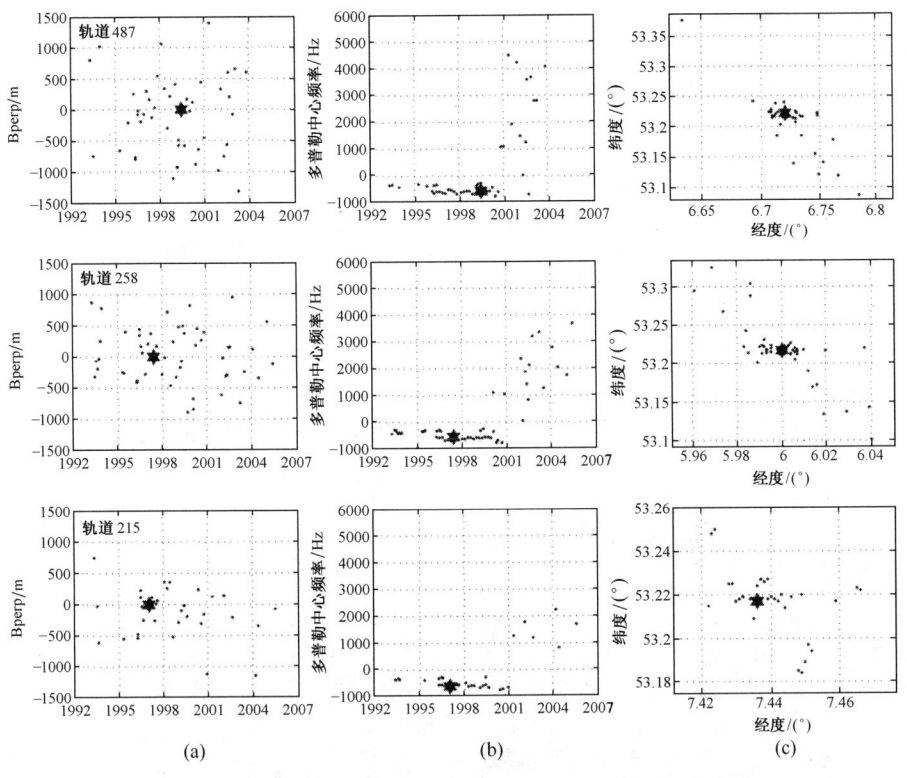

图 6.3 ERS 升轨的采集几何角度：(a)时间基线对垂直基线；
(b)时间基线对多普勒中心频率；(c)图像景中心的地理定位

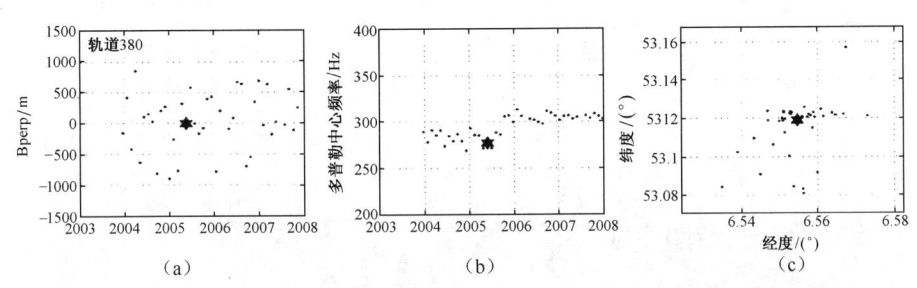

图 6.4 Envisat 路径 380 的采集几何：(a)时间基线对垂直基线；(b)时间基线对
多普勒中心频率；(c)图像景中心的地理定位

图 6.5 中描绘了选定 ERS 和 Envisat 图像的时间分布。每条路径的图像序列在 2004—2006 年间都得到了处理，但从 2004 年开始，并不是 ERS-2 采集的所有图像都被考虑在内。对于主路径 487 和 380 而言，到 2003 年末，选择中考虑了所有的采集图像(从 Envisat 采集图像开始)。对于所有其他路径(151，108，258，215)而言，SAR 图像采集到 2005 年年中已经成为图像选择程序的一部分。2000 年 2 月之后，ERS-2 丧失了三陀螺模式，SAR 图像是用高变化性的多

普勒频率获取的。因此,三条升轨中只有一幅 SAR 图像可以在 2001 年以后使用。降轨的情况稍好一些,尽管年平均采集率没有超过 1。幸运的是,2003 年 12 月 21 号采集了带有合理多普勒频率(538Hz)的一幅 ERS-2 图像。这是 Envisat 时间序列的起始日期:ERS-2 和 Envisat 的数据采集都有半小时的时间差。因此,格罗宁根研究更具潜力,可描述 ERS-2 和 Envisat 之间的连续性。

图 6.5 只显示了一条 Envisat 路径:380。只有在这条路径上,才能以图像模式采集足够的 SAR 图像用于 PSI 分析(>25)。这主要是因为商业用户之间的利益冲突,用户要求以宽刈幅扫描 SAR 模式获取研究区域邻近地区的数据。

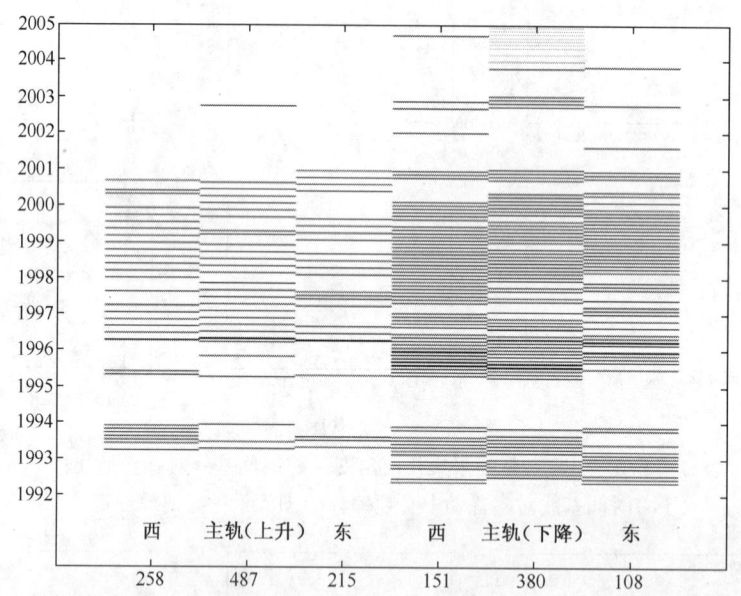

图 6.5 六条 ERS 路径选择的图像及其与 Envisat 的连续性(灰色)。主图像中多普勒频率偏置大于 500Hz 的所有 ERS-2 图像都已经被删除。由于与商业伙伴发生冲突,只有 Envisat 路径 380 的常规采集数据是图像模式

6.1.2 干涉图生成

表 6.1 中列举出图像序列的干涉测量是根据 3.1 节中描述的进程执行的。本节研究的是格罗宁根地区的具体实施情况。

由于过采样图像的干涉测量进程和 DePSI 估计程序都存在计算限制,每条路径的覆盖被进一步划分为四块重叠的区域,面积约为 50km×50km,见图 6.6。一条路径的所有图像中只有公共地面覆盖得到了处理,以此保证所有图像的每个 PS 都观测到位。四块区域的公共范围为 5km×5km,并且恰好位于包含潜在候选 PS 的城市化地区。

干涉测量程序执行到减除参照相位为止。3.1.2 节中已经指出,配准窗口的分布以及配准多项式精度对于相位观测和检测候选 PS 的精度至关重要。由

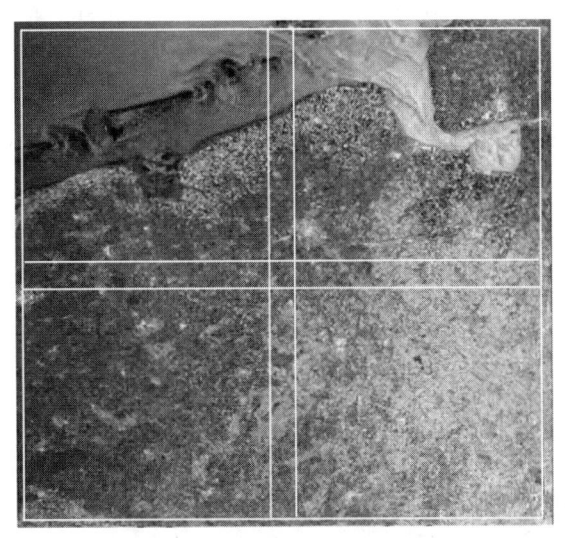

图 6.6 一个图像景划分为四块重叠区域。由于计算局限，
只能在四块重叠区域分别进行干涉测量处理以及 PSI 估计

于研究区域的高度差低于 30m(图 6.7)，因此配准是依照一个二阶多项式实施的。对于每条路径中所有选定的干涉图像对而言，人们已经验证了配准残余是否小于 0.1 像素，且接收的配准窗口在相关区域内是否平均分布。

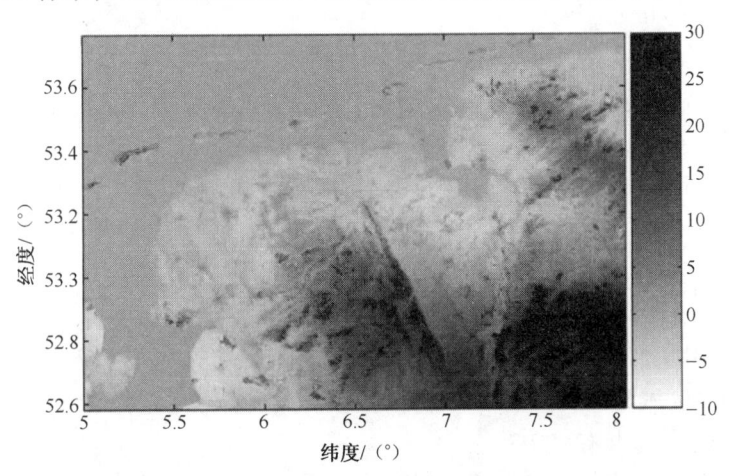

图 6.7 荷兰东北部地区的 SRTM 高度(NAVD88 竖直高度(m))

我们对公共重叠区中四等分图像景的配准多项式进行了求值。图 6.8 中描绘了由四个配准多项式计算得出的距离和方位定位的标准偏差。92%的图像景中，配准偏差在初始图片的分辨率下低于 0.1 像素。方位向的异常值与 2000 年后采集的图像景相一致。这与多普勒中心频率的相关性并不明显：2000 年后采集的图像中有多普勒中心频率较低的，且其定位差大于 0.1 像素。这可能对选择候选 PS 和 PSI 参数估计有一定的影响，见 6.3.1 节。

第6章 格罗宁根地区的 PSI 沉降监测

由于研究区域的高度差有限(<30m,见图 6.8),并且 PSI 估计程序中也要估计地形高度,ERS 图像的干涉测量处理中并没有忽视地形因素。最开始,Envisat 也没有消除地形相位的影响,然而,Envisat 相位观测中似乎显示出了一个空间趋势,详情见 6.3.2 节。人们选择在 PSI 估计之前估计并消除这种趋势,因此也去除了所有其他可能的相位贡献,以此避免空间趋势估计出现任何偏差。所以,Envisat 图像景的干涉测量处理中去除了地形相位的贡献。人们利用航天飞机雷达地形任务(SRTM,2008)的一个外部 DEM 来计算这些地形相位的贡献。

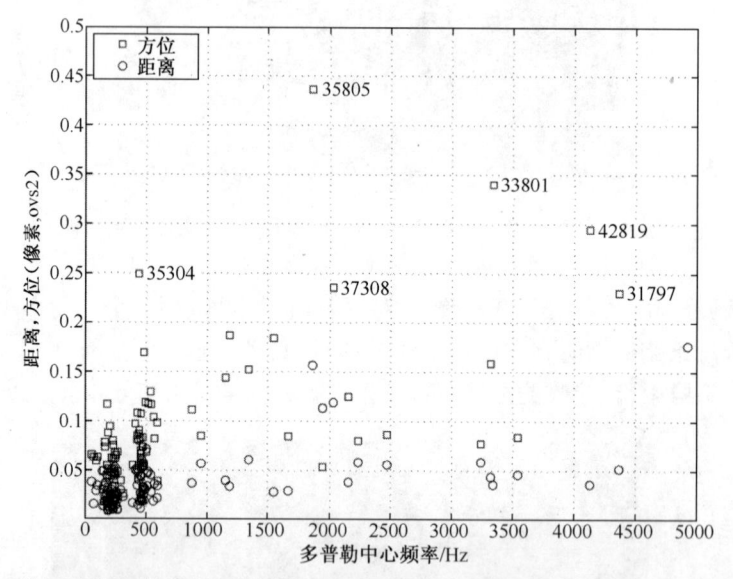

图 6.8 四块区域的公共重叠部分中独立配准的标准偏移距离和方位位置(过采样系数2)。初始分辨率超过 0.1 像素的图像中,距离和方位位置的标准偏移使轨道数量得以增加

6.1.3 DePSI

3.4 节中介绍了 Delft PSI 估计的概念。图 6.9 描述了格罗宁根研究的实施概况。四块区域分别展开了 PSI 估计,且在公共重叠区中选择了参照 PS。

6.1.3.1 选择候选 PS

候选 PS 的选择基于归一化幅度离散。归一化幅度离散可应用伪标定通过阈值调节进行获取,见 3.2 节。一阶网络的幅度阈值设定为 0.25,这与 2mm 的相位标准偏移是一致的。

P 个 PS 相位观测结果只能形成 $P-1$ 个独立空间差。然而,与传统的测地学技术相反,我们无法提前预知某个候选 PS 是否确实是一个可靠的测量点。因此,人们建立了一个(冗余的)一阶网络,该网络能够辨识出误选的候选 PS(Ⅱ类误差)。格罗宁根的研究中应用了基于德洛内三角测量的网络构造。

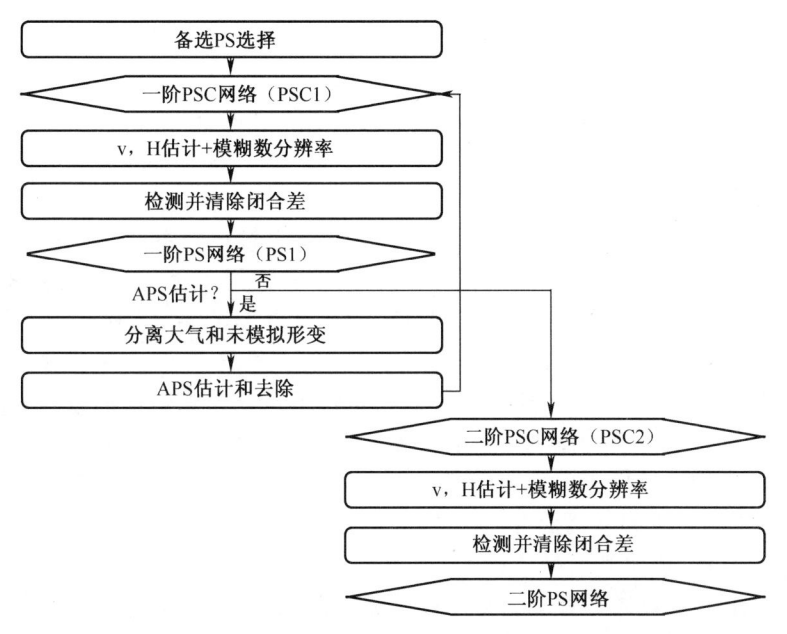

```
        ┌─────────────────────────┐
        │     备选PS选择           │
        └───────────┬─────────────┘
                    ▼
        ◇─────────────────────────◇
        │  一阶PSC网络（PSC1）    │◀──┐
        ◇─────────────────────────◇   │
                    ▼                  │
        ┌─────────────────────────┐   │
        │ v，H估计+模糊数分辨率  │   │
        └───────────┬─────────────┘   │
                    ▼                  │
        ┌─────────────────────────┐   │
        │   检测并清除闭合差       │   │
        └───────────┬─────────────┘   │
                    ▼                  │
        ◇─────────────────────────◇   │
        │   一阶PS网络（PS1）     │   │
        ◇─────────────────────────◇   │
         APS估计？   否 ──────────────┘
            │ 是
            ▼
        ┌─────────────────────────┐
        │   分离大气和未模拟形变  │
        └───────────┬─────────────┘
                    ▼
        ┌─────────────────────────┐
        │    APS估计和去除        │───┐
        └─────────────────────────┘   │
                                       ▼
                     ◇─────────────────────────◇
                     │  二阶PSC网络（PSC2）    │
                     ◇─────────────────────────◇
                                 ▼
                     ┌─────────────────────────┐
                     │ v，H估计+模糊数分辨率  │
                     └─────────────────────────┘
                                 ▼
                     ┌─────────────────────────┐
                     │   检测并清除闭合差      │
                     └─────────────────────────┘
                                 ▼
                     ◇─────────────────────────◇
                     │       二阶PS网络        │
                     ◇─────────────────────────◇
```

图 6.9 格罗宁根研究中 DePSI 估计程序的概况

6.1.3.2 一阶候选网络中的参数估计

根据式(3.11)和式(3.12)所述，初始网络中的参数估计以弧为单位进行。有几种形变参数化的方法可供选择：时间线性或时间周期性，整个观测周期或仅限于一个选定的时间窗口。后者模拟了位移时间序列的一个断点。例如，它可以用于模拟监测期间延迟的沉降起始时间。如果无法预知形变信号的先验信息，就冗余性而言，恒定的速度是最强大的模式。由于格罗宁根大部分地区都以（接近）恒定速率沉降（图 2.5），PS_i 和 PS_j 之间弧的方程组为

$$E\left\{\begin{bmatrix}\underline{\varphi}_{ij}^{k=1}\\ \vdots \\ \underline{\varphi}_{ij}^{k=K}\\ \underline{v}\\ \underline{H}\end{bmatrix}\right\} = \begin{bmatrix} -\dfrac{4\pi}{\lambda}T^k & -\dfrac{4\pi}{\lambda}\dfrac{B_i^{\perp}}{R_i^m \sin\theta_i^m} & -2\pi \\ 1 & 0 & 0 \\ 0 & 1 & 0 \end{bmatrix}\begin{bmatrix}v\\ H\\ a\end{bmatrix} \quad (6.2)$$

对应的方差矩阵为

$$D\left\{\begin{bmatrix}\underline{\varphi}_{ij}^{k}\\ \underline{v}\\ \underline{h}\end{bmatrix}\right\} = \begin{bmatrix}\boldsymbol{Q}_{\varphi} & 0 & 0\\ 0 & \sigma_v^2 & 0\\ 0 & 0 & \sigma_H^2\end{bmatrix} \quad (6.3)$$

式中：K 为干涉图的数量；v 为 PS_i 和 PS_j 之间的相对位移率；T^k 为干涉图像对 k 的时间基线；H 为 PS_i 和 PS_j 之间的地形高度差。

方差矩阵 Q_y 是由观测结果的方差—协方差矩阵和伪观测的方差矩阵组成的。伪观测的方差决定了模糊数分辨率的搜索空间。对于格罗宁根地区而言，位移率的标准偏差和每弧度的高度差分别设定为 20mm/年和 30m。

二重差分相位观测的方差矩阵 Q_ϕ 是大气信号及未建模形变引起的测量噪声和模型缺陷的叠加作用(Hanssen,2001; van Leijen et al,2006a)。由于所有的二重差分都互相关联,这是一个满矩阵。未建模形变的时间相干长度被设定为一年,这与移动平均窗的长度是相对应的,后者用于分离大气和未建模形变。方差—协方差矩阵并非众所周知的先验信息,并且由于式(6.3)中缺少冗余,因此该矩阵只能在模糊数求解后进行升级。

为减少计算时间,我们应用了整数自举技术来求解整数模糊数。成功率取决于先验随机模型。伪观测结果的方差一般设定得比较大,以此保证求得的解处于搜寻空间内。由于方程组没有冗余,方差分量估计无法改善先验随机模型。因此,客观评估成功率就变得不切实际。

6.1.3.3 解缠测试程序和冗余参数估计

我们执行空间解缠测试程序用以检测和去除显示出模糊数闭合差的弧(van Leijen et al,2006b)。一阶候选网络可看做水准测量型网络,其模糊数估计结果与观测一致。在格罗宁根研究中,只有时间相干性阈值为(式(3.7))0.6以上的弧模糊数才被选定为研究对象。由于"不明来源的"弧无法测试,因此它们并不可靠,故而被移除。测地学测试程序检测并清除了模糊数异常值后,我们认为可接受的模糊数估计结果是确定性的,并且进行了冗余参数估计。所有的二重差分相位观测现在都已相对于一个参照点进行了解缠。式(6.3)可以简化为下述冗余系统：

$$E\begin{bmatrix} \underline{\varphi}_{ij}^{k=1} \\ \vdots \\ \underline{\varphi}_{ij}^{k=K} \end{bmatrix} = \begin{bmatrix} -\dfrac{4\pi}{\lambda}T^k & -\dfrac{4\pi}{\lambda}\dfrac{B_i^\perp}{R_i^m \sin\theta_i^m} \end{bmatrix} \begin{bmatrix} v \\ H \end{bmatrix}; \quad D[\underline{\varphi}_{ij}^k] = Q_\varphi \quad (6.4)$$

式中：$\underline{\varphi}_{ij}^k$ 为解缠二重差分相位观测。每条弧的冗余等于($K-2$),并可以应用 VCE 来获取一个更实际的方差—协方差矩阵。对于单弧而言,无法把测量噪声与大气信号区分开。因此,根据式(6.4)只能估计出每条弧的一个方差系数,既代表测量噪声,也代表残余大气干扰。

6.1.3.4 分离大气信号和未建模形变

一阶网络的参数估计残余可分离成大气信号和未建模形变。这种分离基于这样的假设,即大气信号在时间上不相干,而未建模形变在时间上相干。首先,估计主图像的大气延迟量。每幅干涉图中都存在大气延迟量,并且大气延迟量等于时间残余均值。消除了主图像 APS 后,如 4.3.2 节中所述,相位残余则可分解为大气信号和未建模形变。

如果假设正确,相关区域的形变信号在整个时间区间中有恒定的位移率,则时间的高频变化与大气信号有关。然而,在实际情况中更保守,因为线性位移模型中的偏离不应该泄露到大气信号中。形变残余可包含有价值的信息,如沉沙效应,天然气开采开始后的沉降延迟,地下天然气储藏造成的隆起以及季节影响。因此,在格罗宁根地区的研究中,只有时间相干长度小于一年的残余才能归因于大气信号。

6.1.3.5 克里金法插入大气残余

利用克里金法,可在空间上插入与大气信号有关的残余。如 4.2.4 节中所述,要考虑的大气体系是覆盖了大范围变化的体系 I,体系 II 则覆盖了从分辨率水平到湍流层厚度的范围。对农村地区而言,我们必须考虑体系 II,其覆盖范围低于 2km,可能导致采样不足。在格罗宁根区域,初始网络中可接受的弧数从 2000 到 5000 不等,覆盖在一个大约 2500km² 的区域上。平均而言,弧密度为 1~2arc/km²,但实际上,城市地区的弧密度较之略高,而乡村地区略低。克里金程序无法重建采样不足的信号,因此,如果小范围的大气干扰将会被忽略。因此,PSI 参数估计的精度在乡村地区较低,见 6.3.1 节。

6.1.3.6 PS 密化:二阶网络

去除了一阶网络估计的大气相位贡献后,进一步密化要分析候选 PS 的相位历史,这些 PS 的归一化幅度离散较低。就一阶网络中可接受的三个最近的 PS 而言,每个候选 PS 都进行了参数估计,继而核实了这些估计结果的一致性。如果三个连接弧的估计中至少有两个估计结果一致,研究中的候选 PS 就是可接受的。

6.2 ERS 和 Envisat PSI 结果

PSI 估计被应用于六个重叠 ERS 路径和一个 Envisat 路径,这些路径覆盖了格罗宁根气田的沉降区(表 6.1)。在此讨论的 PSI 形变估计是从干涉测量程序和 PSI 估计中获取的,详情见 6.1.2 节和 6.1.3 节。

6.2.1 ERS 形变估计

彩图 6.10 针对格罗宁根沉降区上空的主升、降轨道给出了形变估计结果。根据二重差分相位观测,对 1992—2003 年间的 PS 速度进行了估计。PS 速度估计清楚地描绘了由于天然气开采造成的沉降区。尽管 PS 密度在乡村区域相对较低,PSI 技术能够估计地表运动的连贯模式。相对位移与该类沉降的预计速度相一致(-7~2mm/年)。为便于比较,把水准测量高度也转换成位移率。PSI 和水准测量的估计结果在直观上是一致的。第 7 章中将进行定量分析。

研究区域的平均 PS 密度约为 40PS/km²,但这些 PS 并非平均分布。从乡村地区到城市区域,PS 密度变化从 0~10PS/km² 到超过 100PS/km² 不等,见图 6.11。PS 分布与城市化区域一致。图 6.12 表明,乡村地区的 PS 目标与建

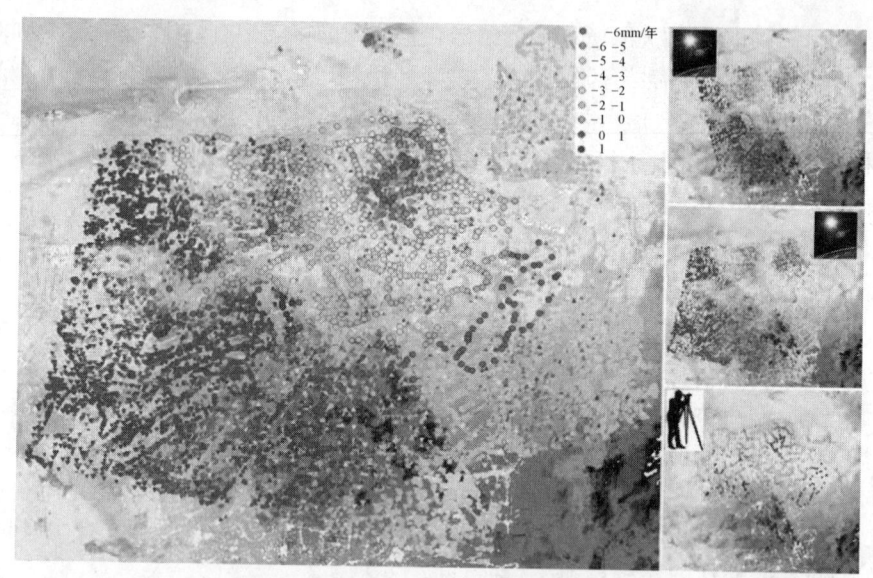

图 6.10 荷兰东北地区在 1992—2003 年间的永久散射体(三角形)和水准基点(圆形)位移率(mm/年)。PSI 位移率来自主轨道 380(降轨)以及 487(升轨)

筑和结构相吻合。这意味着没有人工地物存在时，PS 密度就会降到 0PS/km²。在格罗宁根沉降区，单卫星路径情况下约有 20%的区域会出现这种情况，见表 6.2。把多个路径结合起来，就可以提高 PS 密度，见 6.4 节。其他提高 PS 密度的方法还有监督 PS 选择(Humme,2007)，以及应用自适应形变模型(van Leijen and Hanssen,2007)。此外，使用具有更短波长和更高分辨率的新型传感器(如 TerraSAR - X)也可能会获得更高的 PS 密度。然而，乡村区域为主的地区中，相对于水准点密度(1~2/km²)而言，40 PS/km² 的平均 PS 密度已经很高了。由于这些水准点沿现有基础结构分布，水准测量技术同样没有覆盖单独的农田。

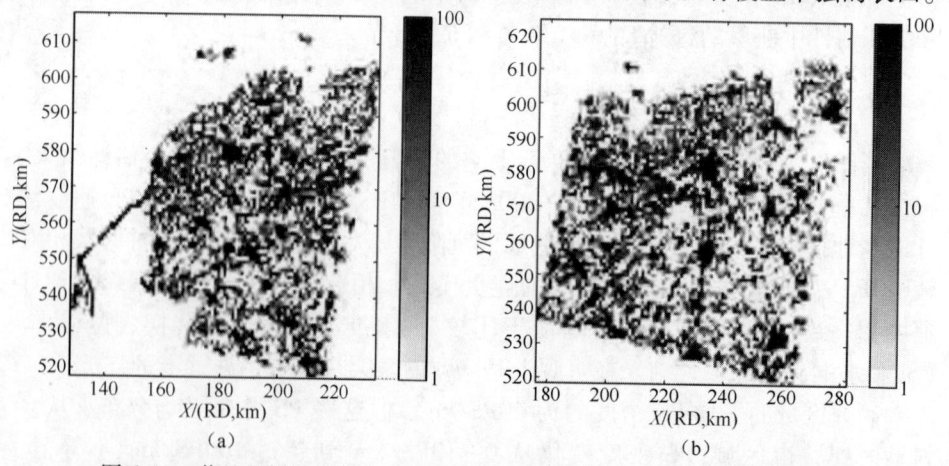

图 6.11 荷兰北部地区的典型 PS 密度分布:路径 151(a)及路径 380(b)。乡村地区的 PS 密度为 0~10 PS/km²，城市地区则大于 100 PS/km²

图 6.12　四条重叠路径中乡村地区的 PS 目标（升轨、降轨和邻轨）。
几乎每个建筑都可作为永久性散射体

表 6.2　分布着农田、农场和小村庄的格罗宁根沉降区域的 PS 密度

轨道（PS/km^2）	0	1~5	5~25	25~100	>100
380（ERS）/%	20	19	28	27	6
487（ERS）/%	18	13	32	29	9

彩图 6.13 描述了 InSAR 的时间采样。尽管形变被模拟成线性的恒定位移率（速度），位移估计能够描述目标的实际状态。将形变先验模拟成速度的方法只用于正确解缠 PS 相位观测，见图 3.11。实际解缠位移中仍可捕捉到位移变化。然而，使用自适应形变模型时，正确解缠的可能性达到最大（van Leijen and Hanssen，2007）。在此，高级形变模型根据备选假设进行验证。继而，最有可能的形变模型就选定了。在格罗宁根沉降区，自适应形变模型并非为必需的先验信息。通过对多 PS 位移时间序列进行残余分析，可以检测出恒定速度模型的偏离（Ketelaar et al.，2006）。在恒定速度模型中所有 PS 表现出相同偏离的区域，建议应用备择假设。Anjum 就是这样的区域（图 A.1），它的天然气生产始于 1997 年中期。彩图 6.13 中沉降率的变化与天然气开采的起始时间一致。由于 PSI 位移的时间采样很高，可以确定天然气开采起始时间和沉降起始时间之间的延迟在几个月到一年之间。这是 PSI 获取到的宝贵新信息，然而这对于时间采样率为 2~5 年的水准测量来说是不可能的。第 8 章中将会进一步探讨 PSI 监测储层状态的应用情况。

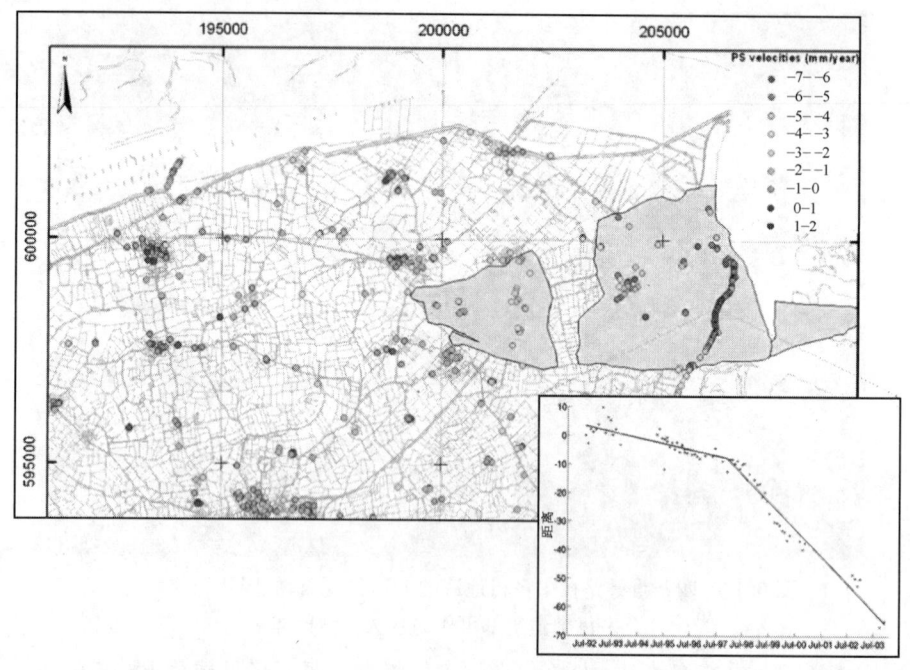

图 6.13 1997 年中期开始投入生产的 Anjum 气田(绿色);1992—2003 年期间的 PS 位移率;单个 PS 目标的位移时序和潜在的备选条件。该 PS 目标描述了由于天然气开采而造成的沉降开始时发生的趋势变化。因此,我们描述的平均位移率低估了由于天然气开采造成的实际沉降。1997 年之前的 PS 位移率可能是浅层压实的结果

不仅是 ERS 主路径的形变估计捕捉到了与天然气开采引起沉降区域相一致的形变信号。彩图 6.14 给出了 1992—2005 年间覆盖格罗宁根沉降区的所有六条路径的 PS 速度估计:主路径加上四条邻轨。它们都独立探测了受地面运动影响的区域。尽管每条路径都有不同的参照 PS,可以看出其相对位移率是一致的。路径之间闭合差的定量在多轨基准统一程序中进行,见 6.4 节。

6.2.2 Envisat 形变估计

如 6.1.1 节中所述,只有一条 Envisat 路径(380)以图像模式被充分监控到能够实施 PSI。第一幅图像的采集时间是 2003 年 12 月。仅相差半小时,又采集了一幅 ERS - 2 图像,其多普勒中心频率为 538Hz。这样就确保了整个研究区域卫星形变监测的连续性。与 ERS - 2 相反,Envisat 相位观测必须按空间趋势进行修正,详情见 6.3.2 节。

彩图 6.15 描述了 2003—2007 年期间路径 380 的 Envisat PS 速度估计。沉降区在图中清晰可见。相对于 1992—2003 年期间的 ERS 而言,相对速度处于同一量级:最高约为 7mm/年。ERS - 2 和 Envisat 位移估计可以在形变信号的联合估计中统一起来。图 6.16 显示了两个临近 PS 的位移时序,这两个 PS 被结

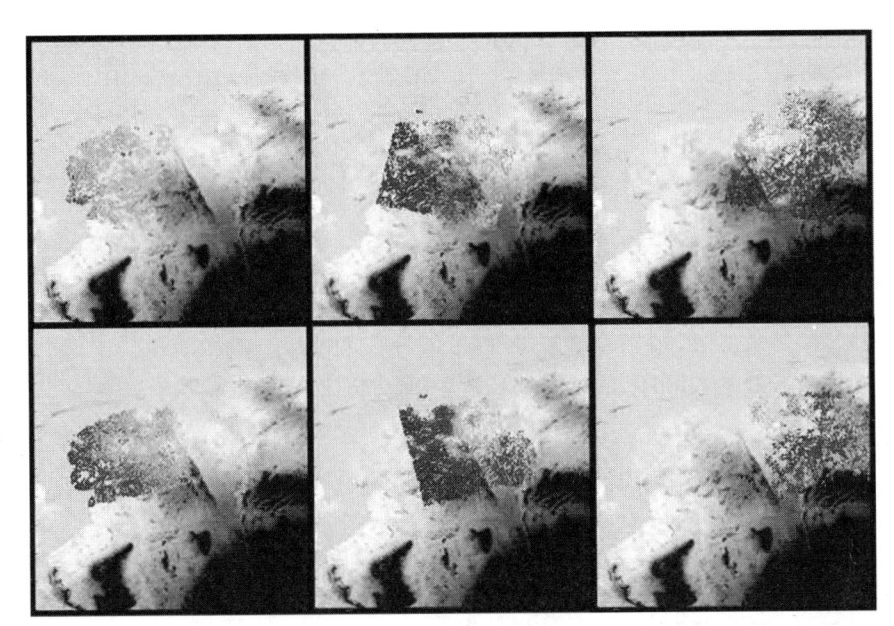

图 6.14 所有六条 ERS 路径的 PSI 速度估计（mm/年）。所有路径都描述了沉降区。尽管它们参照的 PS 不同，但相对速度的估计结果相似

合到位移率的估计中。除了在相关空间的参数内统一形变估计结果以外，还可能识别出由两个传感器监控的公共 PS 目标，我们建议在未来的研究中对此进行深入探讨。第 7 章中比较了 Envisat PS 位移和历史水准测量活动所预测的位移。

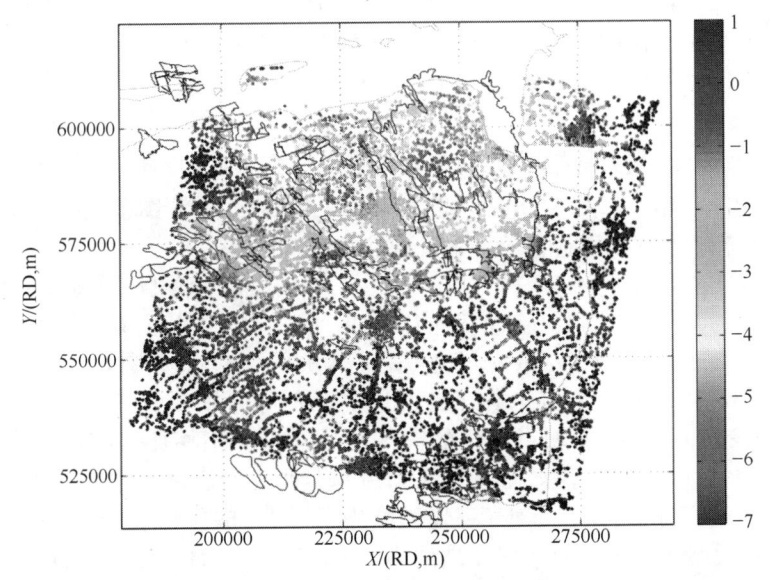

图 6.15 执行了去趋势和异常值清除后，2003—2007 年的 Envisat PS 速度估计（mm/年）。坐标属于荷兰 RD 系统。气田的轮廓标记为黑色，国界标记为灰色线条

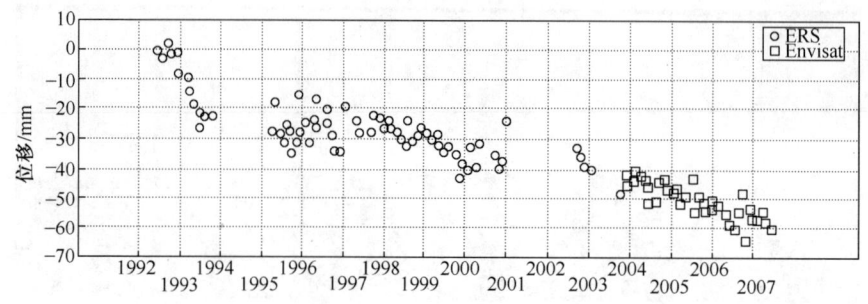

图 6.16 由 ERS(圆圈)和 Envisat(方形)位移估计组成的时序。位移估计结果在线性位移率的联合估计中被统一起来

6.3 质量控制

本节探讨了覆盖格罗宁根地区的路径的 PSI 估计精度。此外,本节还将研究 Envisat 相位观测中的空间趋势。本章中,PSI 形变估计的定量基于 C 波段任务 ERS-1、ERS-2 以及 Envisat 的结果。

6.3.1 PSI 估计的精度

PS 速度和相对地形高度的估计是按弧度进行。这些弧是用德洛内三角剖分法所构建的网络的一部分。解缠测试程序后(6.1.3 节),所有被拒弧的观测结果都被清除。解缠相位观测参照一个公共 PS,该 PS 是在四块区域的共同重叠区选择的。因此,在一条路径中,PS 高度和速度估计参照的是同一 PS。

彩图 6.17 给出了对具有最多和最少干涉图的路径进行方差分量估计后,速度和高度估计的标准偏差。速度估计的标准偏差随着与参照 PS 的距离远近而发生变化。最小的格罗宁根图像序列由 24 幅干涉图组成,标准偏差约为每 $\sqrt{\mathrm{km}}\,0.1\mathrm{mm}/$年;最大的格罗宁根图像序列由 74 幅干涉图组成,标准偏差约为每 $\sqrt{\mathrm{km}}\,0.04\mathrm{mm}/$年。彩图 6.18 给出的则是一个由 40 幅干涉图组成的图像序列中的 PS 速度标准偏差和地形高度标准偏差。

把标准偏差解译为绝对精度测量造成了一种扭曲的印象。距离参照 PS 较远的 PS 质量并不低。通过对临近 PS 的参数估计进行线性组合,并应用方差和协方差传播定律,可以发现相对精度与位置是不相关的。例如:彩图 6.19 给出了一个仿真 PS 网络的精度。在网络中,长度相同的弧之间的相对精度是相似的。

由于 PS 密度不同,城市地区的大气信号的采样率相比农村地区高。更重要的是,乡村地区的弧更长。在此,要研究这是否会造成系统的参数估计精确度降低。因此,我们计算了相对于一阶网络中最近 PS 的位移残余标准偏差,见彩图 6.20。大部分 PS 的位移精度大约为 3mm(1-sigma)。正如所预计的,城市地区比乡村地区的参数估计精度高(分别为小于或等于 3mm 和 3~7mm)。然而,尽管精度较低,乡村地区仍然被相干速度估计所覆盖。

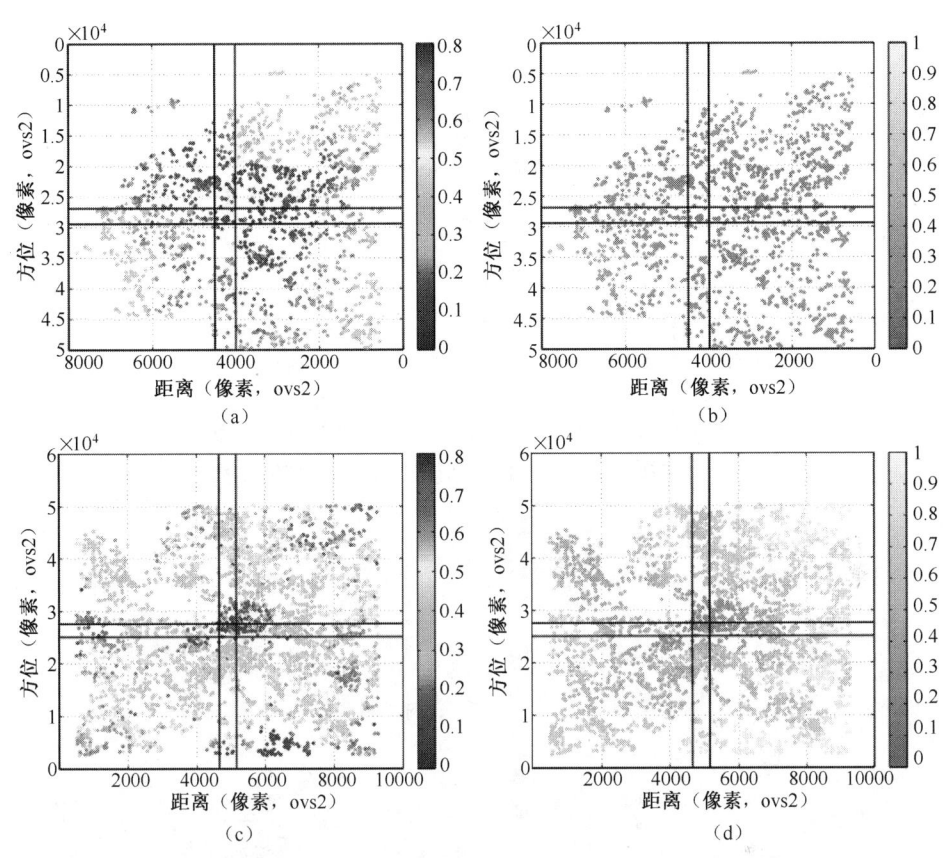

图 6.17　上排图:路径 151 的 PSI 估计精度(74 幅干涉图):PS 速度的标准偏差(a)和地形高度的标准偏差(b)。下排图:路径 215 的 PSI 估计精度(24 幅干涉图):PS 速度的标准偏差(c)以及地形高度的标准偏差(d)。参照 PS 位于两条路径的图像景中心。黑色线条表示四块区域的重叠

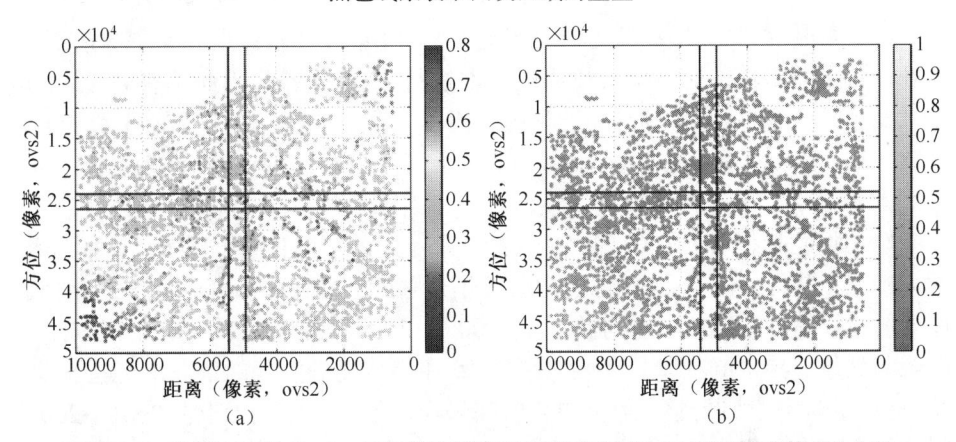

图 6.18　路径 380 的 Envisat PSI 估计精度(40 幅干涉图):PS 速度的准偏差(a)和地形高度的标准偏差(b)。参照 PS 位于图像景中心。黑色线条表示四块区域的重叠

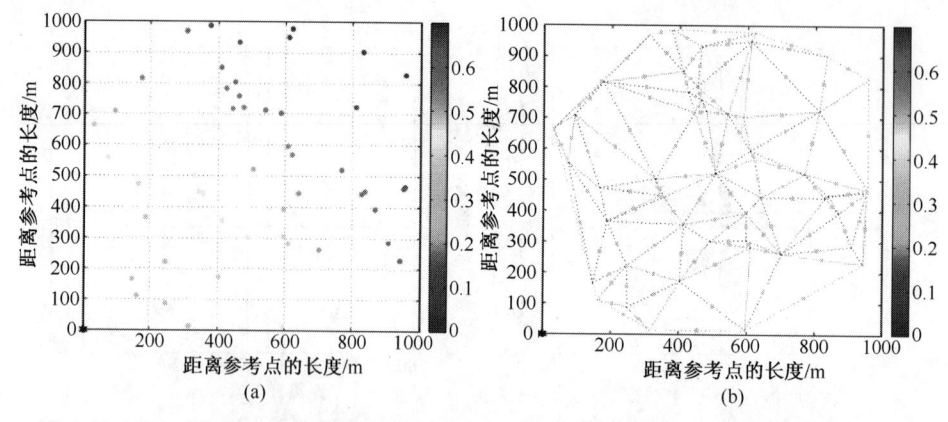

图 6.19 PSI 速度估计的精度仿真(mm/年)。如果只考虑方差,精度似乎会降低得更加偏离参照 PS(a)。然而,附近 PS 的相对精度是相似的,与位置并无关联(b)

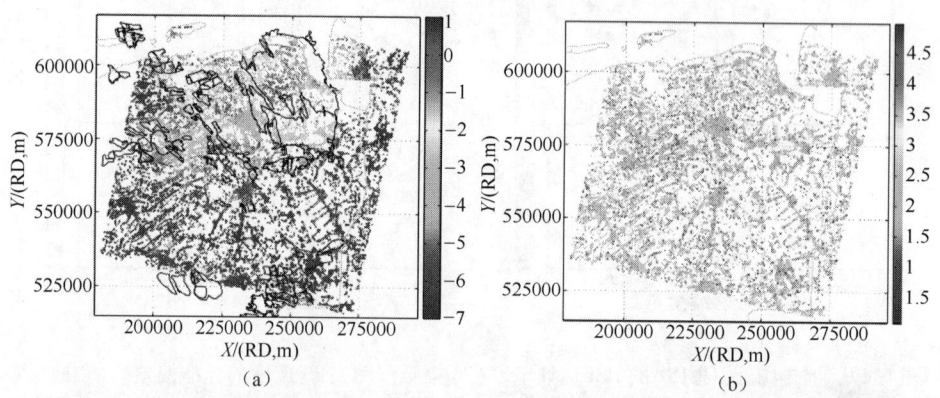

图 6.20 Envisat 路径 380 的 PSI 速度估计(a)以及相对于一阶网络中最近 PS 的标准 PS 位移偏差(b)。相对位移精度与参照 PS 的选择无关,但随着 PS 之间距离的递增加而下降(在乡村地区)。城市区域的位移标准偏差小于或等于 3mm;乡村地区为 3~7mm

除了位移误差精度以外,还研究了潜在模型误差(如解缠误差)的影响。由于在四块重叠区域中对每条路径都独立地进行了 PSI 估计,因此重叠区域可用于进行可靠性检验。重叠部分的速度差、高度差和位移估计差应该在其精度限度内。图 6.21 给出的是最大图像序列(路径 151,74 幅干涉图)和最小图像序列(路径 215,24 幅干涉图)的调查结果。

PSI 速度估计在四块区域重叠区(图 6.21)中的标准偏差与图 6.17 中描述的标准偏差相等。图 6.22 更深入地分析了位移的标准偏差。可以看出,小图像序列的位移估计精度比大序列低。在 2000 年以后只被路径 151 覆盖的时期里,能观测到位移异常值。2000 年后,路径 215 在多普勒偏差低的情况下无法采集图像,见图 6.5。结果,整个监测时期时间采样都很高。路径 151 在 2001—2005 年期间有五次采集。这一时期的低时间采样降低了模糊数求解的成功率。单个时间点中的模糊数被拒时,单个弧的所有观测结果都要被清除,这就导致一阶网

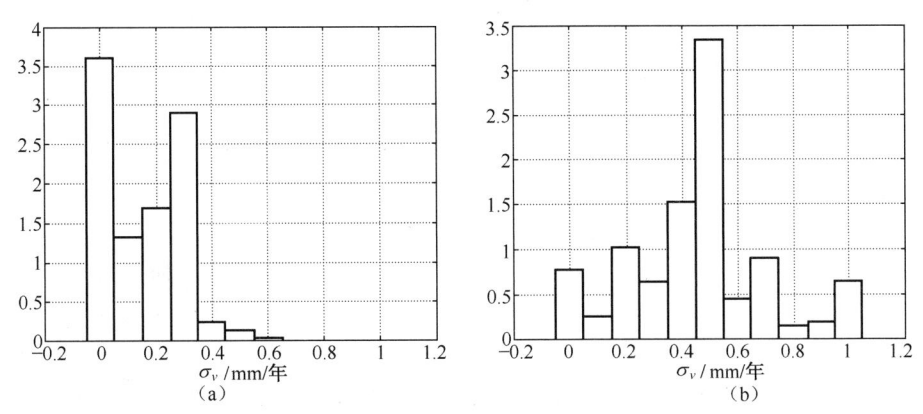

图 6.21 1992—2005 年期间,路径 151 在四块区域的重叠区中 PS 速度估计的
标准偏差柱状图(a),以及路径 215 在 1993—2000 年期间的状况(b)

络中的 PS 密度较低。结果,APS 估计也可能受到影响。尽管路径 151 比路径 215 的采集任务多很多,在 2000 年后位移率精度可能由于采集次数稀疏而略微降低。一个方案是清除 2000 年后获取的所有图像,但同时这一时期获取的稀疏图像可能包含非常有价值的信息,这些信息对于沉降监测的连续性大有裨益。因此,格罗宁根地区的 PSI 估计仍然包含了这些采集。

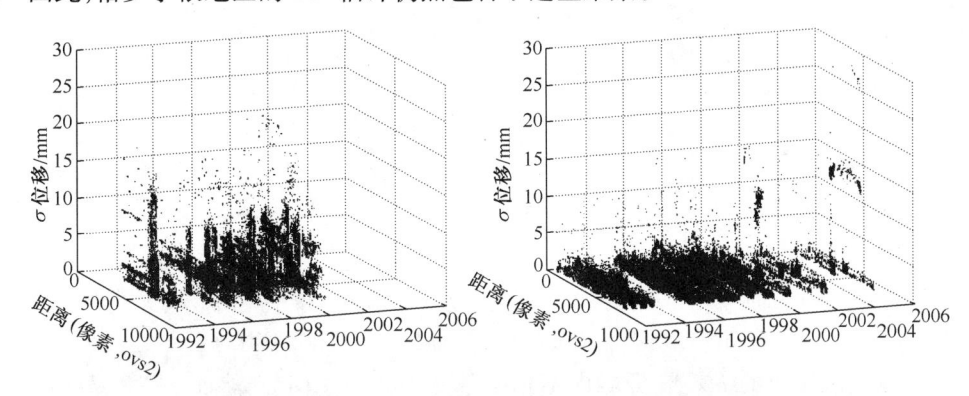

图 6.22 路径 215(24 幅干涉图)和路径 151(74 幅干涉图)的位移估计精度(mm)。路径 215 的位移估计精度平均而言相对较低。并且我们从图中可以看出,2000 年以后获取的图像(路径 151)显示出了较大的位移残余

6.3.2 未建模残余分量

4.2 节中探讨了函数模型缺陷的影响:亚像素位置的影响和旁瓣观测。本节同时还调研了 PSI 参数估计的轨道不精确性。结果表明,轨道不精确性可以造成 PS 速度估计从近距离到远距离形成一个空间趋势。径向和交轨方向的速度差可以分别达到大约 1mm/年和 0.5mm/年。

本节中进一步研究了未建模残余分量,鉴于 100km 距离内,Envisat PSI 速度

估计值约为 15mm/年的情况下似乎呈现了一个空间趋势,而该趋势不可能是由 4.2 节中探讨的任何模型误差引起的,因此现在需要进一步研究该空间趋势的来源。

6.3.2.1 EnvisatPSI 估计

Envisat 下降主轨道的 PSI 处理运行的方式与 ERS 相似。主图像景被划分为四块重叠的区域,每块区域的覆盖面积为 50km×50km。用伪标定,基于标准化幅度离散对候选 PS 进行了探测。继而形成了一个一阶网络,随后再用序贯归整法对模糊数分辨率进行解缠和参数估计。APS 估计去除后,PS 网络被进一步致密化成二阶网络。

四块区域的研究结果证明,Envisat 能够探测局部沉降的相干模式,但一个假趋势似乎叠加在 PS 速度估计之上,见彩图 6.23。该趋势在 100km 的距离上大概为 15mm/年。但该趋势没有出现在 ERS 估计结果中,因此它不可能代表真实的形变信号。Envisat 速度估计的空间趋势表现出与距离和方位向成函数关系。彩图 6.23 显示的是趋势消除后的 PS 速度估计。修正后,沉降区清晰可辨,速率与 ERS 估计一致。由于格罗宁根地区沉降碗的沉降率最大为-7mm/年,系统性空间趋势的潜在诱因还需进一步确认。

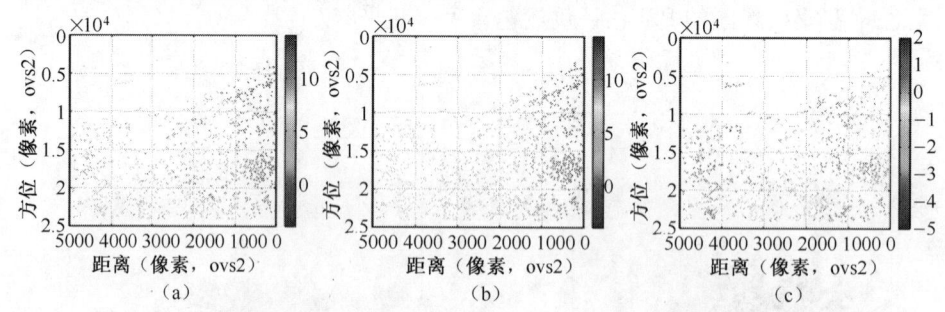

图 6.23 以 mm/年为单位的初始 PS 速度估计(a);随距离和方位坐标发生变化的估计空间趋势(b);去除了估计空间趋势的 PS 速度估计(c)

参数估计的系统效应可能由不精确的 APS 估计引起。然而,一阶网络和 APS 中的 PS 残余是相一致的。更重要的是,大气估计的多重迭代降低了残余(从几毫米到亚毫米水平),但对于速度估计几乎没有影响(小于 0.1mm/年)。因此,我们断定,Envisat PSI 估计上叠加的趋势不是由一个或多个 APS 的不精确估计引起的。并且,速度估计并没有因为未建模形变时间相关长度不一而受到巨大影响。因此,我们得出结论,一阶网络中的每弧度速度估计应在 APS 估计和未建模形变分离之前就已呈现空间趋势。由于 PS 速度与时间有关,这就意味着系统趋势有一个时间分量。空间趋势很有可能展现出时间上的系统变化。另一个选择是在相位观测中展现一幅或几幅具有空间趋势的干涉图。然而,图 6.24 表明,这样的"异常"干涉图对速度估计的影响比空间趋势在时间上的系统变化小。

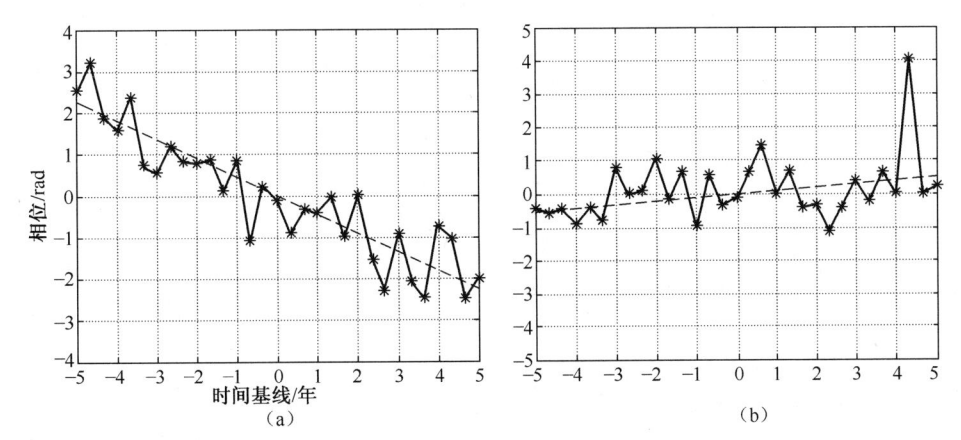

图 6.24 两个 PS 之间的仿真相位观测。这些相位观测应该代表雷达坐标系相似位置上每两个 PS 的组合。如果相位观测表现出时间上的系统性变化(a),PS 速度估计就会受到影响,并且如果空间趋势出现在表现异常的一幅干涉图中(b),其趋势程度就会减弱

为了追踪 Envisat 速度估计中空间趋势的起源,检查了 Envisat 干涉测量的相位观测。彩图 6.25 给出了两幅干涉图(四等分图像景)。时间基线为 35 天,并且空间趋势可见。由于时间去相干,初看大部分干涉图似乎都呈现出去相干,但是这些干涉图包含了大量的候选 PS。只要对引起趋势的条纹频率采样充分,候选 PS 的相位观测可以用于估计每个干涉图像对中的空间趋势。换言之,最小 PS 距离应小于空间条纹频率的 1/2。由于 Envisat 空间趋势相对较小(在四等分图像景中最大为 1~2 条纹),这种情况同样成立。因此,相位观测可以轻易解缠。解缠后,空间趋势可按与雷达坐标成函数关系的平面或多项式进行估计。继而,该趋势可以从初始相位观测中去除,见彩图 6.26。

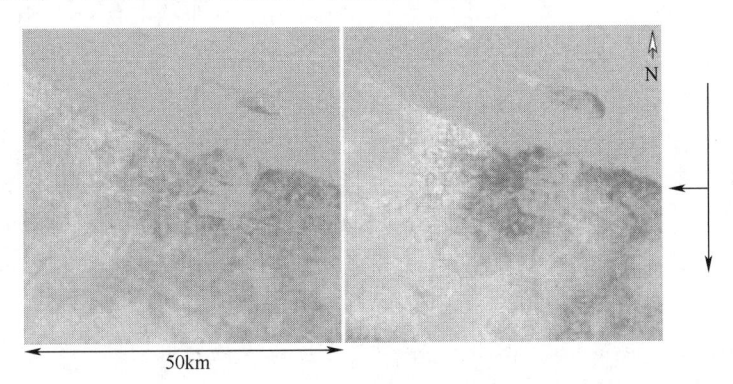

图 6.25 时间基线为 35 天(四等分图像景)的 Envisat 干涉图中的空间趋势

函数模型并未在 PSI 估计程序开始前消除空间趋势,它可以按照描述空间趋势的附加未知参数进行展开。然而,PSI 参数估计利用非冗余的方程组在相邻 PS 之间按弧进行。附加的未知参数需要附加的伪观测。并且,在大空间距

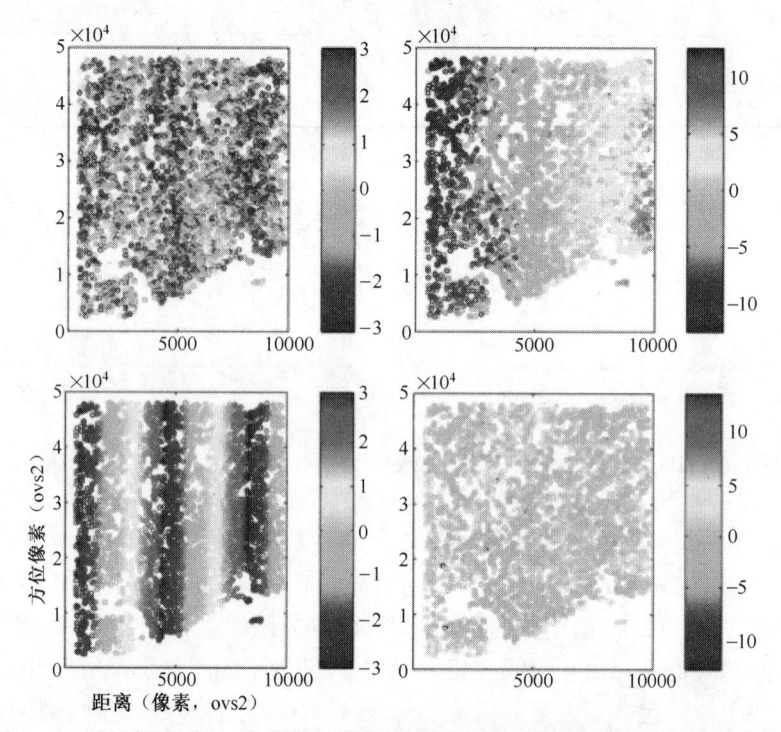

112 第 6 章 格罗宁根地区的 PSI 沉降监测

图 6.26 基于候选 PS 相位观测(以弧度为单位)的一幅干涉图进行的趋势估计。初始缠绕相位观测(a)和解缠相位观测(b)。按缠绕相位观测估计的空间趋势(c)以及按空间趋势修正的相位观测(d)

离上使用观测时,趋势参数估计更精确。因此,消除空间趋势目前是在实际实施 PSI 估计程序前的一个独立步骤。

由于消除空间趋势在 PSI 估计之前进行,用于空间趋势估计的相位观测包括由于形变、地形、大气和噪声造成的影响。为了在空间趋势估计中最小化地形相位的影响,使用了一个外部 DEM 对其进行消减。应用测试程序可以使大气和形变信号的影响最小化,该进程在空间趋势估计中减除了空间上相关联的异常值。图像景覆盖的大部分区域都未受到形变影响时,这种做法是可行的。由于这种情况也适用于格罗宁根地区,因此在该地区的研究中采用了这种策略。在空间趋势估计中减除形变信号的另一个选择是使用时间基线最短的干涉图像对。

总而言之,Envisat 的 PSI 程序与 ERS 程序在下述方面有所不同:
- 使用外部 DEM 消除了地形信号;
- 在实际 PSI 估计程序前,估计并去除基于候选 PS 相位观测的空间趋势(距离和方位向)。

彩图 6.26 显示出该程序的执行结果。修正相位观测后,PS 速度估计的空间趋势消失了,并且沉降率与 ERS 中计算出的结果相近,见彩图 6.15。彩

图6.18中描述了PS速度和高度估计的精度。

实验结果显示,Envisat相位观测中的空间趋势可以估计并消除,目前的问题是什么现象引起了空间趋势。因此,我们研究了空间趋势在时间上的发展变化。图6.27根据解缠相位观测计算给出了100km的距离上距离向和方位向的距离差。这些距离差可以解译为沿视线方向的形变。根据图6.27可知,距离向的空间趋势展示出了系统的时间变化。

Envisat相位观测中呈现的空间趋势在物理上的成因可分为两组:
(1) 轨道不精确;
(2) 系统参数误差(如时间误差和距离采样率)。

本节将探讨这两组成因。

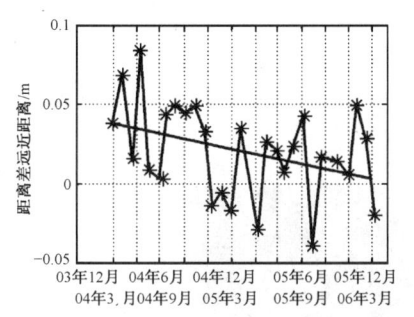

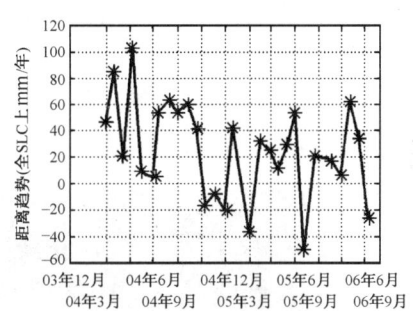

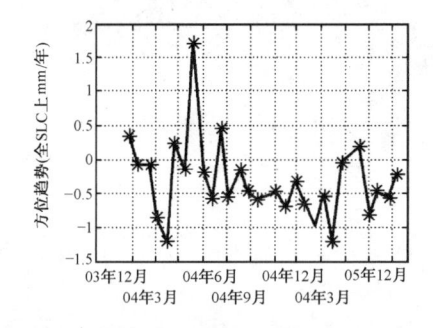

图6.27 在100km内解缠候选PS相位观测的趋势估计(a)全部误差;(b)距离向的误差;(c)方位向的误差。距离向的误差显示出时间的系统化发展

6.3.2.2 轨道

轨道精度取决于跟踪系统的精度、参照站点坐标的精度以及重力模型。Envisat精确轨道(Doornbos and Scharroo,2004)用卫星激光测距(SLR)和DORIS系统(多普勒无线电定轨定位系统(DORIS,2008))共同决定。DORIS是一个微波跟踪系统,通过测量从地面站向卫星发射的无线电信号的多普勒频移来确定卫星轨道。轨道精度通过测高计交叉验证。测高计交叉的平均差值小于5cm,该差值也限定了交轨和顺轨的卫星定位。

在PSI程序中,只要轨道误差空间相关,而在时间上不相关,我们就将其从

APS 估计中清除。然而,图 6.27 中显而易见,研究中的现象有一个时间上相关的分量。估计的 PS 速度在 100km 的距离上偏离约 15mm/年。图 6.28 显示出由径向和跨轨误差引起的远近距离之间平行基线的变化。三年内空间趋势约为 45mm。如果径向误差保持在 5cm 的限度内,就意味着交轨误差必须达到约 30cm 才能引起 45mm 长的平行基线的时间差。这一情况不可能出现,因为 Envisat 的径向轨道误差估计为 3cm RMS(Doornbos and Scharroo,2004),这就限定了 Envisat 的跨轨和顺轨位置。更重要的是,无法从图 6.27 中找出空间趋势在时间上的变化与轨道机动力矩之间的关联。

此外,我们还研究了决定轨道精度的另一个重力模型的影响。2003 年 12 月到 2006 年 10 月期间,我们使用了基于 EIGEN - GRACE01S 的轨道和 EIGEN - CG03C 重力模型共同计算了 Envisat 轨道。径向分量的方差低于 1~2cm。然而,交轨分量显示出三年内 4cm 左右的系统偏差,见彩图 6.29。这与三年内 4mm 左右的距离差是相一致的。因此,重力模型的差值解释了彩图 6.29 中 PS 速度估计 1~2mm/年的差异。

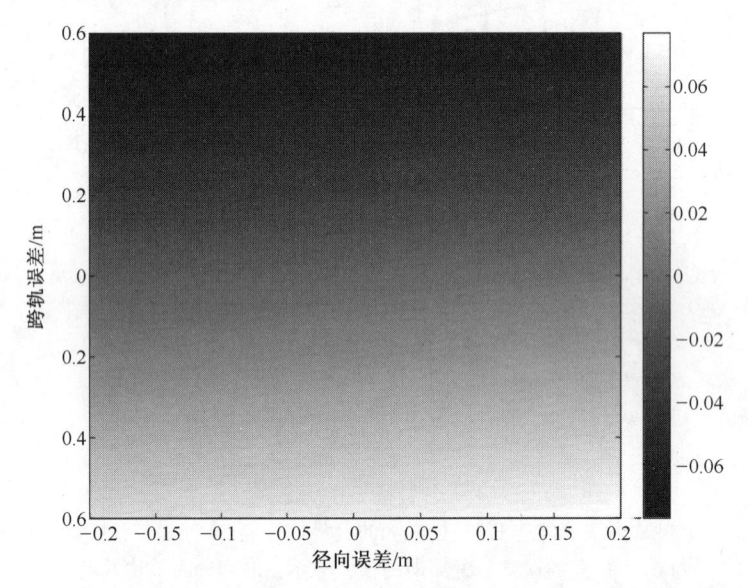

图 6.28 径向和交轨误差引起的远近距离之间平行基线的差异(m)。这些轨道误差必须解译为叠加在基线上的轨道误差矢量的径向和交轨分量

可以断定,使用不同重力模型时,交轨误差的特征与图 6.27 中描述的 Envisat 相位观测中空间趋势的时间发展是一致的。然而,由于径向精度值为 3cm RMS,解释 Envisat 观测中的空间趋势所需的交轨误差数量级是不可能实现的。

6.3.2.3 系统参数

为了解释空间趋势,还研究了 Envisat 系统参数中的误差。本节探讨了时间

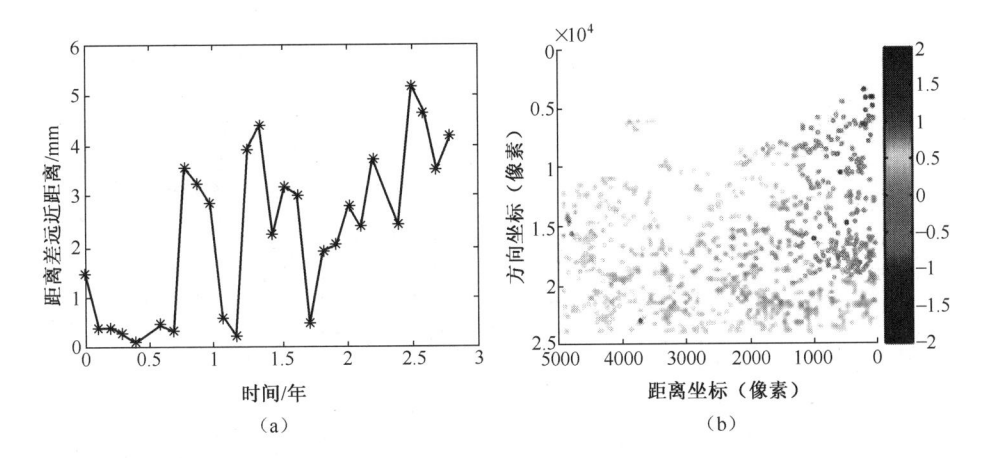

图 6.29　从近距离到远距离的交轨距离差(a)以及 PS 速度估计差(b),计算结果通过 EIGEN-GRACE01S 和 EIGEN-CG03C 轨道获取。这说明 PS 速度差(1~2mm/年)与交叉路径轨道差所引起的距离差(约 1.2mm/年)处于同一水平

误差和距离采样率(RSR)中一种误差的影响。

可通过配准多项式和精确轨道对第一个像素的距离时间和方位时间进行微调。主辅图像的雷达坐标系方格中,最佳距离和方位时间是通过最小化椭球上地理定位的闭合差来确定的(格罗宁根地区的地形高度差小于 30m)。结果表明,两次采集具有相对较大的时间误差。这些时间误差在参照相位中引起了的系统效应。彩图 6.30 描述了由时间误差造成的远近距离之间的距离差。时间误差可以在远近距离之间引发一两个条纹。从图 6.31 中可知,时间误差的异常特征(图 6.24)会对 PS 速度估计造成影响。然而,这些特征不足以在远、近距离之间 PS 速度为 15mm/年的条件下产生系统的趋势。

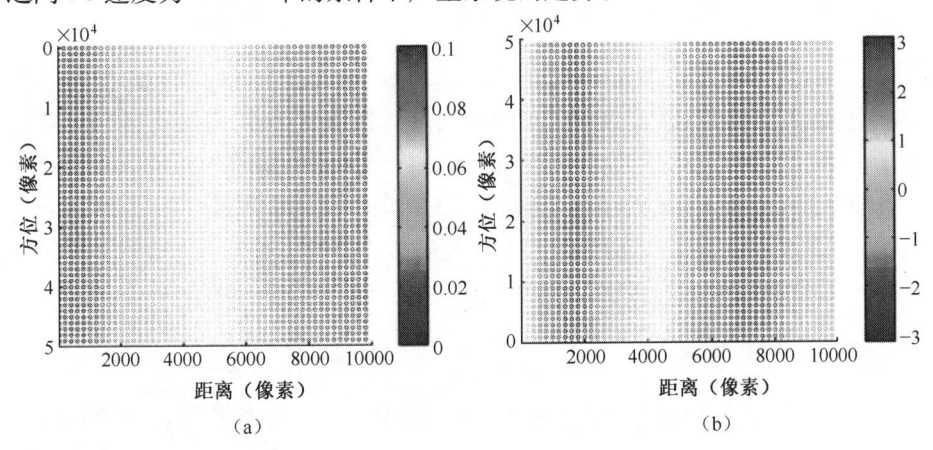

图 6.30　干涉图范围内的时间误差效应
(a)平行基线误差(m);(b)参照相位误差(缠绕,以 rad 为单位)。

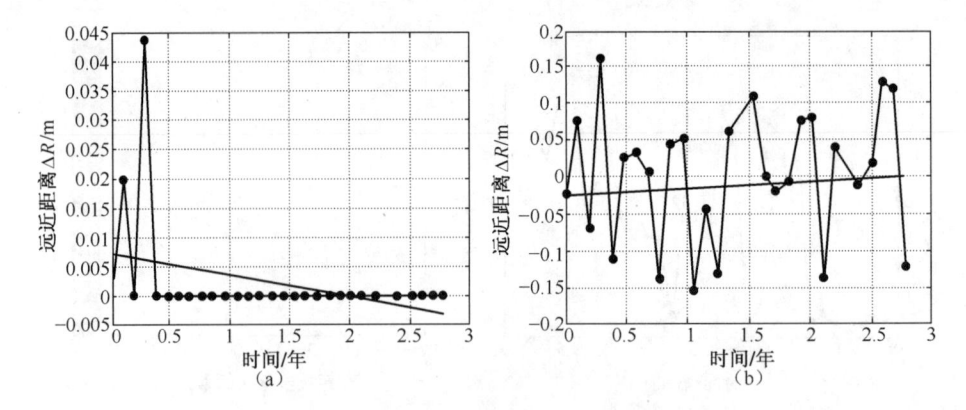

图 6.31 （a）远近距离之间距离差的 Envisat 时间误差的效应。这意味着时间误差可以引起 PS 速度的系统效应，但其量级还不足以引起可观测到的空间趋势。
（b）距离采样率（RSR）中 -0.2MHz 误差的效应

并且，我们还研究了距离采样率（RSR）中恒定误差的影响。不同 RSR 的效应引起了距离的随机变化，见图 6.31。因此，RSR 误差需要达到一定高度才能引起 PS 速度中的可观测趋势：约为 0.2MHz。

总而言之，我们还无法准确确定 Envisat 相位观测中空间趋势的成因。空间趋势与轨道不精确性引起的误差很相似。然而，PS 速度中空间趋势的量级（从近距离到远距离约为 15mm/年）无法用精度范围内的轨道误差来解释（（Doornbos and Scharroo，2004））。时间误差太小，而 RSR 必须进行大幅更改才能在 PS 速度估计中获取到可观测的空间趋势。并且，改变系统参数也不会引起图 6.27 中描述的时间趋势。

6.4 多轨分析

6.3 节中评估了格罗宁根地区 PSI 速度和高度估计的精度。由于等式的 PSI 系统没有冗余，且模糊数分辨率的成功率无法确保为 1（见 4.2 节），第 5 章建议应用多轨基准统一进行可靠性评估。由于 6 条独立重叠的 ERS 路径在同一时期观测格罗宁根沉降地区，所以引入了冗余。除了可靠性评估以外，多轨基准程序还能以统一的雷达基准整合 PSI 参数估计结果。本节展示了覆盖格罗宁根地区的 ERS 路径进行多轨基准统一的结果。

6.4.1 基准统一

进行 6 条重叠 ERS 路径的基准统一时，选择了速度估计精度最高的 PS。为便于选择，覆盖地区被分割成一些 500m 的网格单元。继而，利用空间数据探测程序来清除异常值。这一程序减少了基准统一参数的计算时间。这并非意味着

PS 被永久地从数据集中移除了。根据这一减少了的 PS 数据集估计出来的基准转换可应用于原始 PSI 结果。

转换至主路径(路径 487)定义的公共雷达基准后,基准统一程序可用于进行 PSI 估计,见 5.2 节。为了估计速度和位移,评估了转换和距离、方位向趋势的备选条件。之所以需要囊括距离和方位相关转换参数,是因为存在可能的未建模残余大气或轨道误差以及在广大空间范围内广泛传播,但却未被探测到的解缠误差。

基准统一在主路径参照系统中产生了一个可靠的 PSI 估计数据集,覆盖了荷兰整个北部地区以及德国的小部分地区,见彩图 6.32。所有因为气田开采造成的沉降区都可以区分出来。由于应用了标准的平差和测试技术,可以推断出用于估计形变参数的质量测量。由于冗余量大,转换参数的精度很高:转换精度为 0.1~0.2mm/年;在 100km 的距离上,距离向和方位向的趋势参数精度为 0.1~0.3mm/年,见表 6.3。在基准统一后,PS 簇中约 70%的速度都具有低于 1mm/年的标准偏差(彩图 6.33),并且在空间上是稳定的。

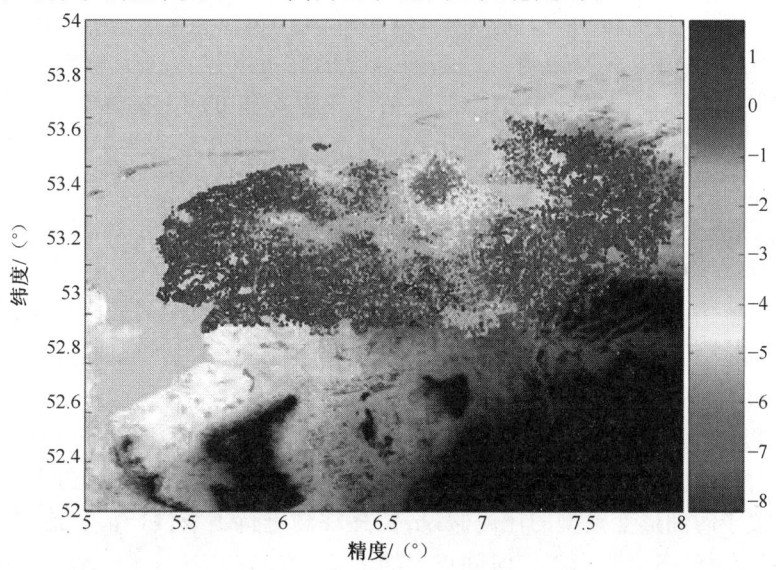

图 6.32 荷兰整个北部地区和德国部分地区在基准统一后的 ERS PS 速度(mm/年)。时期:1993—2000 年

表 6.3 PS 速度转换参数精度:一个转换(t_0)加上方位和距离相关因数(t_ξ, t_η)。主路径为轨道 487

参数	σ_{t_0}(mm/年)	σ_{t_ξ}(mm/(年·100km))	σ_{t_η}(mm/(年·100km))
$v^{258,487}$	0.09	0.21	0.17
$v^{215,487}$	0.20	0.25	0.22
$v^{151,487}$	0.10	0.24	0.20
$v^{380,487}$	0.08	0.12	0.14
$v^{108,487}$	0.11	0.18	0.17

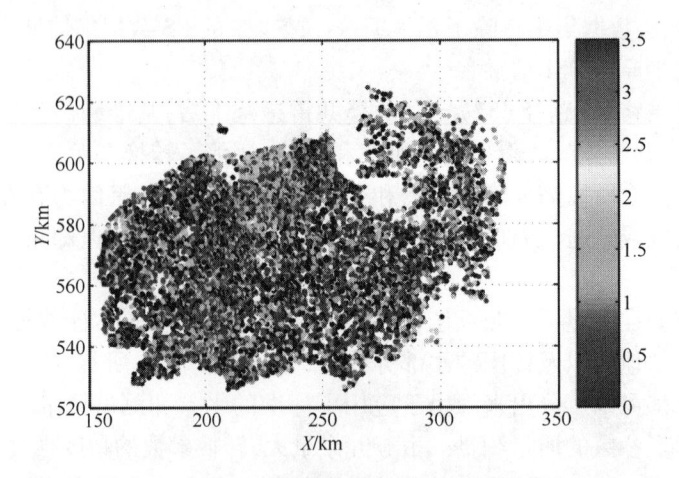

图 6.33　基准统一后，每个多轨 PS 簇中 PS 速度的标准偏差（mm/年）。基准统一后，一个 PS 簇中大约 70% 的速度都具备低于 1mm/年的标准偏差

基准统一后，主路径参照系中的 PSI 结果是相互一致的。然而，由于未建模残余效应的作用，主路径自身的参照系仍然可以包含一个小的系统分量。在完整 SLC 距离上（100km），五个趋势估计在距离和方向上的标准偏差分别为 2mm/年和 1mm/年。因此可以断定，在基准统一后，PSI 结果中会呈现出在 100km 的距离上若干毫米/年的趋势。理论上说，无法确定该趋势是真实形变信号引起，或因 PSI 估计中的未建模残余分量引起。由于后者可能性最大，只要误差界限可以明确，数据统一后就可以整体修正获取的形变估计。

基准统一不仅增加了相关形变信号的空间采样，而且时间采样也急剧增高。一个 PS 最多可通过 4 个轨道进行观测，这些轨道在 35 天的重复间隔上分布，彼此之间相隔 7~12 天。

与 PS 速度验证相似，PS 位移在一个公共雷达基准中得到统一，包括在参照路径中对残余分量的修正。一个复杂的因素在于每条路径的采集时间不同。为了避免关于时间形变模型的任何假设，位移观测进行了线性插值。这就产生了一系列位移场，各自具有相应时间点上的形变参数。

图 6.34 显示的是四个重叠轨道观测到附近 PS（相互距离小于 500m）簇的位移。多轨位移整合提高了精度和可靠性。经证实，所有四条路径的沉降率在 1996 年后都增加了。

除了形变估计（速度、位移）以外，地形高度也被整合在基准统一中。由于反射类型不同（来自屋顶的直接反射，或参照地平面的二次反射），人工地物种类不同，附近目标的高度也不一定相互关联。因此，我们只选择了分辨单元距离内的 PS。同时我们还实施了异常值检测，清除了分辨单元距离内参照不同高度水平的目标。高度变换参数的精度见表 6.4。

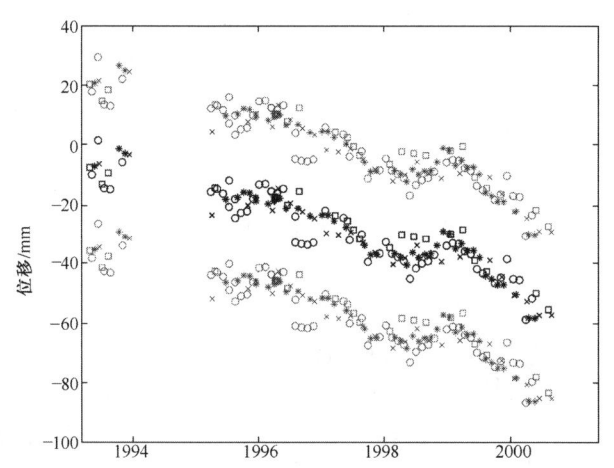

图 6.34 从四条路径观测附近 PS 在基准统一后的位移时序。
灰色标记描绘的是位移模糊性

图 6.35 显示了基准统一后的 PS 高度以及从 SRTM 获取的地形高度。尽管 PS 高是椭球高度，而 SRTM 高度是竖直高度，相对 PS 高度和相对 SRTM 高度肉眼看来是一致的。二者的平均差别低于 5m。这是由 SRTM 高度精度、PS 高度精度以及大地水准面和椭球上高度的空间差异共同造成的。进一步而言，高度差可能由旁瓣观测和 PS 结果中距离亚像素的不精确性引起，见 4.2 节。

表 6.4 基准统一程序中 PS 高度估计的变换参数精度

参数	σ_{t0}/m
$\Delta h^{258,487}$	0.64
$\Delta h^{215,487}$	0.86
$\Delta h^{151,487}$	0.71
$\Delta h^{380,487}$	0.58
$\Delta h^{108,487}$	0.73

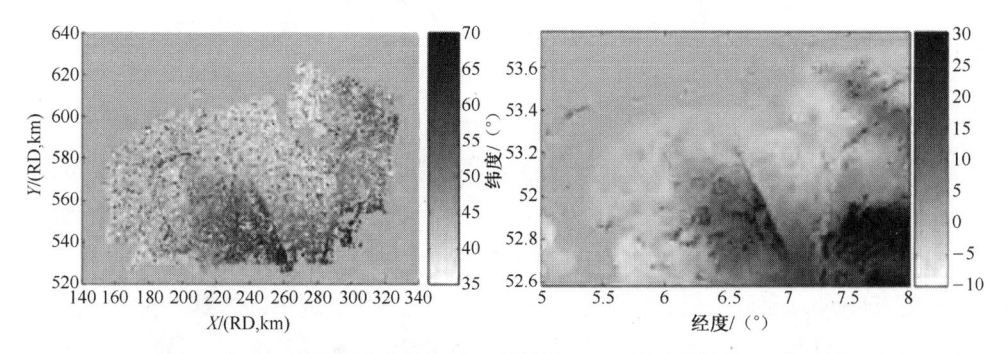

图 6.35 PS 高度（椭球形，WGS84）以及 SRTM 高度（竖直，NAVD88）

6.4.2 位移矢量分解

基准统一后 PS 簇的形变估计可以被进一步分解为水平位移和垂直位移。每个 PS 簇包括最少两个，最多四个来自不同观测几何的 PS（升轨、降轨和邻近)。包含两个 PS 的簇可以沿特定观测方向解为垂直分量和水平分量。包含两个以上 PS 的簇从理论上而言可以分解为垂直分量、东分量和北分量。但是,鉴于采集几何方位,北分量的精度比东分量的精度低(Wright et al.,2004)。

在格罗宁根地区的研究中,应用了沉降信号的四树分解来增加冗余。每个四树网格单元内的 PS 形变估计被分解为沿上升视线的一个垂直分量和一个水平分量(Hanssen,2001)。彩图 6.36 显示出,格罗宁根地区主要沉降碗形凹陷的局部水平位移是以 2~3mm/年的速度向碗形陷落中心移动的。这种局部效应在一些较小的沉降凹陷同样可见。尽管水平分量的可靠性还需进一步研究,但量级和方向基本上和理论预计值一致(Geertsma,1973b)。在将格罗宁根气田描述为直径 30km、深 3km 的一个圆盘形储层简图上,对 Geertsma 的分析模型(1973b)进行了评估,求得了 1993—2003 年期间泊松率、储层厚度和致密系数的平均值,见表 6.5。

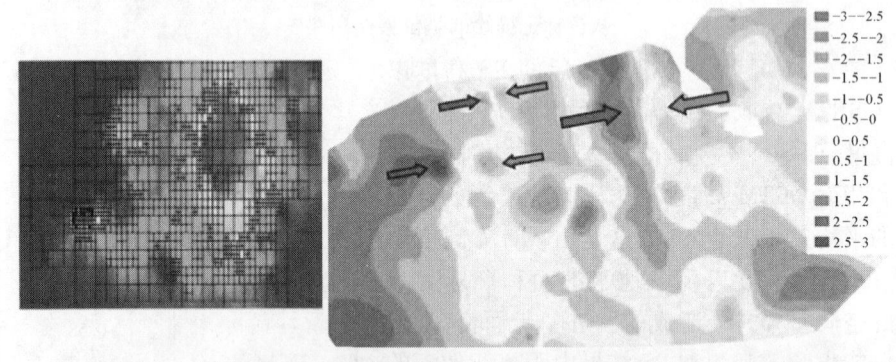

图 6.36 沿上升视线方向的四树分解以及内插水平 PS 速度(mm/年)

表 6.5 1993—2003 年期间格罗宁根储层的近似参数

压实系数/bar^{-1}	c_m	0.72×10^{-5}	储层厚度/m	H	150~220
泊松比	ν	0.25	10 年间的压力下降/bar	ΔP	36

图 6.37 显示出,在 10 年期内最大的水平位移预计约为 3cm,这与水平 PS 速度为 2~3mm/年的量级是一致的。Ketelaar 等的合著进一步详述了空间沉降分量的地理背景及其使用 PSI 进行的估计。

对于 Envisat 而言,只有一条路径的 PSI 估计是可以利用的。这条路径覆盖的时间区间与 ERS PSI 估计并不重合,因此不能执行多轨基准统一程序。这并不意味着 Envisat 估计由于天然气开采造成沉降的结果不可靠。格罗宁根地区沉降凹陷(分布范围为 30km)的空间采样引用了冗余。Envisat PSI 估计的空间密度将在与沿整个沉降凹陷分布轮廓的水准位移对比中进行验证,见 7.2 节。

六条 ERS 路径的多轨基准统一表明,多条独立路径的速度和形变估计可以整合。多轨速度估计的标准偏差小于 1mm/年。6.3 节和 6.4 节中将 PSI 作为一种测量技术的精度和可靠性进行了定量分析。现在,6.5 节将根据 PSI 估计,重点关注油气生产引发的沉降预测。我们将深入探究 PS 的物理特征和形变信号时空状态的先验知识,以便了解 PSI 监测油气生产引发沉降的理想化精度。

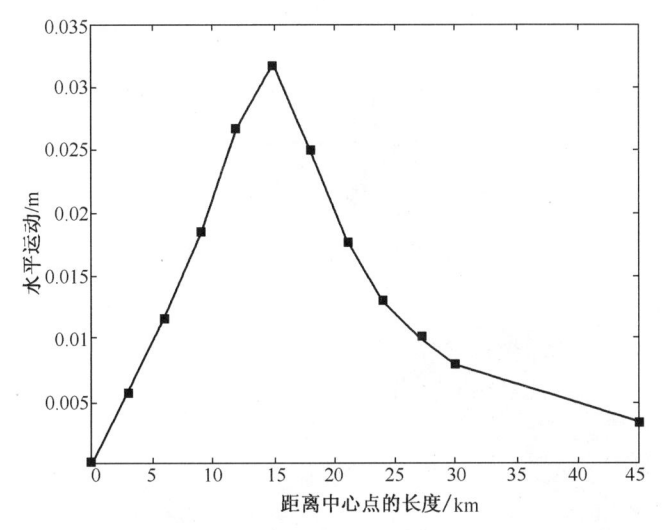

图 6.37 格罗宁根沉降凹陷在 1993—2003 年的预计水平位移。该图显示出最大水平位移为 3mm/年

6.5 形变监测的理想化精度

由于油气生产造成的沉降可能受到其他形变体系污染(浅层压实,结构不稳定性),PSI 形变估计需要进一步的解译分析,见 4.5.1 节。本节首先介绍了各种类型的荷兰形变体系。继而,本节调研了 PS 特征的应用以及油气生产引发沉降的时空状态,以评估形变监测的理想化精度。

6.5.1 识别形变体系

综合考虑浅层地下软土和油气开采引起的低沉降率,我们需要对荷兰的各形变体系进行研究。Brand(2002)解析了荷兰的若干形变过程,以此解释水准基准点的运动。水准基准点可分为基础稳固的地下基准点和安装在地基类型不一的现有建筑物上的基准点,具备多种地基类型的基准。地下基准点建立在十分稳定的更新世砂层(彩图 6.38)上。荷兰本土有约 500 个地下基准点,30000 个安装在建筑物上的基准点。由于地质活动,地下基准表现出最大为 0.1mm/年的微运动(出处同上)。彩图 6.39 描述了荷兰北部地区地下浅层的地理结构。地下浅层由砂、黏土和泥炭层组成。

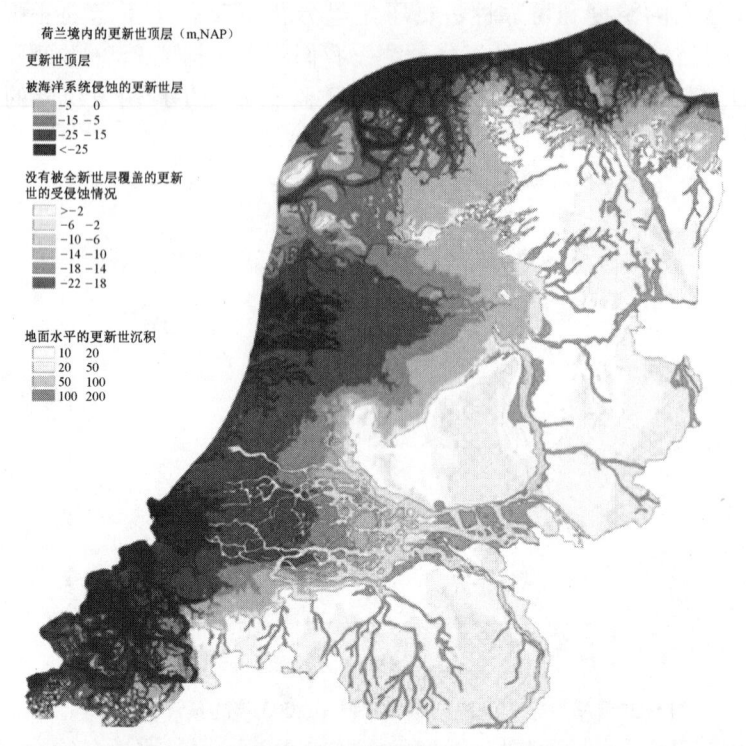

图 6.38　荷兰的更新世层(DINO,2008)。该图描绘了荷兰垂直基准中的更新世层顶部

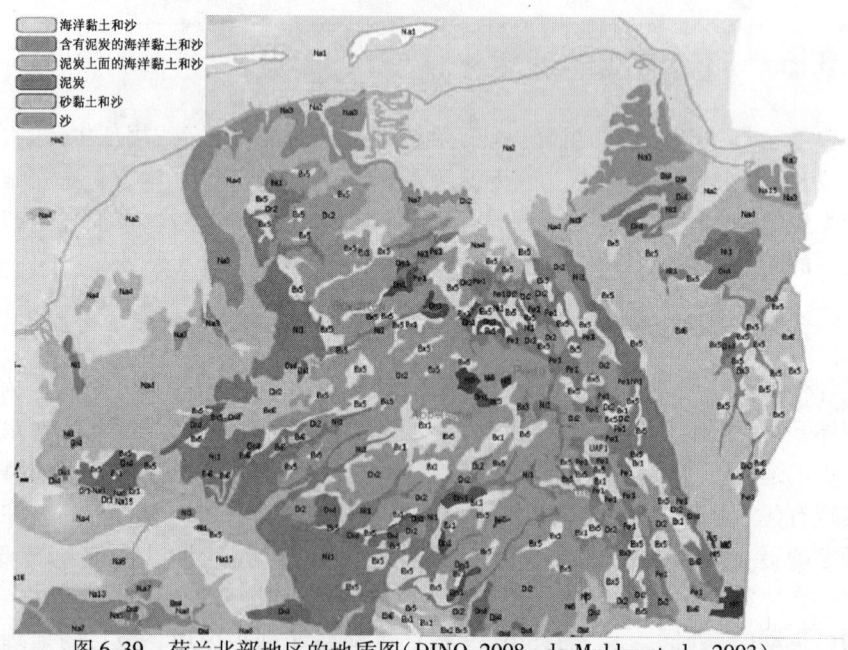

图 6.39　荷兰北部地区的地质图(DINO,2008; de Mulder et al.,2003)。地下层由砂、黏土层和泥炭层构成

6.5.1.1 地基沉陷

地基沉陷主要取决于地基以及地下层类型。引起沉陷的可能原因：
(1) 结构或建筑的重量；
(2) 负堆叠摩擦力（由沉降地下层引起的附加下行力）；
(3) 地基下的泥炭氧化；
(4) 堆叠腐化。

砂层上的地基沉降规模很小并且在短时间内发生。黏土或泥炭上的地基产生的沉降量级更大，历时更长。沉降速率在时间上呈对数下降。可能发生泥炭氧化的地区需要我们格外关注。

图 6.40 描绘了荷兰建筑地基的类型。并非所有的建筑都建立在稳定的更新世层上。弗里斯兰和格罗宁根地区一般都是 op staal 式地基：即建立在全新世黏土层的浅层地基。另一种地基类型为 op kleef，即一系列固定在浅地下层的柱形地基，这些柱杆把建筑物牢牢地连接在浅地下层的稳定部分。建筑物沉降通过安装在建筑物上的水准测量基准点定期监测。在格罗宁根地区，大部分基准点都表现出小于 1mm/年的相对位移率（NAM,1991；Hoefnagels,1995）。图 6.41 用柱形图描绘了格罗宁根地区在进行天然气开采前的基准点位移率（NAM,1991）。尽管大部分基准点位移率都小于 1mm/年，但必须注意，图中标识的区域全部基准点都表现出略大于位移率的地区，如 Delfzijl 附近区域（格罗宁根沉降凹陷的中东部地区）。Cheung et al.（2000）观测到弗里斯兰泥炭层上覆黏土层的地区最大位移率约为-2.5mm/年。

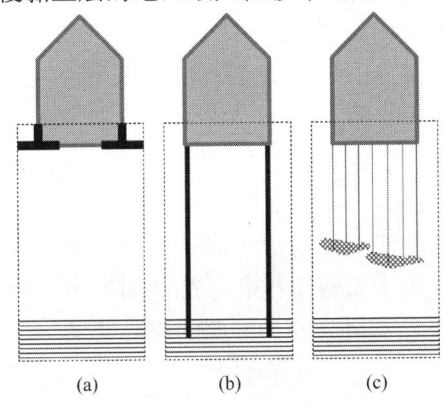

图 6.40 荷兰的地基类型 (a) op staal （浅层地基）；(b) 以安装在稳定更新世层上的柱杆为地基；(c) op kleef （固定在地下浅层稳定部分上的柱杆）

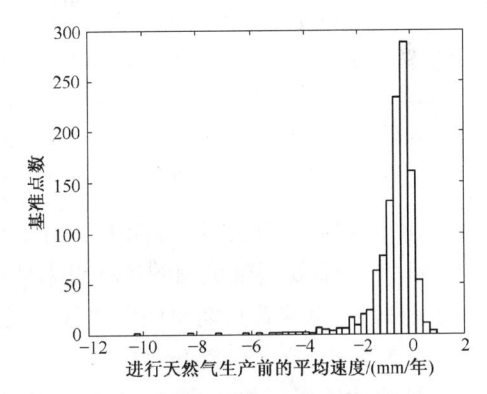

图 6.41 天然气开采前格罗宁根地区估计的基准点位移率。相对位移率大都在 1mm/年以内

6.5.1.2 地下浅层运动

地下水位降低或泥炭氧化使地层承重增大，从而引发浅层压实。致密程度取决于土壤类型：黏土和泥炭层比砂层更容易受到影响。更进一步而言，致密程度还

取决于地层深度:更深的地层已经被压紧致密,额外压力增加将会减轻致密效应。

Delft角反射器实验中演示了地下水位变化,见4.4节。五个角反射器从2003年3月开始进行定期水准测量。角反射器安装在地下浅层为40~50cm深处。角反射器高度的精度为0.5~1mm,会随季节发生1~2cm的幅度变化。地下水管道于2005年8月安装在四个角反射器附近。每次卫星过境,水准测量活动都会同时测量地下水高度(图6.42)。图6.43表明,地下水位的季节性动态和角反射器高度的季节变化相符。更进一步而言,可以推断出,地下水位变化的幅度比角反射器高度变化的幅度高10倍。如果地下水位上升,土壤就会膨胀,角反射器则向上移动。如果地下水位在夏天下降,则孔隙水压下降。这使得有效应力增大,从而造成土壤致密。

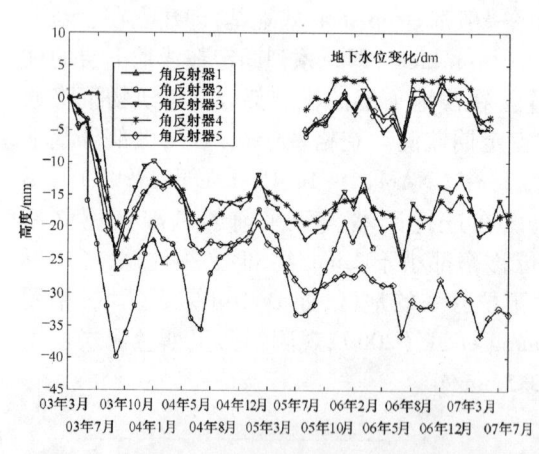

图6.42 2003年3月以来的角反射器高度(mm),以及2005年8月以来的地下水位高度(dm)。角反射器高度显示出1~2cm的季节性幅度变化。角反射器高度与地下水位变化趋势一致

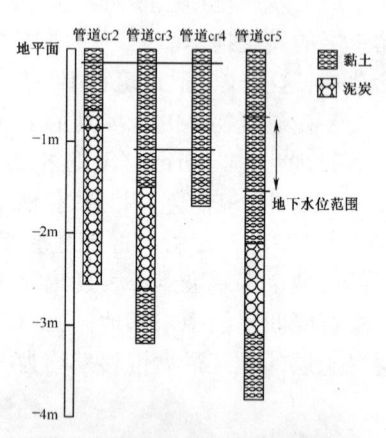

图6.43 角反射器2、3、4、5位置上每个地下水管道周围的土壤类型(黏土、泥炭)和地下水位变化

由于浅层压实的量级可能大于由于天然气开采造成沉降的量级(cm/年对比mm/年),需要基础稳固的基准点来估计由于天然气开采造成的沉降。就PSI技术而言,这意味着只能使用以地基稳固的结构和建筑为参照的观测结果。

6.5.1.3 地壳均衡和大地构造学

地壳均衡指的是软流层(上部地幔的软性部分)上岩石圈的平衡状态。维持或恢复平衡的运动幅度很小,但能影响整个岩石圈。它们可能是由大型冰冠融化而引起的。从最后一个冰期至今,斯堪的纳维亚半岛还在向上移动,而荷兰还在向下移动。

大地构造学与岩石圈的内部形变息息相关,是地球内部动力作用的结果。沿断层的板块运动可能会引起地表移动。由地壳均衡和大地构造学引起的地球表面运动预计最大值为0.1mm/年(Brand,2002)。

6.5.1.4 采矿

除了天然气和石油开采以外,荷兰还有若干盐矿区。直到 20 世纪 70 年代,荷兰南部的林堡省还有煤矿开采作业。

2.1.4 节中已经解释了油气生产引起的地面水平沉降。6.5.2 节将详细论述格罗宁根地区的浅层地下位移,这些位移叠覆在深层地下位移之上。

6.5.2 格罗宁根地区的地下浅层位移和地下深层位移

获取格罗宁根地区浅层和深层地下位移信息的方法有两种:浅层和深层观测井,以及基准点稳定性分析。本节对这两种方法都进行了阐述。

6.5.2.1 浅层和深层观测井

在格罗宁根天然气开采区,人们用实地压实测量把地下浅层位移与天然气开采造成的沉降区别开来。储层压实可以在 7 个井中进行测量(最初为 11 个),并且人们建立了 14 个测量井来测量浅层压实(de Loos,1973;NAM,2005)。这些致密测量验证了人们对覆盖层沉降和状态的预测。

深层观测井测量由天然气开采引起的压实。深层压实的测量目标为一些被射击到地层中以规则距离排布的放射性弹头(NAM,2005),其相对位移定期用伽马射线探测器进行测量。

浅层压实通过安装在一个浅层压实井中的电缆进行测量,见图 6.44。电缆敷设测量电缆的运动,且电缆通过一个固定在测量井底部的锚重和一个位于地表的配重保持恒定的张力。电缆运动可以以亚毫米精度进行测量,代表着测量井底部与地表之间的地层形变。基于格罗宁根基准点历史数据的自然致密率处于 0.5~8mm/年的范围内(de Loos,1973)。最大的致密发生在全新纪的泥炭和

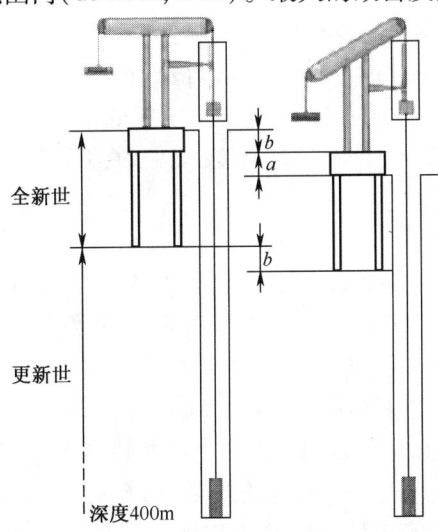

图 6.44 浅层观测井。电缆运动代表浅层地下移动(de Loos,1973;NAM,2005)

黏土层上部50m处。在浅层压实时序中,潮汐影响也清晰可见(出处同上)。由海潮引起的最大波动量级约为0.25mm。

6.5.2.2 基准点稳定性分析

要使用二阶基准点(浅层地基的基准)评估天然气开采造成的沉降,还需了解其他可能引起基准点运动的原因(地下层自然运动,地基不稳定性以及建筑物沉降)。

Schoustra(2006)基于统计地质学和物理特性,在格罗宁根地区进行了基准点稳定性分析。基于统计地质学的基准稳定性分析利用了基准点位移的空间相关性。该分析假设,由浅层压实造成的基准点位移表现出更低、甚至为零的空间相关性。该假设不仅应用了SuRe方法论(2.3.4节),还使用了荷兰垂直参考系(NAP)中利用基准点高度的克里金交叉验证(4.5.3节)。用这种方法,选择了覆盖整个格罗宁根沉降区域的878个稳定基准点(共2080个)。

6.5.3 PS特征

有两种方案可以提高估计天然气开采造成沉降的PSI理想化精度:
(1)基于物理特性和反射类型的PS选择(见4.5.2节);
(2)在天然气开采造成沉降的时空状态上使用先验知识(见4.5.3节)。

本节阐述了格罗宁根研究中探索PS特征的方法论:PS高度、因观测几何角度而发生变化的反射率,以及极化测量观测。

我们认为,来自基础稳固建筑的直接反射是提供观测进行地下深层位移估计的最佳目标。本节中,我们试图把这些PS与源自二次反射的PS分离开来,二次反射以大地水准为参照。然后,便可对这些PS的形变估计进行分析。由于叠加在深层质量位移上的所有形变体系还能产生额外的沉降分量,所以我们预计仅代表深层质量位移的PS将表现出最低位移率。因此,仅代表深层地下位移的一系列PS应该会使我们得到一种向更低量级的位移率转变的速度估计。本节中,我们试图定量测量这种转变,以便对估计油气生产引发沉降所使用的不同PS类型做出陈述。

6.5.3.1 PS高度

根据相对于地水准面的高度,我们可以将代表建筑物的直接和间接反射的PS区分开来(Perissin,2006)。在荷兰北部地区,我们选择了两个案例研究区:格罗宁根城和瓦登海水域附近散布着农场的乡村地区,见图A.1。由于旁瓣观测的高度估计不正确,将其清除,见4.2.2节。图6.45显示了旁瓣移除前和移除后的PS高度柱状图。该图表明,排除了这些错误PS目标后,PS高度的分布范围减小很多。进一步而言,显而易见的是,旁瓣移除前,高度柱状图的峰值大约位于-10m处。假设高度柱状图峰值与地面水平一致(出处同上),这就意味着参照PS位于地面水平以上+10m处。旁瓣移除后的高度柱状图发生了改变;

地水准面现在对应的高度为 0m。

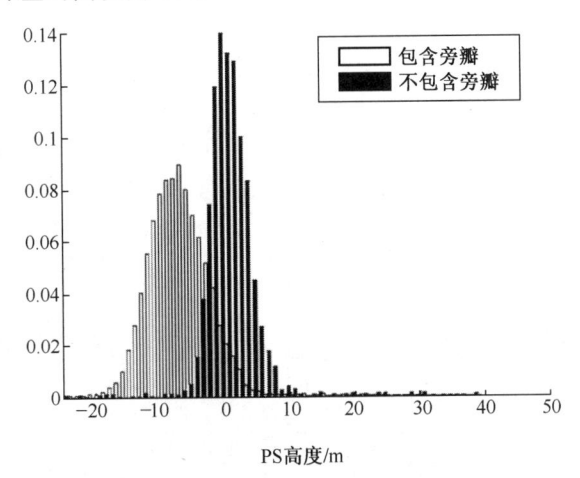

图 6.45 按照参照 PS 高度(黑)进行修正的旁瓣去除前(白)和去除后的 PS 高度。
由于旁瓣包含不正确的高度估计,旁瓣去除后 PS 高度分布变小

如果相关区域是平整的,相对于地水准面的 PS 高度可以根据高度柱状图进行确定。然而,即使是在荷兰北部地区,如果要把来自参照建筑物顶部的反射与来自地面水平的反射区分开,则即使是量级只有几米的地面水平高度变化也不容忽视。因此,考虑了以下三种用于确定地面水平以上高度的方案:

(1) 局部 PS 高度柱形图;
(2) SRTM 高度;
(3) 激光测高法高度。

如果是平坦的小型区域(高度差低于 1m),第一种方法则可行。针对小型区域生成的高度柱形图见图 6.45。所有这些区域中,柱状图的峰值都应代表大地水准面。继而便可确定地面水平以上的 PS 高度了。

第二种方案考虑的是每 3 角秒采样一次的 SRTM 高度。Rodriguez et al. (2005)对 SRTM 数据进行了精确性评估。欧洲的高度误差在 6~8m。要区分荷兰普通建筑物高度产生的反射和地面水平反射,这个结果还不够精确。更重要的是,由于 SRTM 高度来自雷达干涉测量,它们未必代表地面水准。

最后一个选择充分利用了荷兰的实际高度模型(AHN,2008)。在 1996—2003 年期间,研究者采集了覆盖整个荷兰的机载激光测高数据。在每 $16km^2$ 1 个点的密度条件下,高度精确度为 10cm(出处同上)。AHN 结果可在初始位置的过滤点高度上被进一步划分,并在不同的标记点位置(5m,25m,100m)插入点高。过滤后的点高参照地面水准,大于 1 平方千米的城市化区域除外(出处同上)。这意味着存在最多 PS 的区域中,AHN 点高并非处于地面水平。彩图 6.46 中分散分布的白点表明,乡村区域的建筑被成功地筛选出来,然而在格罗

宁根城区，AHN 高度构成了一个关于城市的数字高程模型，见彩图 6.47。图 6.48 描述了乡村地区和格罗宁根城区的 AHN 高度柱状图。

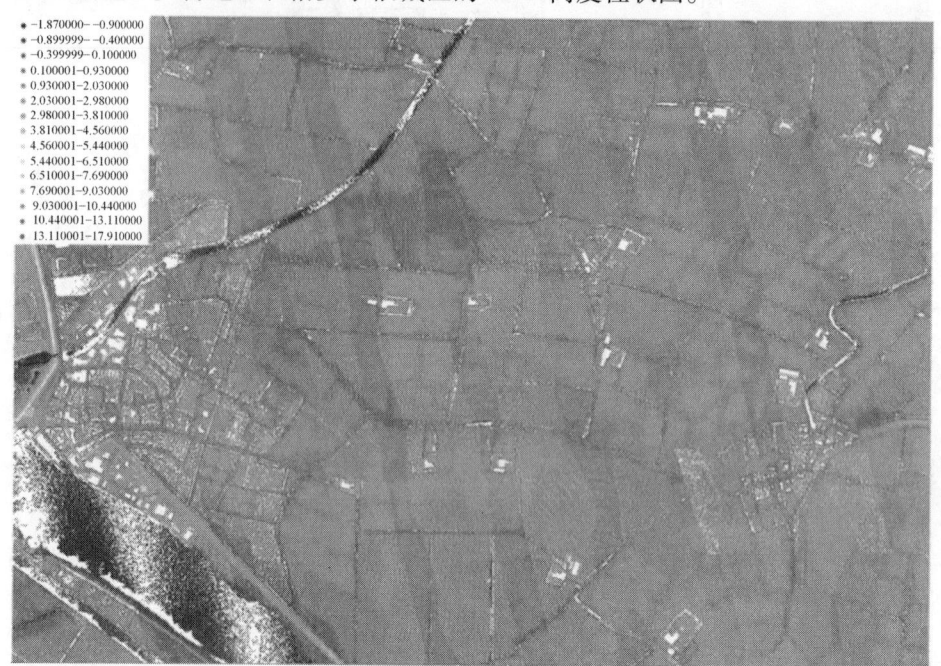

图 6.46　乡村地区的 AHN 高度(m)。这个数据产品的目标是代表地面水平的高度，因此高位目标(如建筑物)被去除(白点)

图 6.47　格罗宁根城的 AHN 高度(m)

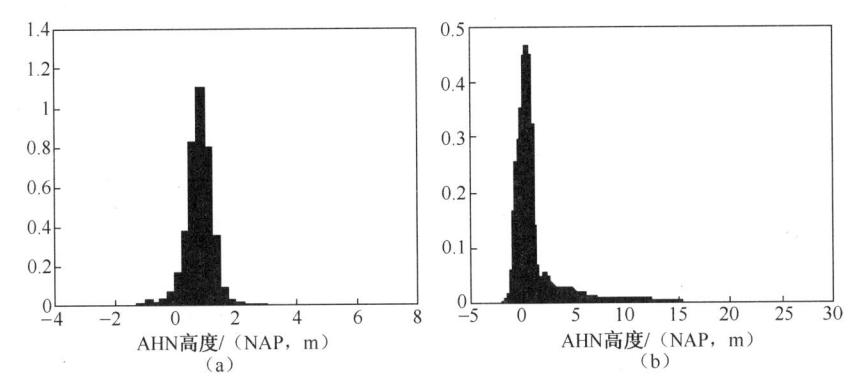

图 6.48 案例分析区域的 AHN 高度矩形图

(a)乡村地区;(b)格罗宁根城。

第一种方法使用了局部高度柱状图,是估计地水准面以上高度的优选方案。这种方法适用于我们认为属于平坦范畴的乡村地区和城市周边。计算了地水准面以上的 PS 高度后,选定了所有高度大于 5m 的 PS。继而,评估了选定 PS 的速度估计。由于选定 PS 可能代表来自(稳定)建筑物的直接反射,位移率的量级可能会比较低。图 6.49 显示了在两个案例研究区域,地水准面以上的 PS 高度选定前和选定后的 PS 速度柱状图。所有的 PS 速度都是相对的,且来自于 PS 处理程序;基于与邻近 PS 的相关性进行的选择尚未进行。正如预计的,速度柱状图在选择后转移到了右边。更重要的是,柱状图的形状变小,这意味着速度的标准偏差下降了(假设原因是额外的自主分量减少了)。

选择了 PS 高度后,尽管可以看到柱状图的形状发生变化,但 PS 的速率变化不高于 0.5mm/年,且柱状图峰值的位置也保持不变。能够解释 PS 高度选择后出现的这种微小变化的假设是,PS 反射与地基稳固的建筑物有关,与反射类型无关。另一个解释是,浅层压实和结构不稳定性造成的沉降比深层致密造成的沉降在平滑性和线性状态上都较弱,因此,代表深层致密的 PS 可能相关性更高。进一步而言,PSI 是一种相对技术,因此如果浅层位移在整个区域上相等,就无法被探测出来。

基于随观测几何方位发生变化的反射率,在 PS 选择前后对速率柱状图做了同样的分析(Ketelaar et al.,2006),见 4.5.2 节。对于格罗宁根下降主路径而言,利用 9050Hz 的多普勒距离,共可获取 106 次采集,这与 5.3°的斜视角变化相对应。垂直基线的距离是 2215m,产生的观测角范围是 0.13°。基于地水准面以上 PS 高度的选择可以得出相同结论:PS 速度分布在稳定域中更集中,但在 PS 选择前和选择后的变化不大(<0.5mm/年)。

必须要强调的是,两个案例研究不足以代表整个格罗宁根由于天然气开采造成的沉降效应。建议在那些属于浅层地质学分类的区域验证 PS 选择的效应,见图 6.49。

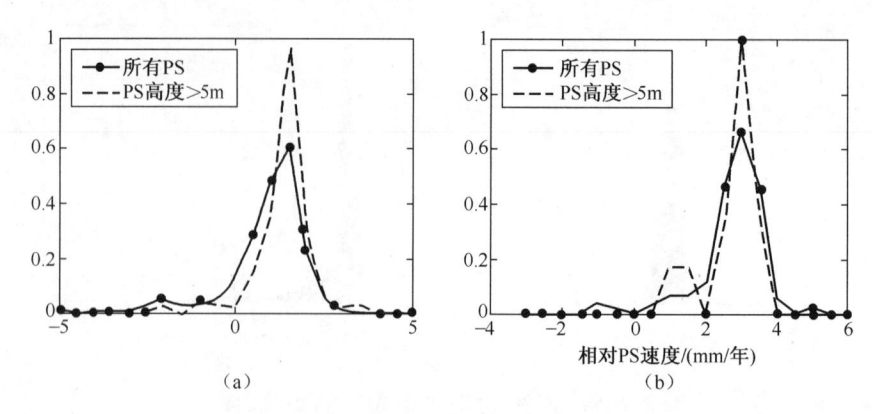

图 6.49 所有 PS 的速率柱状图以及超过大地水准面 5m 以上选择的一组 PS
(a)格罗宁根城；(b)瓦登海海岸。

6.5.3.2 交叉极化

除了地水准面以上的 PS 高度和因观测几何方位而变化的 PS 反射率以外，双极化观测也可以用于 PS 特征描述。在 4.5.2 节中已经说明，HH－VV AP 图像中的高幅度像素具有两个清晰的响应,其相位差为 π 。

遗憾的是，由于与商业用户之间的协调不力，整个格罗宁根沉降区只采集了一幅 AP 图像（来自升轨 487），该图像的获取时间为 2006 年 1 月 1 日，其相对于 ERS 主路径的基线长度为 1070 米。这意味着 ERS 和 Envisat 频谱没有重叠，且 AP 信息只能成功链接到作为理想点目标的永久散射体。

Envisat AP 图像与 ERS 主图像景的配准方式与多轨方式相似。基于轨道估计了一个初始配准多项式，并用点域对其进行了精细化处理。对于 Envisat AP 图像而言，该点域由超过特定幅度阈值的像素重建。由于 AP 图像的方位分辨率下降，使用幅度信息就变得十分复杂。

通过 AP 数据研究了地水准面以上更高的 PS 是否为奇数次数反射的散射体（最有可能的是镜面反射）。使用的案例分析区域相同（乡村地区和格罗宁根城区）。地水准面以上的 PS 高度通过局部高度柱状图确定。

图 6.50 和图 6.51 分别描述了地水准面以上和以下的 HH－VV 相位差。地水准面以上的 PS 目标具有极化测量相位差，集中在 $\pi/2$ 左右；不确定性很大。为了最大程度地确保 PS 目标确实位于地水准面以上，必须考虑地水准面测定的不确定性。由于地水准面目标和高位目标属于不同的高度系，所有高度分布为多模态分布。图 6.53 给出的是根据格罗宁根城区中 PS 高度估计推导出的地水准面柱状图拟合。最佳拟合的标准偏差为大约 2.5m。将其平移到一个 95%的可信区间，临界高度值为 5m。图 6.52 表明，分类为地水准面 5m 以上的大部分目标都与建筑物相关。根据图 6.54 中可以断定，大部分的 PS 都可以归类为奇数次数的反射,最有可能是镜面反射。

6.5 形变监测的理想化精度　131

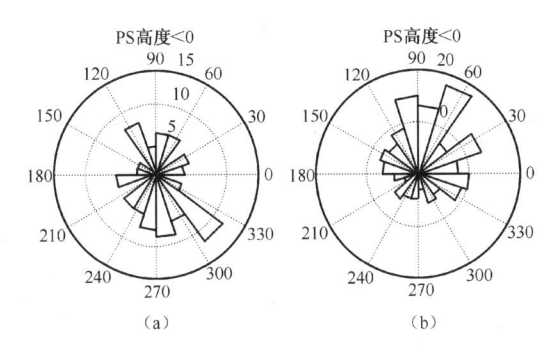

图 6.50　乡村地区:地水准面以上和以下的 PS 高度之间的 HH-VV 相位差

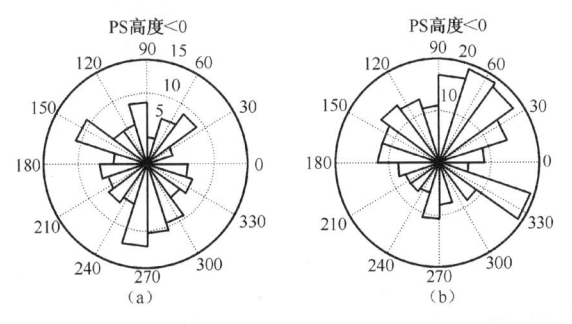

图 6.51　格罗宁根城区:地水准面以上和以下的 PS 高度之间的 HH-VV 相位差

图 6.52　地水准面以上(5m)高度选择前(a)和选择后(b)的 PS 目标。
选定的 PS 目标与建筑物相对应;高度低于 5m 的 PS 被排除

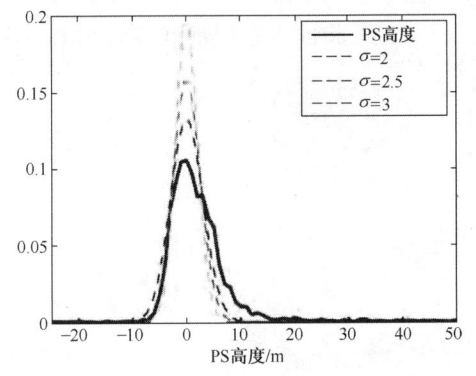

图 6.53　格罗宁根城区:使用 PS 高度估计的地水准面柱状图拟合。
最佳拟合与地水准面高度 2.5m 的标准偏差相一致

可作出总结,AP 相位观测有助于区分格罗宁根地区来自高位目标(建筑)的奇数次数反射。然而,在 PS 选择前后考虑到基于 PS 高度的速度柱状图时,我们可以总结出,PS 特征在案例研究区域的影响并不重要。在此,大部分 PS 似乎都以地基稳固的建筑物为参照,其沉降主要由天然气开采造成的普通形变引起。然而,在大量变化各异的浅层压实地区的解译中也应该考虑 PS 特征工具。

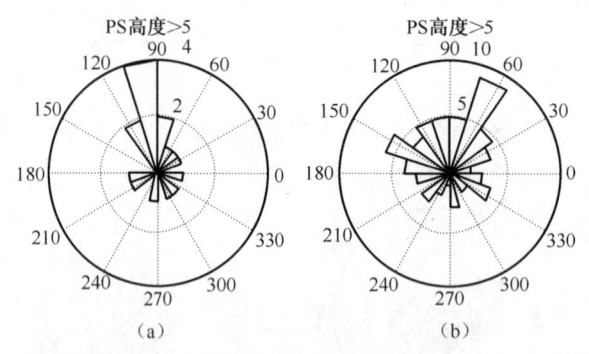

图 6.54 乡村地区(a)和格罗宁根城市地区(b)地水准面 5m 以上的 PS 高度估计之间的 HH-VV 相位差

6.5.4 先验知识在形变信号中的使用

除了 PS 特征以外,使用空时特性的先验知识可以提高 PSI 用于形变监测的理想化精度。本节描述了克里金交叉验证应用和根据形变体系进行 PS 位移分解(4.5.3 节)的应用。在评估鹿特丹气田由于天然气开采造成沉降的过程中,对这两种方法的应用进行了验证。鹿特丹气田位于荷兰西部,沉降区域很小,大约为 25km²,位移率只有若干毫米/年。由于沉降率低,且地下浅层的软土造成自然致密,不同形变体系之间的区分至关重要。

6.5.4.1 克里金交叉验证:鹿特丹案例研究

克里金交叉验证的克里金加权数是以沉降预测的变量图为基础来确定的,见彩图 6.55。接着,利用交叉验证来选择那些表现出具有与其相邻 PS 相似位

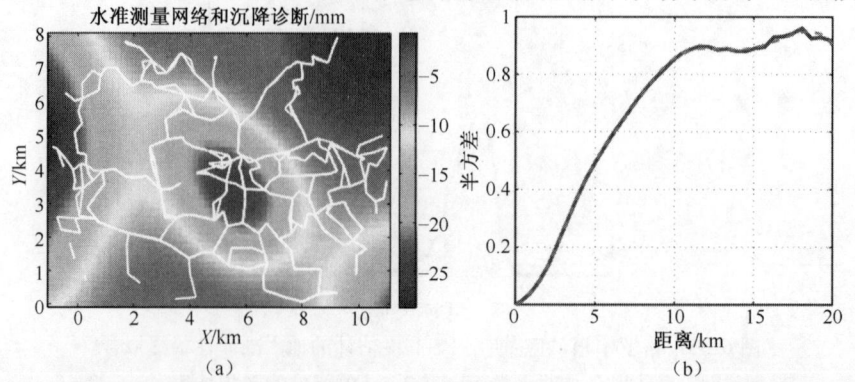

图 6.55 (a)鹿特丹气田的沉降预测(mm),包括水准测量轨道(白);(b)沉降预测的变量图

移率的 PS。彩图 6.56 基于克里金交叉验证给出了 PS 选择前和选择后的 PS 速率。

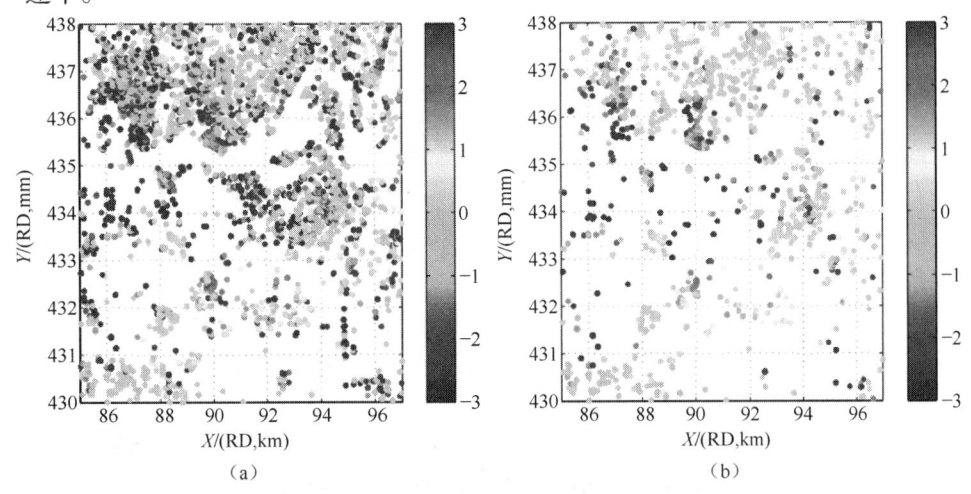

图 6.56 鹿特丹沉降区执行克里金交叉验证前(a)后(b)的 PS 速率。
图中所描述的位移率必须从空间相关的视角进行解释

图 6.57 描绘了 PS 速度之间的差别,以及选择前后的预测沉降率。该图显示出,交叉验证后成功地去除了异常值。更重要的是,可以看出,初始方框图的斜对称左边尾部在 PS 选择后几乎完全消失了。一种假设认为,被拒 PS 包含了由地下浅层位移或结构不稳定性引起的额外自主位移分量。

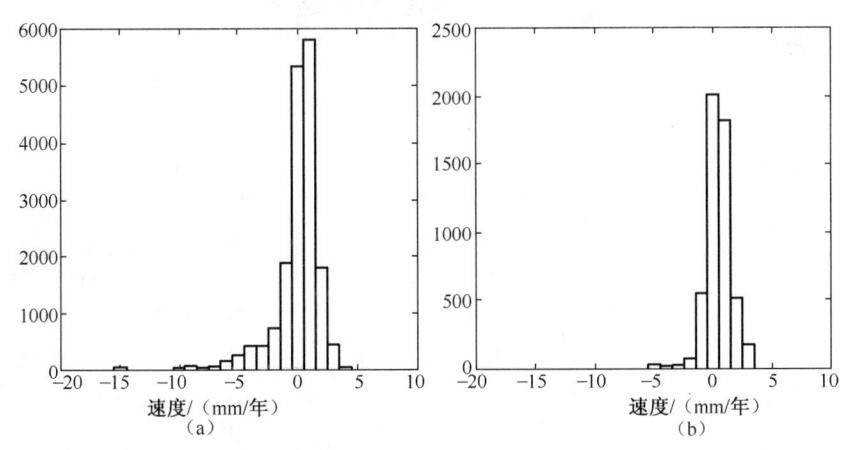

图 6.57 执行克里金交叉验证前(a)后(b),PS 速度和预测速度(mm/年)的差值

6.5.4.2 位移分解:鹿特丹案例研究

本节验证了鹿特丹区域位移分量的估计结果,为了提高预测天然气开采引发沉降的理想化精度。由于地下浅层中有软土构成,因此要估计该地区的沉降速率,分离形变体系至关重要。

使用克里金交叉验证的 PS 选择去除了含有如下两种特征的 PS,它们由天然气开采引起,但是却被如浅层压实等的自主位移所污染。在此,根据鹿特丹气田上所有可用的 PS,应用方差分量估计对天然气开采引起的位移分量进行评估(Ketelaar et al,2004b)。4.5.3 节中对这种方法论进行了解释。

水准测量和 PS 位移都可以划分为空间和时间上都相干的分量,以及只在时间上相干的分量。第一类指的是沉降预测及其缺陷:它称为模型分量。第二类指的是单点特征,如地基压力和堆叠摩擦。这种类型由自主分量组成。对于造成 PS 总位移的每个形变体系而言,其行为可用随机模型参数进行描述:方差系数(量级)和相关性长度。

研究中的区域面积约为 100km^2,并相继进行了水准测量和 PSI 测量。空间相关和非空间相关形变体系的随机模型参数使用了 SuRe 方法范畴的方差分量估计来进行评估,(Houtenbos,2004),见 2.3.4 节。图 6.58 描绘了 1992—1999 年观测期间的沉降预测。表 6.6 列举了 3 次测量的估计方差分量及其精度:一次是水准测量,另外两次是利用不同时间采样的 InSAR 测量。图 6.59 和图 6.60 分别描绘了估计出的空间相关形变信号及其精度。

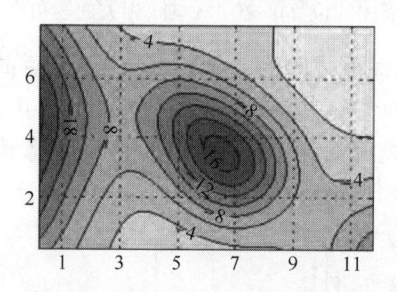

图 6.58 鹿特丹气田上的沉降预测(距离单位为千米,地表位移单位为毫米)

表 6.6 估计方差分量,及其在鹿特丹气田上方沉降信号的估计精度

类型	水准测量	InSAR	InSAR
观测	716	1698	2830
未知量	244	567	567
σ_{obs}/mm	0.83±0.03	0.89±0.04	0.60±0.01
σ_{stb}/mm	0.70±0.05	0.89±0.06	0.96±0.03
σ_{mod}/mm	0.93±0.13	0.68±0.13	1.25±0.13
L/m	1993±335	1887±237	2479±240
P	0.89±0.02	0.98±0.02	0.96±0.01

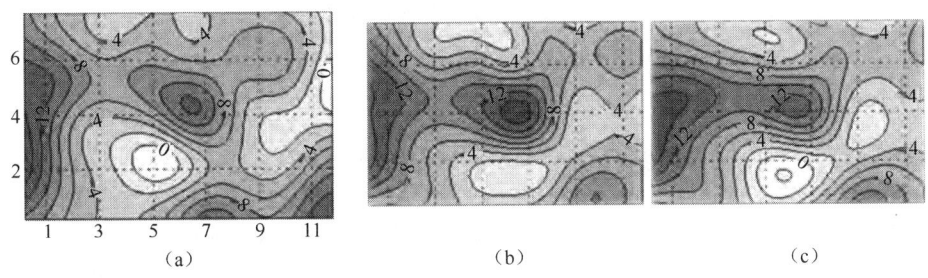

图 6.59 1992—1999 年间应用(a)水准测量、(b)PSI 和(c)具有更高时间采样能力的 PSI 估计出的空间相关形变(mm)

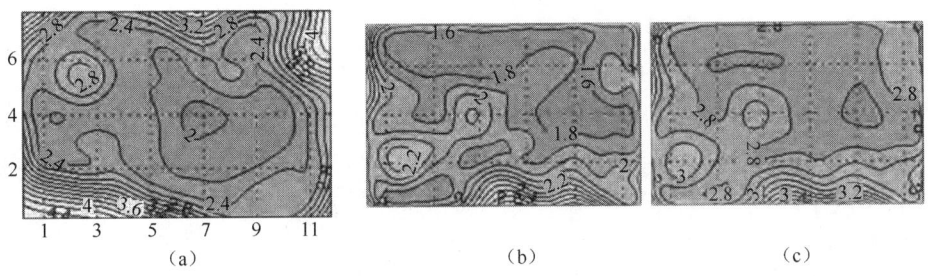

图 6.60 (a)水准测量、(b)PSI 和(c)具有更高时间采样能力的空间相关位移分量精度($1-\sigma$, mm)

根据图 6.59 和图 6.60 可以推知,在随机模型中参考由基准点沉降和沉降预测缺陷造成的位移,并结合使用方差分量估计以及足够的时空测量密度,同样可以精确估计被污染的研究信号($\sigma \approx 2$mm)。水准测量和 PSI 通常显示出相同的沉降模式。这种沉降模式是由于所有空间相关形变体系造成的累积沉降。

可以看出,来自水准测量和 PSI 的估计形变模式偏离了沉降预测。在此特定的案例研究中,沉降预测的空间相关偏差可用地下层中正在进行的物理进程来解释:这一时期的水注入操作使得实际沉降比预测沉降量小。

6.6 结论

本章证明,PSI 可用于估计连贯形变信号,即使在广泛空间范围上沉降率较低(<1cm/年),且受到时间去相关影响的乡村地区也是如此。沉降区域与生产作业中的气田位置相一致。从 PSI 技术本身的精度和可靠性角度探讨了形变估计的质量描述以及相关形变信号估计的理论精度。

格罗宁根地区的 PS 密度与地面上的建筑和其他人工地物相一致,在乡村地区变动的幅度为 $0 \sim 10 \text{PS/km}^2$,在城市地区的幅度最大可达 100PS/km^2。ERS 和 Envisat 的位移率精度都大约为 $0.1 \sim 0.5$mm/年。城市地区的位移估计精度小于或等于 3mm,乡村地区为 $3 \sim 7$mm。Envisat 获得的干涉测量相位观测包含系统残余分量,我们在 PSI 估计前对这些分量进行了估计和清除。

我们用覆盖格罗宁根沉降凹陷的六条重叠 ERS 路径进行了可靠性评估。我们引入了冗余，因为这些路径监测同一形变信号。基准统一程序把不同路径的 PSI 估计都整合起来，这些路径覆盖了整个荷兰东北部地区以及德国部分地区。70%的多轨 PS 簇基准统一后，PS 速度的标准偏差小于 1mm/年。更重要的是，形变被分解为垂直分量和水平分量，水平分量的量级(2~3mm/年)与格罗宁根沉降凹陷的理论预计水平位移(最大 3mm/年)基本一致。

监测天然气开采引发沉降的 PSI 理想化精度可通过 PS 特征并使用形变信号的空时特性相关先验知识加以改善提高。PS 特征的假设依据是，假设参照基础稳固的建筑物的直接反射所进行的相位观测最能代表油气生产造成的沉降。基于两个案例区域的 PS 速度柱状图，对 PS 特征描述方法(交叉极化，PS 高度，因观测几何方位而变化的反射率)进行了评估。在这些案例研究区域中，基于特征参数的 PS 选择使得 PS 速度向较低量级发生了转变，但这一变化似乎显得无足重轻(<0.5mm/年)。因此，在这些案例研究区域，应用天然气开采造成的沉降的空间相关性就足以为 PS 选择增加形变监测的理想化精度。

在线摘要

本章应用了第 3、4、5 章中的概念来监控由于油气生产造成的沉降。研究重点关注的是荷兰东北部的气田，特别是格罗宁根气田。其直径约为 30km，由六条 ERS 和 Envisat 路径所覆盖。这些路径——每条的覆盖面积约为 100km×100km——几乎覆盖了整个荷兰北部地区和部分德国地区，见图 6.1。由于格罗宁根气田的纬度为 53°，邻近路径的覆盖率近乎达到 50%。收集到的 ERS SAR 图像从 1992 年开始以 VV 极化的图像模式获取。Envisat 则从 2003 年就已经开始以这种模式进行数据采集。

7

交叉验证和作业执行

在第 6 章中,我们评估了 PSI 技术的精度(精确度和可靠性)。位移估计的精度从城市地区的小于或等于 3mm 到乡村地区的 3~7mm 不等,见 6.3.1 节。位移率精度为 0.1~0.5mm/年。PSI 结果的可靠性已在 6.4 节中的多轨基准统一程序中得到了验证。更重要的是,我们还发现 PS 特征和以相关信号的空间相关性为基础的 PS 选择能够提高形变监测的 PSI 理想化精度,见 6.5 节。

要把 PSI 作为一种实用的形变监测技术,必须证明形变估计并未受到未定量系统效应的影响。因为荷兰地区的大部分气田在雷达卫星投入运行前就已开始生产,因此沉降估计结果与根据历史测量估计的结果一致至关重要。因此,本章主要从整体化的角度比较了 PSI 形变估计和水准测量:我们对这两种技术的不确定性都进行了考虑,且两者在误差裕度范围内应该一致。

由于水准测量和 PSI 具有相互补充的特征(高精确观测与高空间密度),因此时空观测密度以及可获取的精确度都起到了重要作用。这个问题在 7.1 节中从理论化角度进行了探讨。7.2 节比较了 1993—2007 年期间的水准测量和 PSI 形变估计。最后,7.3 节中提出了一个数学框架,用于整合常见形变信号估计中多种技术的测地观测结果。

7.1 精度和时空观测频率

本节从精度和时空观测频率的角度比较了 PSI 和水准测量。尽管 PSI 和水准测量都用于形变监测,但观测的类型并不相同。这一点在本节的第一部分已进行了叙述。继而,对两种技术的形变估计精度进行了评估。

7.1.1 PSI 和水准测量形变估计

图 7.1 描绘了水准测量和 PSI 观测的区别。水准测量高度是利用空间高度差测量结果进行估计的。在随后的水准测量时间上,对水准测量基准点的位移进行了推导。基本的 PSI 观测是两个不同时间点之间的一个干涉测量相位差。首次承载信息的观测(二重差分)可在不同位置上的两个 PS 之间形成。

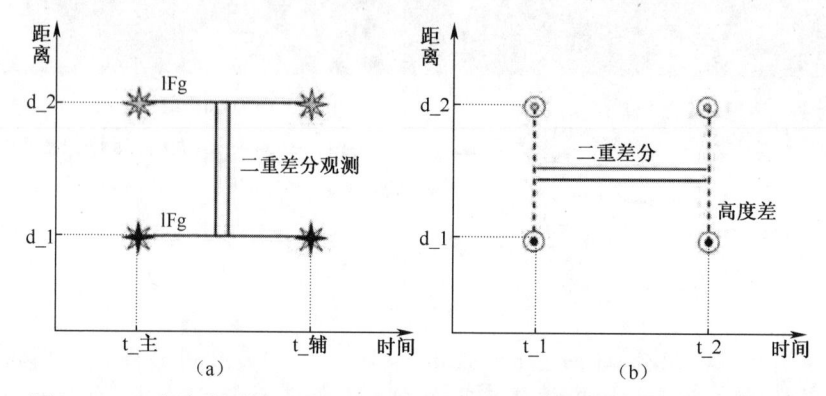

图 7.1 PSI 和水准测量二重差分：PSI 观测是一种时间上的干涉测量相位差；二重差分则由两个 PS 之间的空间差构成（a）。水准测量观测是一种空间高度差；二重差分是由两个时间点之间的时间差构成（b）

进一步而言，水准测量和 PSI 观测在测量的空间投射方式不同。PSI 二重差分是沿卫星视线方向测量的，而水准测量高度则在一个垂直基准中测量，见 4.4.3 节。

更重要的是，PSI 和水准位移的物理原理不同：水准位移是竖直位移而 PSI 位移是椭球位移，两者明显相异。竖直位移是相对于大地水准面的位移，而大地水准面是地球引力场的等电位表面，与全球平均海平面走向一致。水准测量高度就是竖直高度。另一方面而言，PSI 形变估计的是椭球位移，参照的是地球的数学椭球外形。GPS 高度同样也是椭球形的。

椭球形和大地水准面的差别可由重力测量确定，且产生了一个大地水准面模型，如 EGM96。椭球高度 H 和竖直高度 h 之间的差等于大地水准面高度 N（大地水准面波动）：

$$N = H - h \tag{7.1}$$

格罗宁根地区在几十千米距离内的大地水准面高度差大约为 50cm。距离 d 上的两个点 i 和 j 之间的大地水准面相对精度为（RDNAP，2008）：

$$\sigma_{N_{ij}}(\mathrm{cm}) = 0.35 + 0.003d(\mathrm{km}) \tag{7.2}$$

该值在 200km 距离上小于 1cm。

忽略测地位移和竖直位移整合的大地水准面将会在大范围内产生系统效应。但是，如果假设大地水准面不随时间发生变化，当二重差分作为基本观测时，大地水准面和椭球形间的差异互相抵消。

7.1.2 设置时空采样评估

在形变分析中，从时间和空间两方面评估了水准测量和 PSI 形变估计结果。两种技术都是相对技术，为便于比较，二者的形变估计都被定义为二重差分位移：

7.1 精度和时空观测频率

$$\underline{d}_{ij}^{t_1t_2} \quad (7.3)$$

时间(t_1和t_2之间)和空间(点i和点j之间)上的相对。

为了评估 PSI 和水准测量的形变监测性能,提出了以下两个策略:

(1) 在垂直方向比较二重差分位移:沿垂直方向根据水准高度估计和 PSI 位移估计在垂直方向上的投影推导二重差分位移。

(2) 使用 PSI 方程组评估形变估计的精度:将水准测量高度估计沿卫星视线方向转换成二重差分观测。

第一种方法通过把 PSI 位移估计从卫星视线方向转换到垂直方向来获取水准测量和 PSI 位移的相同投影。对于水准测量而言,二重差分位移根据每个时间点的高度估计$\hat{h}$进行构建:

$$\underline{d}_{ij}^{t_1t_2} = \underline{\hat{h}}_j^{t_2} - \hat{h}_i^{t_2} - \underline{\hat{h}}_j^{t_1} + \hat{h}_i^{t_1} \quad (7.4)$$

第二种选择基于 PSI 方程组。由于关注重点为空间和时间采样,我们假设所有的 PSI 相位观测都正确解缠。干涉测量相位的观测时间被限定在主时间 $t_1 = t_m$ 和辅时间 $t_2 = t_s$ 之间。它们与沿垂直方向的二重差分位移的函数关系为

$$\underline{\varphi}_{ij}^{t_mt_s} = -\frac{4\pi\cos\theta_i^m}{\lambda}\underline{d}_{ij}^{t_mt_s} \quad (7.5)$$

式中:θ_i^m为入射角。二重差分位移被定义为

$$d_{ij}^{t_mt_s} = d_{ij}^{t_s} - d_{ij}^{t_m} \quad (7.6)$$

而二重差分相位观测则被定义为

$$\underline{\varphi}_{ij}^{t_mt_s} = \underline{\varphi}_{ij}^{t_m} - \underline{\varphi}_{ij}^{t_s} \quad (7.7)$$

在零假设条件下,通过将两个 PS 之间的形变模拟为线性位移率,在 PSI 系统等式中引入了冗余。设线性位移率为v,(残余)地形高度为H,可得如下函数模型(式(6.4)):

$$\underline{\varphi}_{ij}^k = -\frac{4\pi}{\lambda}T^k v_{ij} - \frac{4\pi}{\lambda}\frac{B_i^\perp}{R_i^m \sin\theta_i^m}H_{ij} + \underline{e} \quad (7.8)$$

式中:$\underline{e}$ 为测量噪声、形变模型缺陷以及(残余)大气信号;k 为同一组图像序列中的第 k 个干涉测量结果。水准测量相应的公式在下列方面不同:

- 缺少(残余)地形高度未知数;
- 缺少大气的随机干扰。

利用水准测量高度,可按如下方式构建相应的观测:

$$\underline{\varphi}_{ij}^{t_1t_2} = -\frac{4\pi\cos\theta_i^m}{\lambda}(\underline{h}_{ij}^{t_2} - \underline{h}_{ij}^{t_1}) \quad (7.9)$$

如果形变信号的预测网格 z 可以利用,则沿卫星视线方向进行转换后,这些网格可以从二重差分相位观测结果中被去除:

$$\underline{\varphi}_{ij}^k + \frac{4\pi\cos\theta_i^m}{\lambda}z_{ij}^k = -\frac{4\pi}{\lambda}T^k v_{ij} - \frac{4\pi}{\lambda}\frac{B_i^\perp}{R_i^m \sin\theta_i^m}H_{ij} + \underline{e} \quad (7.10)$$

140　第7章　交叉验证和作业执行

为了更深入地理解时空采样对形变估计精度和未知随机模型参数的影响，给出了冗余的 PSI 方程组及其响应的水准测量参数。假设条件是，PSI 二重差分完全解缠，且沉降率是线性的。

对于 PSI 而言，共使用了六条格罗宁根路径的配置（时间基线、垂直基线、多普勒中心频率）。可以得到一系列基于地质力学地表模型的沉降预测结果（1964—2007 年之间，以 5 年左右为间隔的 8 次预测）。基于形变估计和随机模型参数的精度，我们评估了 PSI 和水准测量技术的精度和时空观测频率。

7.1.3　时间采样

本节探讨了时间采样对 PSI 和水准测量的形变估计精度的影响。基于基准点和 PS 位移在时间上呈线性变化的假设，对水准测量和 PSI 观测进行了仿真。式(7.8)中描述的数学模型已在 PSI 和水准测量中都得到了应用。估计位移率的精度基于方差—协方差矩阵进行评估。方差—协方差矩阵的质量通过 PSI 误差放大因子（DOPPSI）进行参数化处理。这种精度测量法与时间和空间的参照无关，详情可见 4.3.4 节。

评估时间采样时，PSI 二重差分观测的标准偏差设定到 3mm（6.3.1 节），而水准测量高度差的标准偏差设定到 1mm。但是，必须注意，水准测量和 PSI 观测的精度都与距离成函数关系。水准高度测量的标准偏差大约为 $1\text{mm}/\sqrt{\text{km}}$ (Bruijne et al, 2005)。图 7.2 给出了两个相邻 PS 之间 PSI 位移的标准偏差，该标准偏差与两 PS 之间距离成函数关系，2003—2007 年期间的 Envisat PSI 形变估计见 6.2.2 节。据此可以推导出，1km 距离上的相对 PS 位移精度略高于 3mm。为了分离大气信号和未建模形变而做出的选择是造成这一结果的部分原因，见 6.1.3 节。由于在 PSI 处理过程中我们重点关注保存未建模形变，位移时

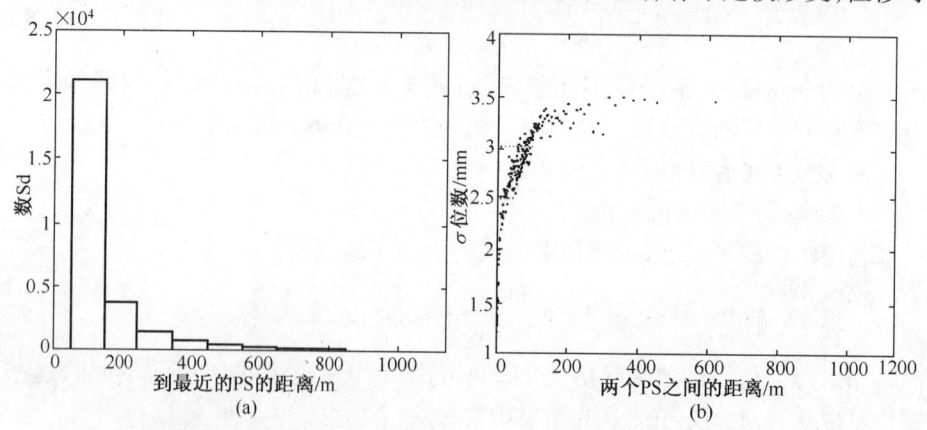

图 7.2　(a) PS 相互之间距离的柱状图（与最近 PS 的距离）。(b) 根据空间相关性移除异常值后，Envisat PSI 位移的标准偏差与 PS 间距离的函数关系。尽管大部分 PS 位移的标准偏差约为 3mm，两个 PS 在 1000m 距离上的标准偏差略高一些

间序列误差稍大,造成这一现象的原因是因为时间序列中可能包含了并未被清除的残余大气信号。我们希望位移标准偏差将随着未来大气信号随机模型的不断完善而降低(Hanssen,2001;Grebenitcharsky,Hanssen,2005;Liu et al,2008)。

就冗余和网络设计而言,高度差观测数量和水准测量网络中测量点之间的比率设为 6∶5。对于 PSI 而言,该比率大约为 1,因为 P 个 PS 只能构建 $P-1$ 个空间差。

图 7.3 给出了 PSI 和水准位移率估计的 DOP_{PSI} 值。由于 PSI 的观测精度较低,需要在十年内有一个包含大约 25 幅图的时间序列来产生相应精度,其大小与每 2~5 年执行一次的水准测量活动精度相似。事实上,对于由超过 25 幅图组成的图像序列而言,尽管观测精度较低,PSI 的时间采样精度比 5 年一次的水准测量精度更高。

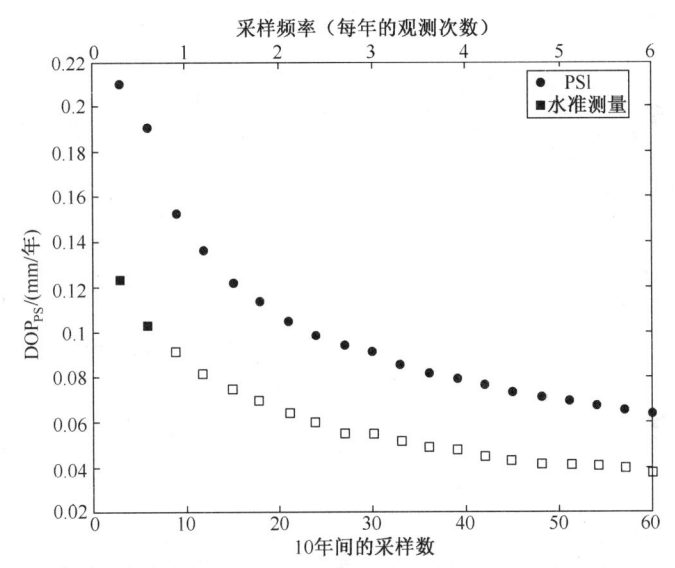

图 7.3 与 PSI(圆圈)和水准测量(方块)时间采样成函数关系的位移率(速度)DOP_{PSI} 值。尽管 PSI 观测精度较低,更高的时间采样可能会产生相似、甚至更高的位移率估计精度。对于每 2~5 年进行一次的水准测量活动而言,大约需要 25 次卫星采集来获取相同的位移率精度

必须指出,尽管 DOP 精度测量与时空参照无关,但它是一个关于方差—协方差矩阵的特定函数。DOP 测量是一种容易比较的标量精度测量。尽管如此,还是通过归一化特征值问题进行了由两个方差矩阵代表的完整精度分析,见 Teunissen(2005)等的示例:

$$\det(\boldsymbol{Q}_{PSI} - \lambda \boldsymbol{Q}_{lev}) = 0 \tag{7.11}$$

式中:$\boldsymbol{Q}_{PSI}$、$\boldsymbol{Q}_{lev}$ 分别为 PSI 和水准测量的估计位移率的方差—协方差矩阵。特征值小于 1 意味着 PSI 的精度比水准测量的精度高,而特征值大于 1 意味着水

准测量的精度更高。最佳和最差的精度分别由最小和最大的特征值表示。相应的特征矢量代表参数空间的方向,在参数空间中,精度与特定特征值相对应。

InSAR 更高的时间采样有一个显著的优势:如果时间采样频率超过了该模型偏置最高频率的两倍(尼奎斯特率),则时间上的模型偏差就可以探测到。这意味着,每年采集 6 次,就能探测到周期大于四个月的模型偏差。如果每 35 天采集一次,则周期大于 70 天的模型偏差就可以探测出来。水准测量观测频率为 2~5 年一次,在几个月的时间里无法探测出模型偏差。

7.1.4 空间采样

本节对水准测量和 PSI 的空间采样进行了评估,目的在于监测油气生产造成的沉降。格罗宁根地区的平均 PS 密度大约为 40PS/km^2(见 6.2.1 节),比 1~2PS/km^2 的水准测量基准点密度高得多。在城市区域,PS 密度甚至超过了 100PS/km^2。

为了参数化处理这种大致呈椭球状的空间沉降模式,考虑了以下几种方法:
(1)特定区域内的平均位移估计,如四树网格单元;
(2)沉降预测格网;
(3)点源模型。

7.1.4.1 平均位移估计

如果相关区域可划分为一些网格单元,并假设在这些网格单元内地表位移是恒定的,则可估算每个网格单元的平均位移,见图 6.36。先考虑一个网格单元中位移估算可认定为不相关,然后再验证位移估计之间的相关效应。

如果可以假设位移不相关,且精度 σ_d 相等,则平均位移精度 $\bar{d}$ 等于:

$$\sigma_{\bar{d}} = \frac{\sigma_d}{\sqrt{m}} \tag{7.12}$$

式中:m 为位移估计的数量。参数精度和观测数量之间的关系不是线性的。图 7.4 给出精度分别为 1mm 和 3mm 条件下的平均位移精度与观测数量的函数关系。不同的测量技术能否相提并论取决于平均形变估计所要求的精度。平均位移估计要求的精度越高,低观测精度的测量技术所需的额外观测越多。

格罗宁根地区的水准测量基准点密度为 1~2/km^2。假设 m_{lev} 为水准位移估计,变量为 $\sigma^2_{d_{\text{PSI}}}$ 和 $\sigma^2_{d_{\text{lev}}}$,那么要求 PSI 位移的数量为

$$m_{\text{PSI}} = \frac{\sigma^2_{d_{\text{PSI}}}}{\sigma^2_{d_{\text{lev}}}} m_{\text{lev}} \tag{7.13}$$

如果 PSI 和水准测量位移不相关。对于 $\sigma_{\text{lev}} : \sigma_{\text{PSI}} = 1:3$ 的精度比率,PS 密度必须为 9PS/km^2。然而,实际上 PSI 和水平位移估计彼此相关。对于水准测量和 PSI,可以验证其平均位移估计的精度分别取决于网络设计和二重差分观测之间的关系。

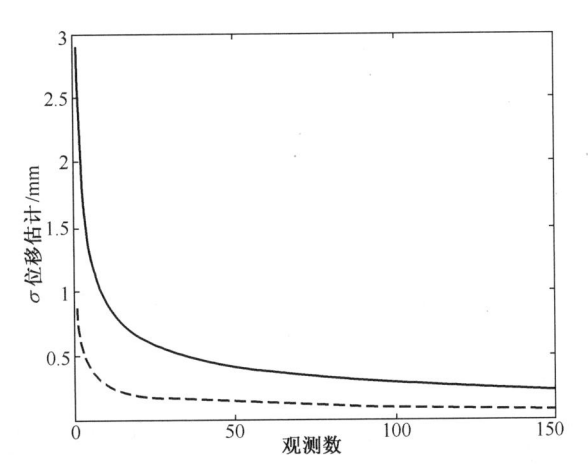

图 7.4 观测精度为 1mm(虚线)和 3mm(实线)的条件下,精度平均位移估计作为观测数量的函数,且我们认为两种情况下的位移相等,并且在一定的空间半径范围内不相关。我们还估计了平均位移。因此,平均位移的标准偏差等于 $\sigma_d/\sqrt{m}$,其中 m 是位移的数量

假设在时间 t_1 和 t_2 上有 $(P-1)$ 次高度估计,据此验证相关性对水准测量中平均位移估计的影响。其中,基准点 1 可作为参照基准。

在不相关时期 t_1 和 t_2,高度估计及其方差—协方差矩阵写作:

$$\hat{\underline{x}} = \begin{bmatrix} \hat{\underline{h}}_2^{t_1} \\ \vdots \\ \hat{\underline{h}}_P^{t_1} \\ \hat{\underline{h}}_2^{t_2} \\ \vdots \\ \hat{\underline{h}}_P^{t_2} \end{bmatrix}; \quad Q_{\hat{x}} = \begin{bmatrix} Q_{\hat{h}} & 0 \\ 0 & Q_{\hat{h}} \end{bmatrix} \quad (7.14)$$

二重差分位移估计是高度估计的线性组合:

$$\underline{d} = \begin{bmatrix} I & -I \end{bmatrix} \begin{bmatrix} \hat{\underline{h}}_2^{t_1} \\ \vdots \\ \hat{\underline{h}}_P^{t_1} \\ \hat{\underline{h}}_2^{t_2} \\ \vdots \\ \hat{\underline{h}}_P^{t_2} \end{bmatrix}; Q_d = \begin{bmatrix} I & -I \end{bmatrix} \begin{bmatrix} Q_{\hat{h}} & 0 \\ 0 & Q_{\hat{h}} \end{bmatrix} \begin{bmatrix} I \\ -I \end{bmatrix} = 2Q_{\hat{h}} \quad (7.15)$$

估计平均位移的数学模型见下式:

$$E\left\{\begin{bmatrix} \underline{d}_2 \\ \vdots \\ \underline{d}_P \end{bmatrix}\right\} = e_m d; \quad D\left\{\begin{bmatrix} \underline{d}_2 \\ \vdots \\ \underline{d}_P \end{bmatrix}\right\} = 2Q_{\hat{h}} \quad (7.16)$$

应用方差和协方的传播定律会产生如下平均位移估计精度 $\hat{\underline{d}}$：

$$\sigma_{\hat{d}}^2 = \frac{2}{\sum_{i=1}^{P-1}\sum_{j=1}^{P-1} Q_{\hat{h}\,ij}^{-1}} \quad (7.17)$$

因此，平均位移估计的精度取决于水准测量高度差观测结果 σ_y 的精度以及设计矩阵 A 中描述的水准测量网络。在 PSI 中，二重差分相位观测的构建中直引入了相关性，见式(4.19)。每次二重差分相位观测与位移估计之间的关系都是线性的，见式(3.11)。因此，各 PSI 位移估计间的相互关系与各二重差分相位观测的相互关系是相似的。图 7.5 描述了位移估计中二重差分相位观测的相关性效应。

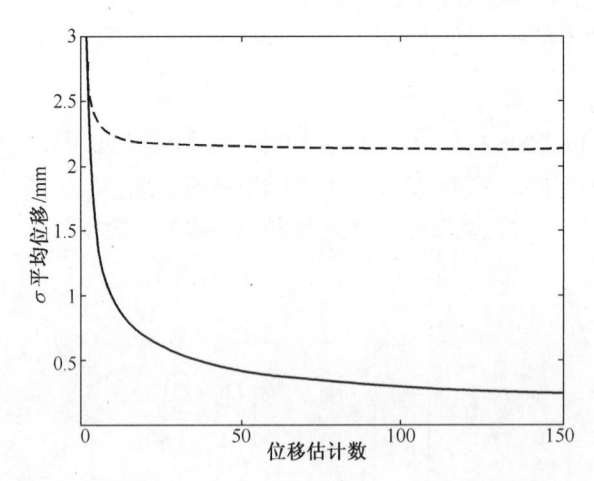

图 7.5 在不相关(实线)和相关(虚点)PSI 位移估计中，精度平均位移估计与观测数量成函数关系。我们只考虑了一种干涉图像对，并描述了变化空间采样条件下的平均位移估计精度。二重差分相位观测的精度为 3mm。如果位移估计结果之间的相关性忽略不计，则平均形变估计的精度会被高估

可以看出，如果位移被认定为不相关，则高估了平均位移的精度改进。更重要的是，二重差分相位观测精度为 3mm 的情况下，平均 PSI 位移估计的精度下降并未超过 2mm。这意味着 PSI 的优势取决于空间和时间采样。

7.1.4.2 预测格网

空间采样提高了形变估计的精度，除此以外，我们也应考虑估计相关形变信号所用的最小空间采样。在本节中，重点关注的是估计格罗宁根地区天然气开采引发沉降所需要的空间点密度。由于关注重点在于沉降信号的空间模式，位移估计之间的相关性在本节中没有讨论。关于相关性的具体含义，读者可参考

前一节内容。

预测天然气开采造成的沉降基于地表的地质力学模型(包括储层在内),并利用沉降预测进行描述,见 2.3.3 节。格罗宁根气田及其周围气田的沉降预测见彩图 7.6。主要的沉降凹陷分布范围大概有 30km。我们进行了一系列的仿真,其中很多具有特定精度的观测都是随机选取的。随后对观测结果插值(线性插值),并与初始沉降预测进行比较。沉降预测和插值预测之间的匹配关系由两者之间残余的标准偏差表示。残余分量包括:观测精度、插值程序精度和沉降模式的空间变化。图 7.7 给出了插值预测和沉降预测之间残余的标准偏差与观测数量的函数关

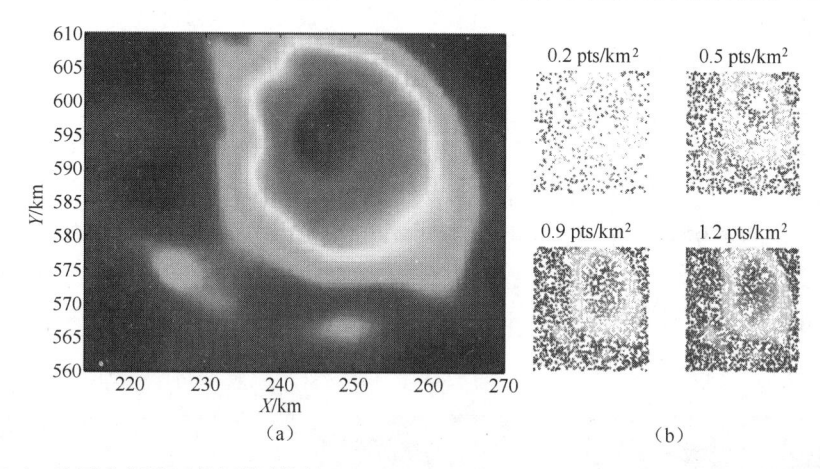

图 7.6 格罗宁根地区的沉降预测(500m×500m 网格)(a)。坐标系位于荷兰 RD 系统中。本图描绘了沉降预测中四个图像景的空间采样(b)

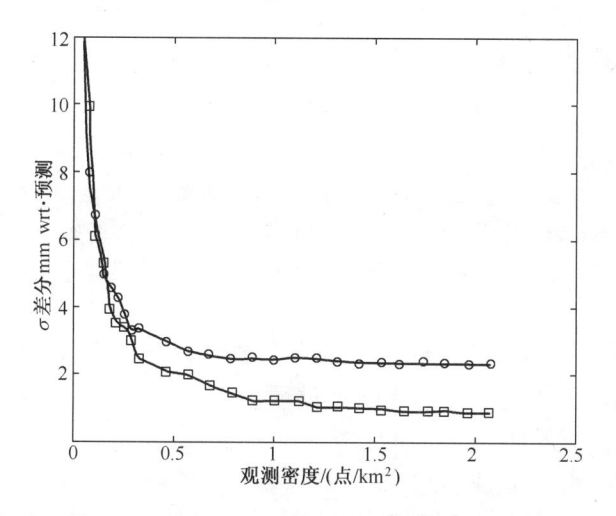

图 7.7 变化的空间点密度且不同观测精度(方块和圆圈分别与 1mm 和 3mm σ 相对应)的条件下,插值沉降预测(线性插值)与初始沉降预测之间残余(mm)的标准偏差。最大观测密度为 $1/km^2$ 时,残余的标准偏差是观测精度、内插程序精度和沉降模式的空间变化三者叠加作用的结果。$1/km^2$ 的点密度足以采样到沉降模式的空间变化

系。可以看出，残余的标准偏差急剧下降，直到点密度为 $1/km^2$。显然，这样的点密度足够捕捉格罗宁根地区由于天然气开采造成沉降的空间形状。

7.1.4.3 点源模型

除了预测格网以外，天然气开采造成的沉降可以通过应变核概念或 Mogi 源（Anderson，1936；Mogi，1958）根据有限地质物理参数进行特征描述（Geertsma，1973a），见 2.3.3 节。彩图 7.8 描述了使用单点源模拟格罗宁根地区沉降模式的过程。描述单点源的参数为：

- 代表地球物理学储层特征（压实系数、泊松比、压降以及容量变化）的乘性因子；
- 源深度 D；
- 源定位 x_c, y_c。

根据彩图 7.8 可以推知，单点源大大简化了实际的沉降模式。图 7.9 证实了空间点密度并未对源位置的精度和深度产生多大影响。图中空间采样的范围为每平方千米 0~0.5 个点；在此范围内，空间采样极大地影响着沉降预测的估计结果，见图 7.7。然而，源参数的精度在此空间采样范围内不会发生很大改变。由于单点源不足以描述由于天然气开采造成的沉降，因此把关注重点转移到残余信号的空间采样上。

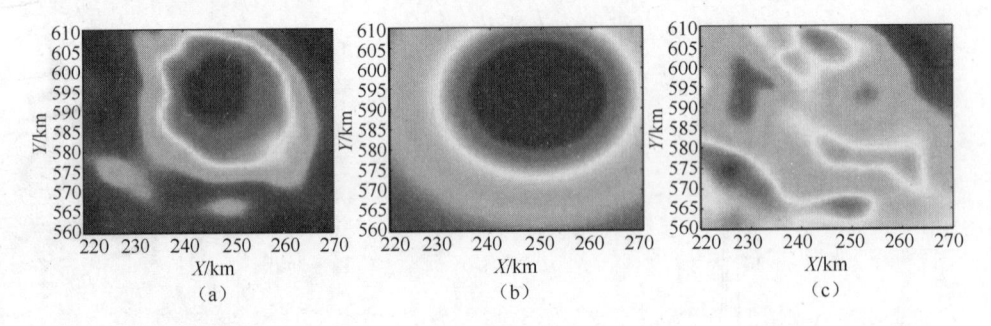

图 7.8 从天然气开采开始到 2007 年的沉降预测(a)；由单点源模拟的沉降预测(b)；残余形变信号(c)。单点源模型大大简化了预测的沉降模式；残余覆盖距离为 15cm。为便于比较，图 6.36 中描绘了 PSI 估计出的内插形变信号的形状

为了分析空间采样对残余信号估计的影响，对空间相关长度不同的残余信号进行了模拟。由于荷兰北部天然气储藏层的深度大约为 3km，因此选择了 3km 的相关长度。此外，仿真时的相关性长度更短，只有 1km，这意味着沉降模式可能不规律（如由储层断开造成的不规律）。预测格网（图 7.7）使用的方法与此相似，插值信号要在不同点密度情况下与原始信号进行比较。

图 7.10 表明，测量精度低但空间点密度高的测量技术仍然能在残余信号的估计中实现相近甚至更高的精度水平。它还表明，如果相关长度更大，则空间采

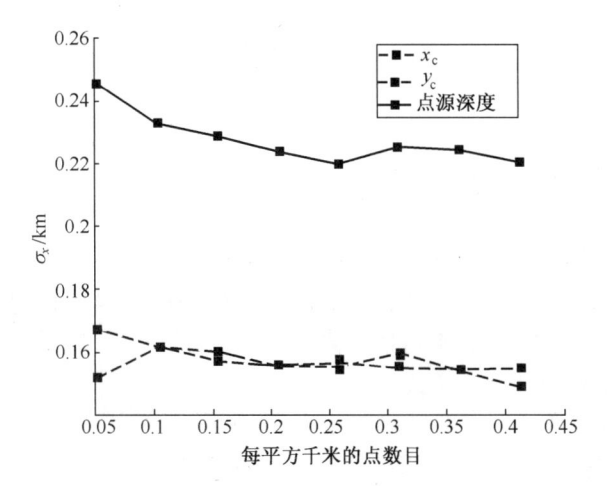

图7.9 与点密度成函数关系的点源位置和深度参数估计。点密度选在 0~0.5/km² 之间;在此范围内,空间采样对估计沉降预测造成的影响很大,见图7.7。由于单点源模型大大简化了实际的沉降模式,所以点密度不影响参数估计的精度

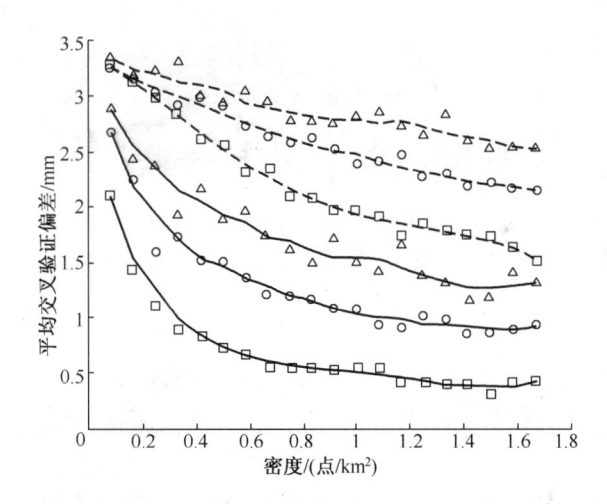

图7.10 残余信号的不同空间相关长度下,插值和初始残余信号之间的平均差(绝对值)。实线对应相对平滑的信号(相关性长度为3km),虚线代表更粗糙的信号(相关性长度为1km)。此外,使用三个不同的测量精度对残余信号进行了仿真:1mm(方块)、3mm(圆圈)以及 5mm(三角)。相关长度较大的信号需要的较小的空间采样密度。因此,当原始和内插信号之间的差异不再发生显著变化时,就达到了较低的空间采样频率。进一步而言,试验表明测量技术的测量精度较低但空间密度较高,应该能获得同样甚至更高的残余信号估计精度水平

样相对较低时可以实现初始信号和插值信号之间的差值不再大幅改变。这是因为,具有更大相关性长度的信号需要更低的空间采样充分地重建信号。

更重要的是,必须意识到,点密度高但测量精度低的测量技术有能力探测到残余信号模式,而观测精度高但点密度低的测量技术根本不可能探测到这些信号。

7.2 比较 PSI 和水准测量的形变估计

在 7.1 节中已经通过仿真证实,依靠空间和时间采样,PSI 可以达到水准测量技术的精确度水平。在本节中,比较了 1993—2007 年之间的实际 PSI 和水准测量形变估计。为比较水准测量和 PSI,将 PSI 形变估计转换成沿垂直方向的度量单位,见 7.1.1 节中详述。

我们区分了两种基本的形变估计:
(1) 平均位移率(速度),单位为 mm/年;
(2) 每个时间点的位移,单位为 mm。

速度和位移都是二重差分。因此,如果大地水准面在时间上不发生改变,竖直和椭球估计之间的差值相互抵消。

本节用相关系数和测地学检验统计评估了水准测量和 PSI 之间在速度和位移估计方面的相似性。比较中,考虑了两种技术的不确定性。对两种技术之间的一致性进行了陈述,并且对可能造成偏差的原因做出了解释。

7.2.1 PSI 和水准测量之间一致性的参数化

评价 PSI 和水准位移估计的一致性需要参数化两种技术之间的匹配关系。在本节中,相继探讨了相关系数、逐点检验统计量以及整体模型测试(OMT)。

7.2.1.1 相关系数

相关系数 ρ 是变量 $\underline{x}_1$ 和 $\underline{x}_2$ 之间的标准协方差,参见例如 Chatfield (1989) 和 Teunissen et al. (2005) 的著述。这是对两个变量之间线性关系的确凿性的测量。其定义为

$$\rho(\underline{x}_1,\underline{x}_2) = \frac{C(\underline{x}_1,\underline{x}_2)}{\sigma_{x_1}\sigma_{x_2}} = \frac{E\{(\underline{x}_1 - E\cdot\{\underline{x}_1\})(\underline{x}_2 - E\cdot\{\underline{x}_2\})\}}{\sigma_{x_1}\sigma_{x_2}} \quad (7.18)$$

式中:C 为 $\underline{x}_1$ 和 $\underline{x}_2$ 之间的协方差。相关系数值范围为 $-1 \sim +1$。相关系数为 0 意味着变量不相关。

对于变量 $\underline{x}_1$ 和 $\underline{x}_2$ 之间的线性变换(同比变化和偏差)而言,相关系数是不变量。例如,对于线性变换 $\underline{x}_1$ 到 $\underline{x}'_1 = a \cdot \underline{x}_1 + b$,偏差 b 在计算 $\underline{x}'_1 - E\{\underline{x}'_1\}$ 的过程中被抵消:

$$\underline{x}'_1 - E\{\underline{x}'_1\} = a \cdot \underline{x}_1 + b - a \cdot E\{\underline{x}_1\} - b = a(\underline{x}_1 - E\{\underline{x}_1\}) \quad (7.19)$$

更重要的是,从 $\sigma'_{x_1} = a \cdot \sigma_{x_1}$,可得比例因子 a 在协方差的标准化过程中与式

(7.18)中变量的标准偏差相抵消了。

线性变换的相关系数不变意味着相关系数作为 PSI 和水准位移之间一致性的衡量方法,并且在位移中对偏差或比例因子并不敏感。由于 PSI 和水准测量是相对技术,并且可能参照点不同,因此位移中的一个偏差的不变并不会影响相关系数作为 PSI 和水准测量之间匹配衡量标准的适用性。然而,比例恒定并非有利因素。相比于稳定地区,比例效应可能会导致系统性估计过低,或者对天然气开采造成的沉降估计过高。尽管如此,我们并未在格罗宁根地区六条重叠路径的基准统一过程中探测到比例效应,见 6.4 节。无法确定 PSI 位移中比例效应的直接物理原因,除非使用了错误的波长值。因此,相关系数可以作为检验 PSI 和水准位移之间一致性的一种方法。

相关系数和测地学检验统计量之间存在一种关系(Teunissen,2000b)。为了验证这种关系,把 $\underline{x}_1$ 和 $\underline{x}_2$ 分别看做 PSI 和水准测量的位移估计矢量。PSI 和水准位移估计之间匹配关系的检验统计量是在零假设下进行定义的,即两种技术之间的位移估计闭合差为 0:

$$H_0: \boldsymbol{B}^T E(\underline{y}) = [\boldsymbol{I} - \boldsymbol{I}] E\left\{\begin{bmatrix}\underline{x}_1 \\ \underline{x}_2\end{bmatrix}\right\} = E\{\underline{x}_1 - \underline{x}_2\} = 0 \qquad (7.20)$$

相应的检验统计量 T 是位移估计的方差—协方差矩阵度量中闭合差的二次形:

$$T = (\underline{x}_1 - \underline{x}_2)^T (\boldsymbol{Q}_{\hat{x}_1} + \boldsymbol{Q}_{\hat{x}_2})^{-1} (\underline{x}_1 - \underline{x}_2) \qquad (7.21)$$

式中,认为两种测量技术的位移估计不相关。如果 T 的值大于临界值 k_α,那么零假设就被拒。其中,α 是 I 类错误的大小(否定 H_0,而事实上 H_0 是真实的)。如果假设 $\boldsymbol{Q}_{\hat{x}_1}$ 和 $\boldsymbol{Q}_{\hat{x}_2}$ 与单位矩阵 $\boldsymbol{I}$ 相等,且考虑二次项 $(\underline{x}_1-\underline{x}_2)^T(\underline{x}_1-\underline{x}_2)$,那么式(7.21)中检验统计量和相关系数的关系就一目了然:

$$\underline{x}_1^T \underline{x}_1 - 2\underline{x}_1^T \underline{x}_2 + \underline{x}_2^T \underline{x}_2 = (\|\underline{x}_1\| - \|\underline{x}_2\|)^2 + 2\|\underline{x}_1\| \|\underline{x}_2\| - 2\underline{x}_1^T \underline{x}_2$$

$$= (\|\underline{x}_1\| - \|\underline{x}_2\|)^2 + 2\|\underline{x}_1\| \|\underline{x}_2\| \left(1 - \frac{\underline{x}_1^T \underline{x}_2}{\|\underline{x}_1\| \|\underline{x}_2\|}\right)$$

$$(7.22)$$

式中,如果两个变量的期望值等于 0,那么最后一项等于相关系数的估计量:

$$\frac{\underline{x}_1^T \underline{x}_2}{\|\underline{x}_1\| \|\underline{x}_2\|} = \cos\beta \qquad (7.23)$$

式中:β 为位移矢量 $\underline{x}_1$ 和 $\underline{x}_2$ 之间的角度。

式(7.21)中定义的检验统计量对于 $\underline{x}_1$ 和 $\underline{x}_2$ 之间的线性变换而言是不变

量。用矩阵 U 和偏差矢量 v 进行线性变换

$$\underline{x}'_1 = U\underline{x}_1 + v\ ;\ \underline{x}'_2 = U\underline{x}_2 + v \tag{7.24}$$

将得出如下检验统计量：

$$T = (\underline{x}_1 - \underline{x}_2)^T U^T (U(Q_{\hat{x}_1} + Q_{\hat{x}_2})U^T)^{-1} U(\underline{x}_1 - \underline{x}_2) \tag{7.25}$$

这与式(7.21)中的检验统计量相等。但是，除了检验统计量自身性质以外，还关注 $\underline{x}_1$ 相对于 $\underline{x}_2$ 的变换效应。这种变换定量了 InSAR 和水准测量中获取的形变估计之间的一致性。已经证明，相关系数的成比例变化以及 $\underline{x}_1$ 相对于 $\underline{x}_2$ 的偏差都对相关性系数没有影响，见式(7.18)。然而，式(7.22)中的检验统计量并未定量 $\underline{x}_1$ 和 $\underline{x}_2$ 之间的相对差。偏差和标量系数都会影响检验统计量值。尽管相关系数是一个很容易判读的值，可以用于定量 PSI 和水准测量之间的匹配关系，但测地检验统计量还是考虑了两种技术之间的相应标量效应和偏差。

7.2.1.2 逐点检验统计量

逐点检验统计量基于单个评估位置(PS 或基准点)上分别来自 PSI 和水准测量的形变估计值 x_1 和 x_2 之间的闭合差。可以建造出条件等式的模型，其中位置 i 上来自 $\underline{x}_1$ 和 $\underline{x}_2$ 的估计是观测矢量的输入：

$$B^T E\{y\} = [1\ -1] E\left\{\begin{bmatrix}\underline{x}_{1(i)}\\ \underline{x}_{2(i)}\end{bmatrix}\right\} = 0,\quad Q_y = \begin{bmatrix}\sigma^2_{\hat{x}_{1(i)}} & 0\\ 0 & \sigma^2_{\hat{x}_{2(i)}}\end{bmatrix} \tag{7.26}$$

相应的检验统计量及其理论贡献为

$$\underline{T}_{q=1} = \underline{t}^T Q_t^{-1} \underline{t} \sim \chi^2(1,0) \tag{7.27}$$

式中：t 为 PSI 和水准测量形变估计之间在位置 i 的闭合差。式(7.26)中逐点检验统计量的劣势是未考虑来自 PSI 和水准测量的位移估计之间的相互关联。因此，现在定义了一个一般性设置。

7.2.1.3 整体模型测试

PSI 和水平位移估计互不相关。然而，在每个技术范围内，由于网络结构和二重差分，所有位移估计都相关。考虑这些相关关系，条件等式的一般模型按下列方式设置：

$$B^T E\{y\} = [I\ -I] E\left\{\begin{bmatrix}\underline{x}_1\\ \underline{x}_2\end{bmatrix}\right\} = 0;\ Q_y = \begin{bmatrix}Q_{\hat{x}_1} & 0\\ 0 & Q_{\hat{x}_2}\end{bmatrix}, \tag{7.28}$$

这与式(7.20)相等。具有理论分布的整体模型测试的相应检验统计量如下：

$$\hat{\underline{\sigma}}^2 = \frac{\underline{T}_{q=m-n}}{m-n} = \frac{\underline{t}^T Q_t^{-1} \underline{t}}{m-n} \sim F(m-n,\infty,0), \tag{7.29}$$

式中：$m-n$ 为条件数；t 为 PSI 和水准测量形变估计之间的闭合差矢量。如果整

体模型测试超过临界值 k_α,零假设则被拒。式(7.28)中的数学模型不仅可以用于计算整体模型测试,也可以用于计算单点检验统计量,例如数据探测法所用的 w-检验统计量,见 2.3.1 节。

7.2.2 PSI 和水准位移率

PSI 和水准位移率的比较和整合可以以两种方式进行,即在基准点水平或 PS 水平进行比较,或者比较内插沉降信号。两种选择的弊端都源于可能存在的多重形变体系,见 4.5.1 节。第一种选择的缺陷在于,相邻 PS 和水准测量基准点不一定代表相同的形变体系。第二种选择由于随机模型参数中存在不确定性而可能导致内插不精确,且这种参数描绘了形变体系的时空状态。本节中,我们选择比较基准点水平(逐点)的形变估计。用这种方法,可把异常值的来源追溯到具体的基准点和 PS。

7.2.2.1 比较 PSI 和水准测量位移率

逐点比较 PSI 和水准测量位移率是在水准测量基准点位置进行的,且比较时段是二者都能覆盖到的 1993—2003 年。水准测量在 1964—2003 年期间使用了来自沉降分析的位移估计(Schoustra,2004)。该分析遵循沉降模拟程序(Odijk and Kenselaar,2003)进行,该程序已经应用于一系列代表油气生产引发沉降的基准点,见 6.5.2 节。为与 PS 速度进行比较,水准测量位移被转换成位移率。

由于对水准测量观测进行了数据检测,且选择了稳定的基准点,因此 PS 结果中也去除了异常值。鉴于数据维度,PS 被分组到一些 5×5km 的网格单元内,其中 PS 速度假设为恒定。在数据探测程序的临界值中已经考虑了一个网格单元内沉降率的差值。在围绕其均值的一个 5×5km 的网格单元内,位移率最大偏差值用 1993—2003 年期间的沉降预测进行确定,其数值大概为 2mm/年。由于速度估计存在不确定性(4.2 节),所有相对于网格单元内的平均速度显示出大于 3mm/年速度差的 PS 都被去除。原始的数据探测程序完成后,接下来是基于 PSI 估计的形变信号四树分解去除异常值。另外,假设大部分覆盖地区都没有受到形变影响且可以认为是稳定的(0 毫米/年),将一个恒定偏差应用到所有的 PS 速度上。

位移率的结构不一定意味着沉降在时间上是线性的。荷兰北部的大部分气田,位移从 1993 年开始是(近)线性的,但是部分小气田在稍晚的阶段才投入生产。然而,PSI 和水准测量估计出的位移应该是相似的,因此位移率也相似,这取决于时间采样。对于每个水准测量基准点而言,PS 都在 500m 的距离范围内进行选择。我们计算了选定 PS 的平均位移率。彩图 7.11 给出了水准测量和 PSI 的位移率。很明显,在两种技术下的空间沉降模式都非常清晰。

图 7.12(a)给出了 PSI 和水准测量位移率之间的差异。尽管水准测量和

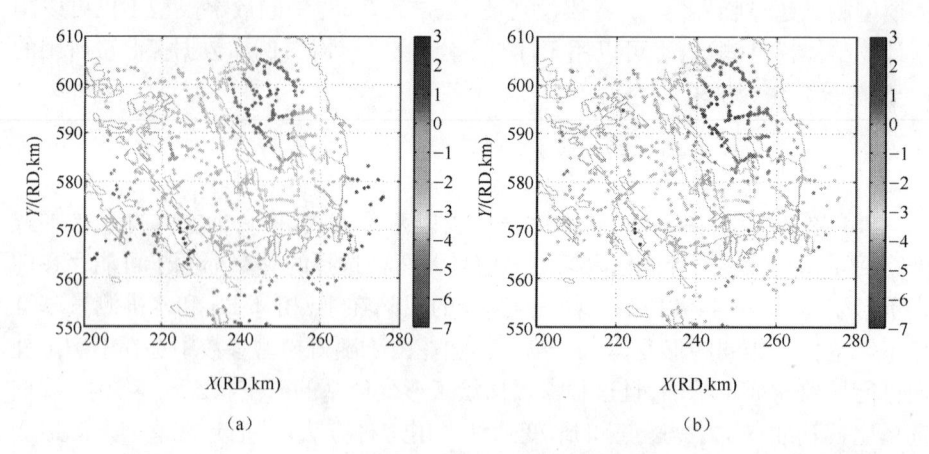

图 7.11 围绕基准点 500m 半径范围内每个基准点的水准位移率(mm/年)和 PS 的平均位移率。PSI 情况下,通过假设位移率的空间相关性去除总的异常值。继而,我们计算了每个基准位置的 PS 位移率均值

PSI 之间差异的标准偏差大约为 1mm/年,但可以看出,PSI 和水准位移率之间存在大约 0.5mm/年的偏差。该偏差可用不同的空间参照进行解释,并可针对不同的空间参照进行修正。更重要的是,我们可以从彩图 7.12 中推导出,水准测量和 PSI 位移率之间的偏差在空间上是相关的。图 7.13 给出的则是描述 PSI 和 OK 准位移率之间差值的柱状图。

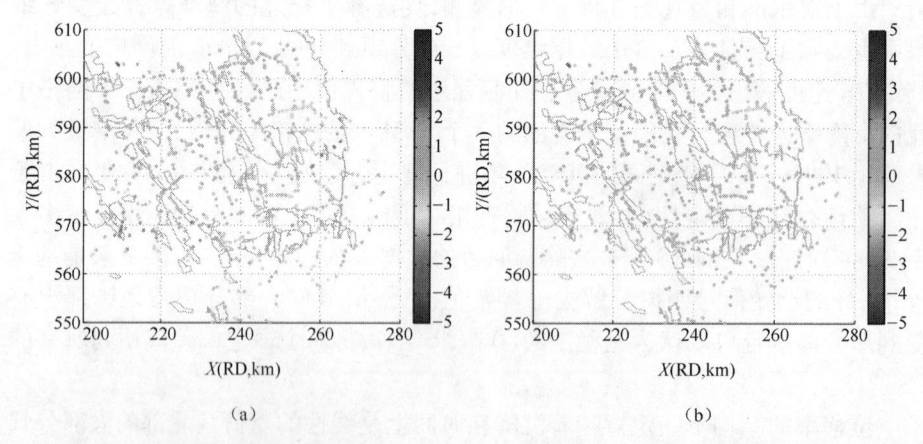

图 7.12 PSI 和水准位移率之间的差异: PSI——水准测量(mm/年)。两种测量情况下,我们都可以确定偏差和空间趋势修正前(a)和修正后(b)PSI 位移率略大于水准位移率的区域

在研究造成差异的物理原因之前,考虑了 PSI 和水准测量的随机性质。在 6.4 节中比较了重叠 PSI 路径,发现在 100km 的距离上存在几毫米/年的空间趋势。结果中并不仅是 PSI 中存在空间趋势:水准测量高度也表现出具有空间趋势。这是因为水准测量网络中存在传播错误:附近的基准点与相似网络路径之

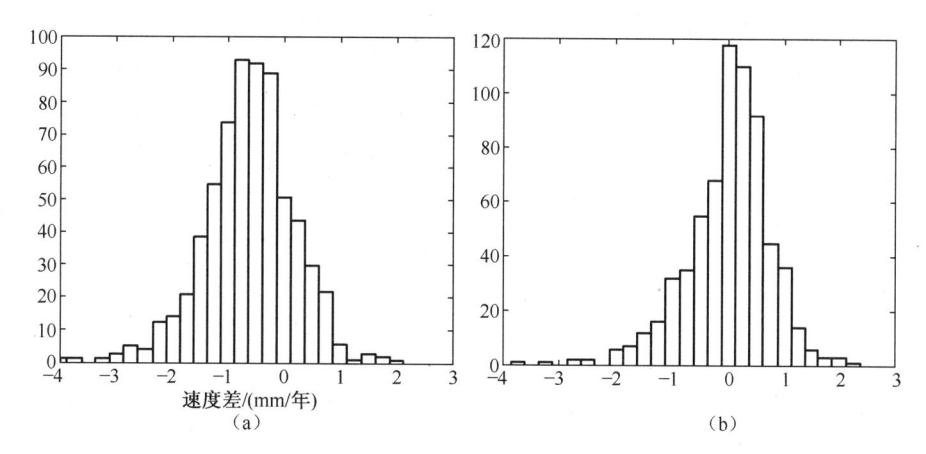

7.2 比较 PSI 和水准测量的形变估计 153

图 7.13 PSI 和水准位移率之间差值的柱状图：PSI——水准测量（mm/年）。偏差和空间趋势修正前（a）和修正后（b）。柱状图略微斜对称。这可能是图 7.12 中带有偏差状态的区域中 PS 速度估计的额外分量造成的。举个例子，重叠的形变体系（如浅层压实）或水平 PS 位移就可能会引起这种现象

间的测量高度差有关。例如，图 7.14 给出了仿真水准测量网络中的高度估计相关性。所有的高度差都为 0；测量噪声设定为 $1\text{mm}/\sqrt{\text{km}}$。可以看出，尽管高度差观测结果不相干，由于网格设计的原因，估计高度是相关的。右下角的高度比左上角的高度更大。这意味着 PSI 和水准测量可能都会引入图 7.12 中的空间趋势。

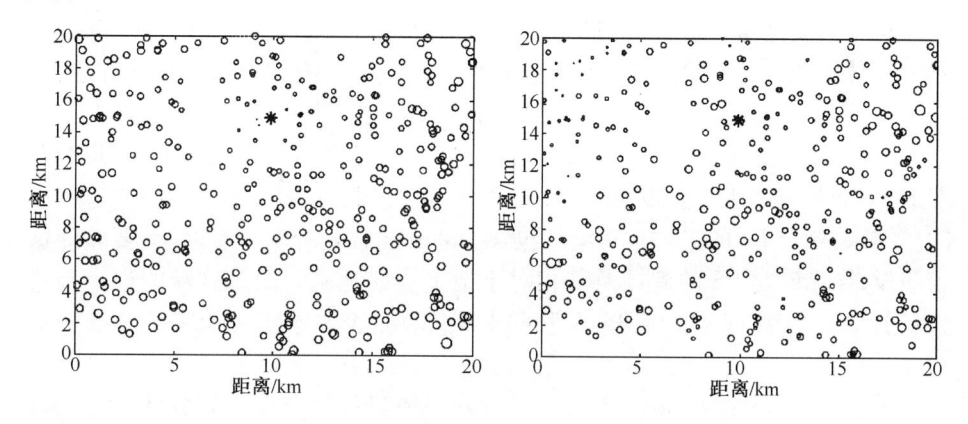

图 7.14 每条弧上不相关的高度测量组成的仿真网络。（a）估计高度的标准偏差；（b）实际高度估计。参照点用黑五角星表示。标志尺寸越大意味着标准偏差（a）或高度估计（b）也越大。可以看出，由于网络设计影响，相关性可以将空间趋势引入高度估计（b）中

因此，通过水准测量和 PSI 之间的相关系数来确定修正偏差和空间趋势是有理有据的。图 7.15 描绘了水准测量和 PSI 位移率之间的关系。相关系数为

0.94。回顾角反射器实验所获得的水准测量和 InSAR 二重差分位移之间的相关系数是也是 0.94。因此,水准测量和 PSI 位移率之间的相关性系数与受控实验中获得的相关性大致相等。更重要的是,鉴于测量精度,来自重复水准测量活动的位移相关系数也低于 1(0.94~0.97),见 7.2.3 节。因此,PSI 和水准位移估计之间的相关性达到了最大值。

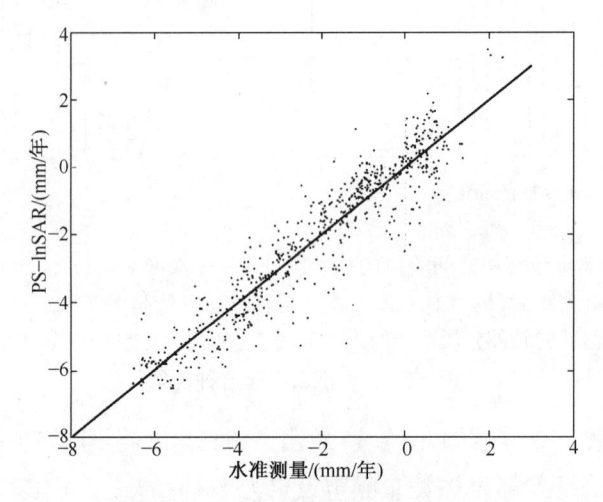

图 7.15　修正偏差和空间趋势后,水准测量相对于去趋势
PSI 位移率的点散布图。相关性系数为 0.94

7.2.2.2　PSI 和水准测量之间存在差异的潜在原因

尽管相关性很高,从图 7.12 中可以看出,仍然可以在图中标示出 PS 系统位移率高于水准位移率的区域。尽管差异很小,本节总结了造成差异的潜在原因。

一种可能的假设是,在大部分建筑物和结构具有浅层地基的区域存在一个额外的致密分量(Schroot et al.,2003)。在这种情况下,以地基稳固的建筑为参照的 PS 数量只占 PS 总数的一小部分。因此,它们可看做异常值并被随后清除。结果,剩余 PS 的平均位移率就包含了额外的致密分量。实际上,要验证这个假设,需要确定 PS 的起源及其相对于地下层的地基。由于这样的程序需要大量劳动力,应该首先确定 PSI 位移和水准位移是否差异巨大,将在 7.2.3 节中对此进行阐述。

关于 PSI 和水准位移率之间差异的另一种解释包含在空间分解当中。目前,PS 位移率从卫星视线方向转换到了垂直方向。在这种转换中,水平分量被忽视。针对格罗宁根气田区域简图,评估了由于忽视造成的误差。图 7.16 显示出了位于地下 3km 深处一个厚 170m,半径为 15km 的一个圆盘形的储层(Geertsma,1973b)。10 年内的压降大约为 36bar;致密系数为 0.72×10^{-5} bar^{-1}。可以看出,出现水平位移时,垂直方向和视线位移之间的差别为-0.5~1mm/年。如果视线位移率转换的前提是假设 PS 只在垂直方向位移,那么相对于实际垂直位移只有大约 1mm/年的偏差。最大误差出现在沉降凹陷坡度最大处。此处,由天然气开采造成的水平位移达到最大值。

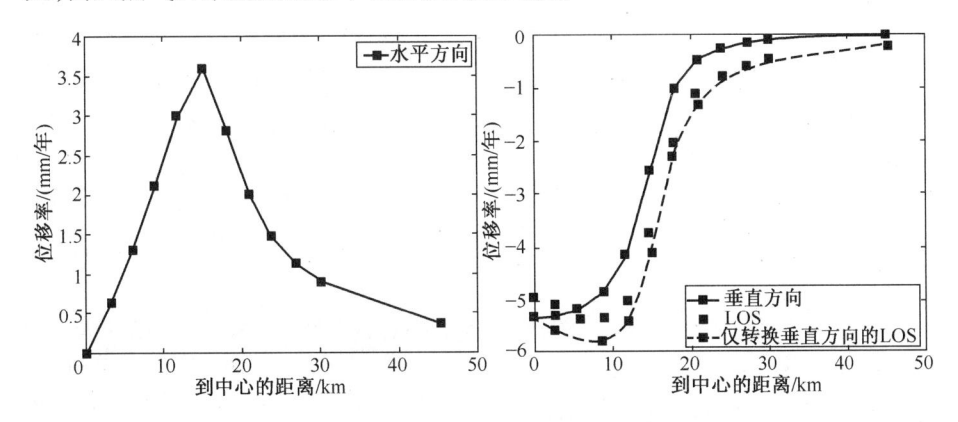

图 7.16 格罗宁根沉降区的最大预计水平位移率(a)。如果视线向位移率被转换到垂直方向,且不考虑水平方向的移动,误差大约为 1mm/年(b)

总而言之,PSI 和水准位移率间的差别可能由 PSI 评估误差引起,例如解缠误差。然而,由于 PSI 的结果来自 6 条独立路径的基准统一程序,这种可能性不大。

7.2.3 PSI 和水准位移

本节比较了一个固定期间内的水准位移和 PSI 位移。比较的第一个原因是位移率在时间上不一定是恒定的。如果天然气生产率大幅变化,位移率也会随之变化。第二个原因是气田开采造成的沉降从生产之初就被记录为沉降总量。因此,对随后的水准测量时间之间的总位移进行了比较。解释了比较设置后,讨论了比较的结果。

7.2.3.1 比较的设置

位移比较的开始和结束区间与水准测量时期一致。覆盖 PSI 测量的主要水准测量时间是 1993 年、1998 年和 2003 年。因此,在 1993—1998 年和 1993—2003 年间比较了水准测量和 PSI 位移(ERS)。

水准测量和 PSI 的形变估计在空间上是相对的。由于参照点不同,PSI 和水准测量结果之间将存在一个恒定的偏差。更重要的是,正如 7.2.2.1 节中所述,水准测量和 PSI 结果中都能展现出另一种额外的空间趋势。已经选择修正 PSI 位移估计中的偏差和空间趋势。PSI 估计中的空间趋势利用覆盖非形变区域的 PSI 估计进行估计,与水准位移估计无关。

为了有效利用 PSI 的高时间采样,在假设线性位移处于固定时间窗口(根据水平测量活动的间隔)的情况下,对两个日期之间发生的位移进行了估计)。

比较 PSI 估计和水准测量的程序在一开始就要把 PSI 位移转换到垂直方向。接下来，估计了一个固定时间窗口中的位移率。根据这些位移率，估计了时间窗口中的位移。另一个附加步骤修正了 PSI 估计的一个偏差和一个空间趋势。必须要注意，ERS-2 在 2000 年初就丢失了三个陀螺模式，有效采集数随后也急剧下降。因此，1993—2003 年期间估计的 PSI 位移率主要依靠 1993—1999 年间的 InSAR 观测。

接下来，沿特定轨迹（分布）在评估位置比较了水准测量和 PSI 位移，并沿着覆盖格罗宁根沉降凹陷的不同方向定义了分布图。为了利用空间 PS 密度，计算了相对于评估位置半径 1km 距离内 PS 位移的加权平均数。

鉴于 PSI 估计的数量，目前的比较基于小容量的数据库，这些数据库由 100m×100m 网格单元内具有最高精度的一系列的 PS 组成。进而，我们应用了一个数据探测程序来消除总异常值。

7.2.3.2 结果

附录中描述了 PSI 和水准位移分布在评估位置的比较结果。已经应用了水准位移的两种估计方法。第一种方法计算了由高度估计得出的水准位移，而这些高度估计是根据每个时相的自由网络平差中得出的（Teunissen，2000a）。第二种方法使用了沉降模型概念（Odijk and Kenselaar，2003），该概念估计空间相关的形变信号。并且，由于采用了时空联合处理，SuMo 还去除了异常值、识别误差以及表现出自主运动的基准点。我们无法在单个时间点的自由网络平差中探测到识别误差和自主运动，这就解释了水准位移分布图中的尖峰，见图 B.5～图 B.8。这也强调了水平位移估计取决于处理方法的事实。

水准测量和 PSI 位移估计之间的匹配关系可以使用两种技术的精度测量进行定量，这种匹配可由下述方式定义：

- 自由网络平差（水准测量）：方差和协方差的传播定律，假设不同时间之间互不关联；
- SuMo（水准测量）：$2mm/\sqrt{年}$（"模型缺陷"）；
- PSI：每个评估位置上位移估计的加权平均值的标准偏差，注意二重差分观测的相关性。

SuMo 位移估计选择的精度测量代表了空间相关的形变信号在时间上的不确定性。

1993—1998 年和 1993—2003 年期间的水准测量和 PSI 分布在二者的误差界限内是相匹配的，同样，图 B.3 和图 B.11 中检验统计量的分布也是相匹配的。一定要注意，转换到其他传感器似乎不会影响沉降监测的连续性，见图 7.17。这幅图描述了 2003—2007 年期间沿分布轨迹等距分布的一些位置上的 PSI 和水准位移估计（外推）。除了沉降监测的连续性，该图还显示出 PSI 由于高空间和时间点密度而具有的优势：PSI 还能在没有水准测量基准点的区域提

7.2 比较 PSI 和水准测量的形变估计

供位移估计。

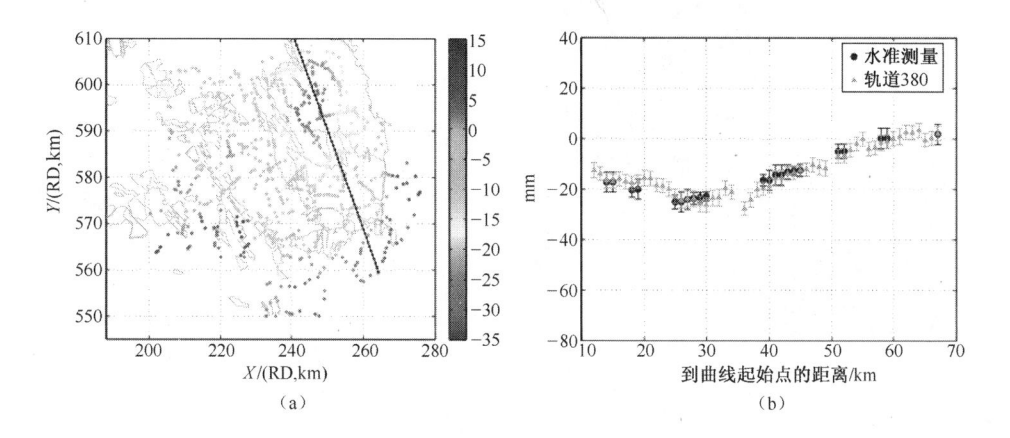

图 7.17 基于沿分布图等距分布的位置所获得的 2003—2007 年期间的水准测量和 PSI 位移(mm)(a)。(b)Envisat 路径 380,以及 SuMo 水准测量位移;PSI 搜寻半径为 1km。据此可以推导出,在没有水准测量基准点的区域可以利用 PSI 的高空间密度。水准位移测量是基于 1993—2003 年的水准测量结果外推得到的

由于每个评估位置上的检验统计量并非互不相关,因此我们又另外用式(7.28)进行了整体模型测试。由于我们认为水准测量时间不相关,根据已经用于计算位移的水准测量时间,$Q_{d_{\text{lev}}}$ 可以通过添加高度估计的方差-协方差矩阵计算出来。对于 PSI 而言,$Q_{d_{\text{PSI}}}$ 目前可建造成一个替代矩阵,因为 PSI 形变估计是按弧度进行的。替代性方差矩阵考虑了二重差分位移之间的相关性,并解释了 PSI 位移估计呈现不同精度(加权)的原因。图 7.18 描述了用于整体模型测试的方差—协方差矩阵。PSI 方差—协方差矩阵可以纳入随机模拟的残余大气信号和未建模形变来进一步完善。在 1993—1998 年期间,清除异常值之前和之后(观测的 4.5%)的整体模型检验统计结果分别为 4.29 和 1.05。$\alpha = 0.05$ 和 $\alpha = 0.001$ 时,临界值 k_α 分别为 1.07 和 1.13。因此,可以做出结论,PSI 和水准位移估计在移除异常值后是一致的。PSI 和水准位移估计中都会出现异常值。图 7.18 描述了 w-检验统计量(数据探测)的柱状图及其理论分布。由于接受了零假设,如我们所预计的,柱状图和理论分布情况非常一致。

图 B.2 和图 B.10 描述了 PSI 和水准位移估计在基准点位置上的相关性。表 7.1 中列举了 1993—1998 年以及 1993—2003 年期间所获取的相关性系数。列举相关性系数是为了在所有基准位置进行评估,并对地质统计和物理"稳定"的基准点进行进一步选择(Schoustra,2006)。水准测量和 PSI 位移之间的最大相关性系数为 0.93~0.95。

为了进行比较,重复水准测量活动中的相关系数可通过仿真进行确定。利

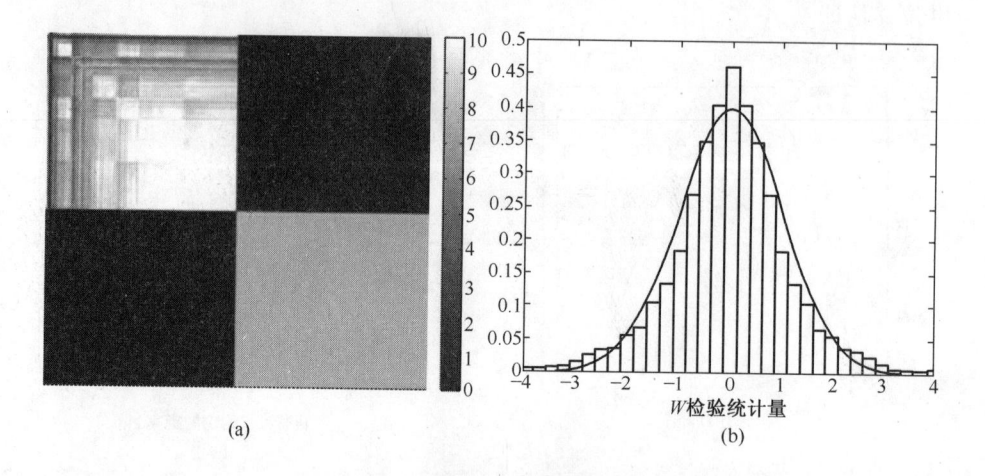

图 7.18 （a）用于式（7.28）中整体模型测试的数学模型的方差—协方差矩阵。左上部描述水准位移估计的方差-协方差矩阵。右下部描述 PSI 的替代矩阵。PSI 的替代矩阵是一个二重差分组合引起的满矩阵，也是一种简化表示。（b）w-检验统计量及其理论分布。清除异常值后，整体模型的检验统计量为 1.05，因此零假设成立，即 PSI 和水准测量位移一致

用现有水准测量活动的网络设计，将高度差测量模拟为基于沉降预测的确定部分（基于地质力学模型的预测）和基于测量精度的随机部分（约为 $1\text{mm}/\sqrt{\text{km}}$）的叠加测量。图 7.19 描述了 1993—1998 年以及 1993—2003 年期间格罗宁根沉降区位移模拟所需的相关系数柱状图。相关性系数从 1993—1998 年期间的 0.94 浮动到 1993—2003 年期间的 0.97。

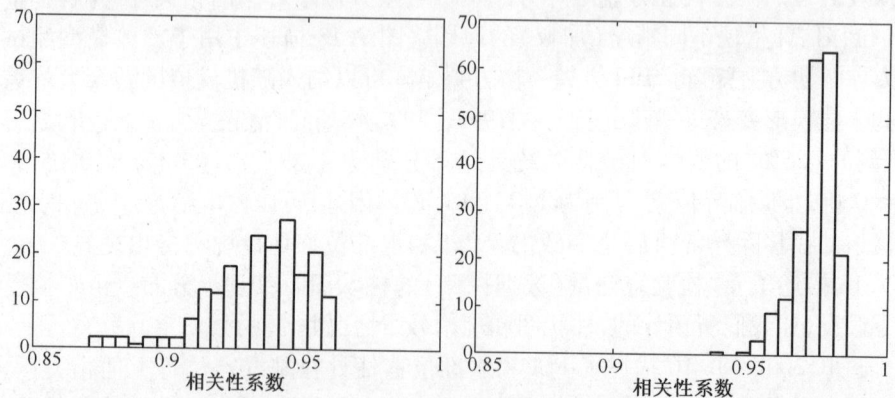

图 7.19 根据 1993—1998 年（a）以及 1993—2003 年（b）仿真的水准测量活动获取的形变估计之间的相关性系数。水准测量高度观测值被建模为确定信号（沉降预测）与测量精度的叠加作用。不考虑基准不稳定性，相关性系数仅代表水准测量精度引起的变化性。由于测量精度保持不变，同时形变量级较大，1993—2003 年的相关系数（约为 0.97）比 1993—1998 年大（约为 0.94）

表 7.1 1993—1998 年以及 1993—2003 年期间 PSI 和水准位移估计时的相关性系数，在所有水准测量基准点位置以及部分地质统计和物理性质稳定的基准点(Schoustra, 2006)位置。自由网络平差和 SuMo 分析中估计出的水准位移都计算了相关系数。基于 PSI 大面积覆盖中的稳定区域，PSI 位移已经根据空间趋势进行了修正，与水平位移估计无关。由于参照点不同，PSI 和水准位移已经就一个恒定偏差进行了修正

	所有基准点	基准点选择
SuMo 分析 1993—1998	0.90	0.93
SuMo 分析 1993—2003	0.91	0.95
自由网络平差 1993—1998	0.74	0.87
自由网络平差 1993—2003	0.81	0.94

1993—2003 年期间的相关系数更高是由于形变信号的数量级更大。由于水准测量的精度保持不变，当位移距离增加时，各种仿真中估计位移量的线性关系变得更加突出。

重复水准测量活动中产生的 0.94~0.97 的形变估计相关系数仅代表测量精度造成的变化性。

实际上，由于基准不稳定，我们预计相关系数将略低。可以断定，PSI 和水平位移估计之间的相关性与重复水准测量活动中位移估计之间的相关性是相似的。这意味着，PSI 已经达到了用于荷兰北部地区的沉降监测的成熟度。

7.3 测地学测量技术的整合

7.1 节中，在考虑时空观测频率和测量精度的同时，我们从理论角度考虑了水准测量和 PSI 应用。已经证明，时空观测频率能够克服测量精度相对较低的缺点，继而在 7.2 节中比较了位移率和固定时间段内的位移。水准测量和 PSI 位移率之间的相关系数(0.94)与受控角反射器实验中水准测量与 InSAR 位移的相关系数(0.94)相同。更重要的是，水准测量和 PSI 之间的闭合差检验统计量与其理论分布相匹配。这说明水准测量与 PSI 测量可结合用于沉降监测。因此，本节提出了一个数学框架，将观测统一形变信号的多种相关（测地）技术整合起来，且该框架为利用多重技术进行形变监测提供了理论指导。尽管第 3 章和第 4 章中也已提出相似的概念，但是这种多种技术相结合的方法还未实际应用于监测天然气开采造成的沉降。

7.3.1 数学模型

要开发统一策略来整合多种技术获取的观测，必须要考虑以下四个方面：
(1) 观测类型；

(2) 测量精度；
(3) 形变信号的参数化处理；
(4) 相关信号形变监测的理想化精度。

在处理这四个问题之前，先要介绍使用 M 测量技术进行形变监测的数学框架：

$$\begin{bmatrix} \underline{y}_1 \\ \vdots \\ \underline{y}_M \end{bmatrix} = Ax + \begin{bmatrix} \sum_{d=1}^{D_1} \underline{s}_d(x,y,t) \\ \vdots \\ \sum_{d=1}^{D_M} \underline{s}_d(x,y,t) \end{bmatrix} + \begin{bmatrix} \underline{n}_1 \\ \vdots \\ \underline{n}_M \end{bmatrix}, \quad (7.30)$$

式中：y 为测量输入矢量；A 为定义测量输入和未知形变参数之间关系的设计矩阵；x 为未知形变参数；$S_d(x,y,t)$ 为描述形变体系 d 中模拟形变和实际形变之间差异的信号，形变体系 d 的特定空间状态为 (x,y)，时间状态为 (t)；$\underline{n}$ 为测量误差。

该方程组可以被重新表示为合并的函数和随机模型：

$$E\{\underline{y}\} = Ax, Q_y = \sum_{d=1}^{D} Q_{ssd(x,y,t)} + \begin{bmatrix} Q_{nn1} & 0 & 0 \\ 0 & \ddots & 0 \\ 0 & 0 & Q_{nnM} \end{bmatrix} \quad (7.31)$$

式中：D 为所有测量技术观测到的形变体系的总数。在不同测量技术中，认为 Q_{nn} 代表的测量精度不相关。

测量输入可由观测或形变估计组成。后者意味着一种协同估算。例如结合使用 PSI 和水准测量估计天然气开采引起的沉降就属于这种情况。首先，形变估计的依据是干涉测量相位差观测。这些形变估计包含所有叠加形变体系引起的位移。其次，这些形变估计与水准测量观测相结合仅用于估计由于天然气开采造成的实际形变。如果随机信息可保存，测量输入的组成不会影响相关形变信号的估计结果。这意味着，第一步形变估计中的方差-协方差矩阵应作为进行相关形变信号估计所需的输入。

无论测量输入是否由观测或形变估计组成，每种测试技术都必须考虑其性质：

- 绝对或相对位移；
- 竖直或椭球位移。

绝对位移可以通过重力（位移与电位场正交）或 GPS（国际地球参照系统（ITRS）中的坐标）测量。大部分测量技术（如水准测量和 PSI）都提供相对观测。这些相对观测可以基于其时空信息进一步细化。一次干涉测量相位观测就是一个时间差，而一次水准测量则是两个基准点之间的空间高度差，见图7.1。第一个可解译的 PSI 测量是二重差分观测。正如 7.1.1 节所释，水准测量和 PSI 观测都可以转换成二重差分进行比较。可构建的独立二重差分数取决于网络设计上的水准测量,而对于 PSI 而言,P 个 PS 永远只能构建 $P-1$ 个二重差分。进一步而言,正如 7.2.2 节中所述,竖直位移与几何(椭球形)位移是截然不同的。

测量输入精度是由观测的随机模型或用于估计相关形变信号的形变估计进行描述的。随机模型包含测量技术的所有随机模拟误差源。对于水准测量而言,则仅限于测量噪声(约为 $1\mathrm{mm}/\sqrt{\mathrm{km}}$)。对于如 PSI 等的空间技术,则包含随机模拟的误差,如大气干扰。

形变信号的参数化取决于相关信号。2.3.3 节中已经讨论了天然气开采引发沉降的函数模拟方法。这些选择非常多样,包括利用点源到利用基于地表地质力学模型的预测网格等来模拟天然气开采造成的沉降。在此引入了多学科的形变模拟方法。预测精度可通过模拟地下层的地质力学性质进行优化。

总的来说,形变监测的理想化精度描述了特定测量技术监测相关形变信号的性能水平。它将测量点的物理识别水平和存在其他形变体系时相关沉降信号的状态信息结合起来。

7.3.2 水准测量和 PSI 的结合

在本节中,将 7.3.1 节中介绍的数学模型更加详细地应用到水准测量和 PSI 形变估计的整合过程中。由于测量点的物理性质不同(基准点相比于反射),不可能直接比较观测。每项技术的形变估计都结合到参数空间中,即对相关形变信号进行联合评估。这种联合评估的测量输入即为水准测量和 PSI 形变估计。

PSI 形变估计由等式的 PSI 系统计算得出。根据式(6.4)解缠相位观测后,可得冗余的参数估计:

$$E\{y\} = E\left\{\begin{bmatrix} \underline{\varphi}_{ij}^{k=1} \\ \vdots \\ \underline{\varphi}_{ij}^{k=K} \end{bmatrix}\right\} = \left[-\frac{4\pi}{\lambda}T^k \quad -\frac{4\pi}{\lambda}\frac{B_j^\perp}{R_i^m \sin\theta_i^m}\right]\begin{bmatrix} v \\ H \end{bmatrix}; \quad (7.32)$$

$$D\{[\varphi_{ij}^k]\} = Q_{nn} + Q_{\mathrm{atmo}} + Q_{\mathrm{defo}}$$

作为相关信号联合估计过程中的测量输入,PSI 形变估计可用最佳线性无偏预测(BLUP)理论进行确定,例如见 Teunissen et al.(2005)。在此,预测了形变引起的相位贡献,包括一个仅由形变模拟不确定性决定的相应方差—协方差矩阵。因此,PSI 方程组以下列方式展开:

$$E\left\{\begin{bmatrix} y \\ \underline{z} \end{bmatrix}\right\} = \begin{bmatrix} A \\ A_z \end{bmatrix} x \quad (7.33)$$

具体展开式:

$$E=\left\{\begin{bmatrix}\underline{\varphi}_{ij}^k\\ \underline{z}\end{bmatrix}\right\}=\begin{bmatrix}-\dfrac{4\pi}{\lambda}T^k & -\dfrac{4\pi}{\lambda}\dfrac{B_i^\perp}{R_i^m\sin\theta_i^m}\\ -\dfrac{4\pi}{\lambda}T^k & 0\end{bmatrix}\begin{bmatrix}\boldsymbol{v}\\ \boldsymbol{H}\end{bmatrix} \quad (7.34)$$

结合随机模型的公式:

$$D\left\{\begin{bmatrix}\underline{\varphi}_{ij}^k\\ \underline{z}\end{bmatrix}\right\}=\begin{bmatrix}\boldsymbol{Q}_{yy} & \boldsymbol{Q}_{yz}\\ \boldsymbol{Q}_{zy} & \boldsymbol{Q}_{zz}\end{bmatrix}=\begin{bmatrix}(\boldsymbol{Q}_{nn}+\boldsymbol{Q}_{atmo}+\boldsymbol{Q}_{defo}) & \boldsymbol{Q}_{defo}\\ \boldsymbol{Q}_{defo} & \boldsymbol{Q}_{defo}\end{bmatrix} \quad (7.35)$$

矢量 z 包含了形变引起的预测相位贡献,即

$$\hat{\underline{z}}=-\dfrac{4\pi}{\lambda}T^k\hat{\boldsymbol{v}}+\hat{\underline{s}}_{defo} \quad (7.36)$$

式中: $\hat{\underline{s}}_{defo}$ 为未建模形变信号的相位贡献。对预测形变矢量应用传播法则会产生相关的误差方差—协方差矩阵:

$$\boldsymbol{P}_{\hat{\underline{z}}\hat{\underline{z}}}=\boldsymbol{Q}_{zz}-\boldsymbol{Q}_{zy}\boldsymbol{Q}_{yy}^{-1}\boldsymbol{Q}_{yz}+(\boldsymbol{A}_z-\boldsymbol{Q}_{zy}\boldsymbol{Q}_{yy}^{-1}\boldsymbol{A})\boldsymbol{Q}_{\hat{x}\hat{x}}(\boldsymbol{A}_z-\boldsymbol{Q}_{zy}\boldsymbol{Q}_{yy}^{-1}\boldsymbol{A})^{\mathrm{T}} \quad (7.37)$$

式中:

$\boldsymbol{A}=\left[-\dfrac{4\pi}{\lambda}T^k \quad -\dfrac{4\pi}{\lambda}\dfrac{B_i^\perp}{R_i^m\sin\theta_i^m}\right]$; $\boldsymbol{A}_z=\left[-\dfrac{4\pi}{\lambda}T^k \quad 0\right]$; $\boldsymbol{Q}_y=\boldsymbol{Q}_{nn}+\boldsymbol{Q}_{atmo}+\boldsymbol{Q}_{defo}$; $\boldsymbol{Q}_{zz}=\boldsymbol{Q}_{defo}$; $\boldsymbol{Q}_{zy}=\boldsymbol{Q}_{defo}$; $\boldsymbol{Q}_{yz}=\boldsymbol{Q}_{defo}$。

使用预测形变矢量替代 PSI 形变估计的优势在于,其方差—协方差矩阵中描述的不确定性仅由形变信号中的随机不确定性引起。PSI 形变估计结果的方差—协方差矩阵同样包含测量噪声和大气干扰的贡献。然而,使用预测形变矢量也有不利因素。主要的复杂因素在于,测量噪声的协方差函数、(残余)大气信号以及未建模形变必须是实际可行的。否则,可能存在风险会错误处理未建模形变对其他误差源造成的贡献。在这种情况下,更倾向于选择结合使用 PSI 形变估计和包含所有误差源贡献的方差矩阵。

应用多种测量技术联合估计相关形变信号所需的数学框架还没有进行实际应用。估计天然气开采造成的沉降必然需要一种多学科方法。为了实现与地表水平的测地测量结果的一致性,迭代程序中必须要包含地质力学模拟的沉降预测(包括其不确定性)。

7.4 结论

本章研究了 PSI 在沉降监测中的实际使用。因此,把格罗宁根地区的 PSI 结果与水准测量活动中获取的沉降估计结果进行了比较。这种比较从整体化的角度出发,考虑了两种技术的不确定性。通过仿真可知,尽管 PSI 二重差分观测的精度相对较低,PSI 的时空点密度可以获得与水准测量技术相同或比其更高的位移率估计精度,见图 7.3。

在方差—协方差矩阵上应用 DOP 精度测量法(这种方法与时空参照无关),评估了 PSI 的时间采样。PSI 和水准测量都选择了 10 年的监测期。考虑到 PS 二重差分位移的标准偏差为 3mm,而水准测量高度差的观测精度大约为 1mm,获得相同位移率精度大约需要 25 幅 SAR 图像。

在评估空间采样时,我们同时研究了点密度和相关形变信号的光滑度。要评估空间点密度,必须考虑水准测量和 InSAR 二重差分位移之间的相关性。否则,由于空间采样更高,会高估形变估计精度。进一步而言,应用实际沉降预测和变化点密度采样内插形变信号的交叉验证,还研究了重建格罗宁根地区沉降信号的空间采样。可以做出结论,需要大约 $1/km^2$ 的点密度来重建格罗宁根地区的沉降信号。

证实了基于时空密度的 PSI 与水准测量性能不相上下之后,比较了 1993—2003 年期间的实际 PSI 和水准位移估计结果。两种技术的位移率之间的相关系数为 0.94,与受控角反射器实验的水准测量和 InSAR 位移间的相关系数相当(0.94)。该相关系数已经达到最大值,因为重复水准测量活动由于测量精度所限,其位移估计结果之间的相关系数同样低于 1(为 0.94~0.97)。

在沿覆盖格罗宁根沉降凹陷分布的评估位置上比较了固定时段内的位移(1993—1998 年和 1993—2003 年时段)。已经证明,闭合差检验统计量与理论分布一致。PSI 和水准位移之间的最大相关系数为 0.94~0.95。可以指出一些 PSI 沉降率略大于水准测量沉降率的地区。尽管引起这些微小偏差的原因还需进一步探究,但是考虑水准测量和 PSI 之间的相关性以及第 6 章中的多轨可靠性分析,确定 PSI 的成熟度已经达到监测油气生产引起沉降的实际应用要求。总而言之,已经引入了一个数学框架,形成了一种稳健的一体化复合测量技术。

在线摘要

要把 PSI 用做一种实用的形变监测技术,必须证明形变估计不受未定量的系统影响。由于荷兰地区的大部分气田在雷达卫星运行前就已投产,必须确保历史测量得出的沉降估计结果与卫星测量的结果一致。因此,本章从整体化角度比较了 PSI 形变估计结果和水准测量结果:对两种技术的不确定性都进行了考虑,且两种技术的不确定性在裕度范围内应当保持一致。

8

探讨未来的沉降监测

本章对根据 ERS-1、ERS-2 和 Envisat 卫星获得的格罗宁根地区观测结果进行了总结和讨论,详细地论述了 PSI 作为一种测量技术的精度和可靠性以及监测天然气开采引起沉降的理想化精度。此外,本章还给出了应用 PSI 提高人们对储层动态认识的实例,并在最后,针对未来的沉降监测情况提出了建议。

8.1 精度和可靠性

PSI 观测就是二重差分相位观测,它们指空间和时间参考:一个 PS 和一个采集时间。PS 形变评估精度与参考 PS 无关。将 PS 形变估计方差用作绝对精度测量表明,PS 与参考 PS 之间距离越大,精度就越低。但是,全方差—协方差矩阵所描述的相对精度是不变的。为了用参数描述与参考 PS 无关的方差—协方差矩阵所代表的精度,采用了误差放大因子(DOP)测量,见 4.3.4 节。

在受控角反射器实验中进行了 InSAR 随机模型的验证,见 4.4 节。利用独立的水准测量技术,借助方差分量预测对 PSI 二重差分位移的精度进行了评估。ERS-2 和 Envisat 二重差分位移的预测精度(1σ)分别为 3.0mm 和 1.6mm。ERS-2 二重差分的精度较低,很可能是 2003—2007 时段的时序中的大型多普勒中心频率偏差引起的。水准测量和 Envisat 二重差分位移之间的相关度是 94%,这有力地说明了 InSAR 作为一种形变监测技术的潜能。

在受控角反射器实验中验证了 InSAR 的测量精度之后,对根据自然 PS 获得的形变估计精度进行了调研。不存在解缠误差和其他系统误差的情况下,PSI 形变和高度估计的精度由测量精度、物理 PS 特性和网络设计(即时间采集密度和观测几何角度)决定。ERS 和 Envisat PS 速度的精度表现出与两个 PS 之间距离的相关性,见 6.3.1 节。最小的图像序列由 24 幅时间跨度长达 8 年的干涉图组成,具有每$\sqrt{km}$约 0.1mm/年的 PS 速度精度。最大的图像序列由 74 幅时间跨度长达 14 年的干涉图组成,表现出每$\sqrt{km}$约 0.04mm/年的 PS 速度精度。

未建模的额外误差源和解缠误差可降低这些精度数值。首先,忽略方位向亚像素位置能够导致 PS 速度估计中出现大约 0.5mm/年的附加误差,见 4.2.1 节。而且,还必须考虑轨道误差,因为格罗宁根沉降区域的覆盖范围很大。径向和切向分别为 5cm 和 8cm 的随机轨道误差能够在远、近距离之间引起最高达约 1mm/年的速度误差,见 4.2.3 节。

由于主要形变信号表现出很低的沉降率(小于 7mm/年)且近线性位移的时间采样相对较高(高达每年每轨道 10 次采集),相位模糊数分辨率的成功率在高 PS 密度(大于 100 PS/km^2)和高相位精度(1/20 周,位移精度 1.5mm)情况下接近 1,见 4.2.4 节。但是,由于乡村地区的 PS 密度只有 0~10 PS/km^2,大气干扰会破坏相位解缠成功率。能够根据仿真推断出,使用具有高测量精度的稀疏弧度网络时,能够获得高成功率(大于 0.9);但是成功率随测量精度(1/10 周)和 PS 密度(5 PS/km^2)的降低而大幅降低,见 4.2.4 节。因此,数值为 1 的模糊数分辨率成功率在格罗宁根乡村地区无法保证,且即使是在进行空间解缠的测试过程中清除了闭合差之后也不能保证,见 6.1.3 节。更密集的 PS 网络会使我们在决定是否接受备选 PS 时具有更好的识别能力,但不能解决 PS 参数估计由于系统公式中缺乏冗余而不能被测试的问题,见 3.4.1 节。格罗宁根采集几何特征和采样时序中的一个解缠误差可引起约 1mm/年的误差。如果存在形变模型缺陷,解缠成功率会下降。图 8.3 中的实例表明:在 1994 年前后数据缺失时,线性位移率评估很可能使 1992—1993 年的位移具有 -28mm 的偏移量(半波长)。

为了在可靠性评估中引入冗余,应用了多个能够监视同一个形变信号的独立重叠路径。六个重叠路径都能观测到格罗宁根沉降凹陷。我们开发了一种基准统一程序将这些路径结合起来,进而能够同时提供可靠性评估,见 5.2 节。转换到通用雷达基准后,处于受限的或是均匀分辨单元距离范围内的多轨 PS 就可清楚地被检测到。由于参考 PS 不同,不同路径 PSI 估计(位移,高度)之间的闭合差理论上应该含有一个恒定的偏移。但是,表面看来,PSI 估计中在 100km 的距离上出现了几 mm/年的小型空间趋势。这些趋势可能由在巨大空间范围上传播的解缠误差和轨道不精确性引起。进行基准统一之后,70%PS 簇的 PS 速度估计标准偏差都小于 1mm/年,见 6.4.1 节。除了可能因 PSI 这种测量技术的精度引起,这些差异还可能因不同形变体系(PS 的物理实体不完全相同)以及潜在的水平形变分量而引起。

对于具有不同观测几何角度的路径,沿来自路径的视线做出的 PSI 形变估计可进一步用于将形变分解为水平方向和垂直方向的运动,见 6.4.2 节。已经有证据证明,水平分量的特征和量级都与理论上天然气开采引起沉降的预计水平运动相吻合。虽然这些水平分量无法明确地进一步划分为物理信号和剩余系统影响,但是这一事实指出我们必须要考虑水平分量的存在。如果人们忽略水平分量,直接将视线估计仅转换成垂直分量,则会额外引起一个高达约 1mm/年的误差分量。这强调了通过交叠的升降轨道进行沉降监测的重要性。

8.2 形变体系的分离

地表形变可能受不同机制的驱使而发生。形变原因可根据下列三种形变体系进行划分:结构不稳定性、浅层地下运动和深层地下运动,见 4.5.1 节。结构不稳定性指新建筑物的沉降效应或具有不稳定地基的建筑物的自主运动。浅层地下运动是指地下水位变化引起的自然压实作用和运动。深层地下运动包括天然气、石油或其他矿物质的开采。荷兰大部分地区都存在松软土壤,所以浅层地下运动不容忽视。浅层压实作用引起的地面水平运动取决于形变机制(地下水位变化、泥炭氧化和自然压实作用),十分不规律。根据分析不受天然气开采影响的多个时期和区域内水准测量基准点运动的一些外部研究,我们得出结论:大多数的运动引发的移位都处于±1mm/年的范围内,最大位移率可高达 1cm/年,见 6.5.1 节。Delft 实验中的角反射器运动每个季节可变化 1~2cm,见 6.5.1 节。由于格罗宁根地区天然气开采引起的沉降率最大约为 7mm/年,浅层地下运动引起的形变可能会污染相关形变信号。

与使用固定基准点的传统测地技术相比,PSI 测量点的定义不似传统测地技术那般明确。不同反射类型(单次、二次和多次反射)加之有限的地理位置精度,它们使得准确识别永久散射体的物理特性难上加难。此外,由于雷达卫星是在空间实施监测行为,它测量所有的地表运动,而未考虑形变体系。这将进一步增加了追溯 PS 位移属于何种形变体系的难度。但是,对于诸如水准测量等的陆地研究技术,识别形变体系也并不简单直接。只有极少数地下基准点安装在稳定的更新世层,大部分基准点都安装在可能会受到其他自主运动影响的建筑物上。PSI 测量和水准测量都可能代表多种形变体系。区别在于,水准测量的测量点是在网络设计("过滤先验")过程中选择的;而 PSI 测量点的选择是为了估计相关形变信号,要在完成形变估计之后进行选择("过滤后验")。但是,即使是水准测量也需要进行后验过滤来区分表现出自主运动特征的基准点和代表着稳定更新世层的基准点。

为了获得成功的 PSI 评估过程,即便是在格罗宁根乡村地区 PS 密度也必须要足够高。有证据已经表明,如果 80% 的区域都能达到 0~10PS 每平方千米的密度,则乡村地区的永久散射体与建筑物(农场、房屋)和其他人造结构相吻合,见 6.2.1 节。这些永久散射体要么参照来自建筑物(顶部)的直接反射,要么参照相对于地面水平的二次反射。后者可能含有其他的浅层形变分量。来自地基良好建筑物的直接反射是评估天然气开采引发沉降的最合适的观测。同时,还需要应用其他工具对这些观测进行选择:PS 高度、Envisat 交叉极化数据,以及因观测几何角度而异的反射行为(Perissin,2006)。

如果 PS 高度用于描述目标特征,则清除旁瓣观测十分重要。首先因为旁瓣观测不是独立的,其次因为旁瓣高度估计参照了错误的距离单元,故而它们是偏置的。此外,PS 高度必须根据地面水平进行确定,见 6.5.3 节。由于激光测高术和 SRTM 数据不能提供城市区域的地面水平高度,因此生成了本地 PS 高度柱状图。基于大多数 PS 都代表来自地面水平的二次反射的假设,地面水平高度应与柱状图峰值的位置相吻合。确定地面水平高度中存在的不确定性可根据关于(多模态)本地 PS 高度柱状图的柱状图拟合进行推断。案例研究中,对一个大约 2.5m 的地面水平高度标准偏差进行了评估,见 6.5.3 节。随后,选择了高度在 5m 以上的 PS,它们有 95%的可能性能成为高位目标。Envisat 交叉极化数据已经证实,这些反射很可能是奇数次数的反射(最可能是镜面反射)。

为了确定高位镜面 PS 目标的选择是否会影响形变估计,对选择前和选择后的 PS 速度柱状图进行了比较。由于来自地基良好建筑物的直接反射应该不受其他浅层形变分量的影响,预计 PS 速度柱状图会变化到更低量级的位移率。但是,很显然,两种案例研究领域中的柱状图变化都不大,见 6.5.3 节。柱状图确实迁移到了稳定区域内(这意味着有更少的额外自主和浅层压实作用分量),但差异低于 0.5mm/年。基于观测几何角度选择直接反射产生了相似的 PS 速度柱状图差异,同样,这个差异也不大。如果大多数建筑物都没有相对于更新世层发生移动,由于天然气开采引起的沉降是常见的形变体系,则 PSI 结果代表深层地下位移。

为了评估天然气开采引起的沉降,可根据相关形变信号的空间相关性长度选择 PS,见 4.5.3 节和 6.5.4 节。得益于很高的空间 PS 密度以及天然气开采属于常见形变体系的事实,我们应用一个数据检测程序清除所有在空间上与相邻 PS 不一致的 PS。空间上一致的 PSI 位移率和水准位移率之间的相关系数是 0.94,这个数值与受控角反射器实验中的位移相关性系数(0.94)一致,见 4.4.5 节。由于实际上根据反复水准测量估计的位移间相关系数也不等于 1(为 0.94~0.97),这说明 PSI 已具备监测荷兰北部地区因油气生产引起的沉降的能力。

8.3 PSI 和储层动态

确认能够用 PSI 成功地估计天然气开采后,随之而来的问题是,更高的空间和时间观测密度与水准测量相比是否能够用于扩充人们对储层动态的了解?特别是在考虑部署(附加)钻井的地区,那里的储层行为和储层体连接存在更高的不确定性,PSI 能够提供更多的信息。需要更多储层信息的另一个原因是,Waddenzee 近海海面自 2007 年 2 月开始出现因天然气开采引发的沉降。由于 Waddenzee 天然气生产需要关注数种环境因素,所以天然气开采引起的沉降必须

(近)实时进行监测(NAM,2006)。对储层性质了解越多,就能够更好地控制引发的沉降。

8.3.1 天然气开采引起沉降的时间特征

考虑采用 ERS 和 Envisat 卫星,如果研究区域可从四个独立轨道进行监视,则时间观测密度最多可增加到 35 天 4 次。格罗宁根主气田上方的沉降在 1992—2007 时段的卫星监测中呈近线性发展。但是,一些较小气田具有不同的开采历史(NLOG,2008)。例如,Anjum 气田的生产(图 A.1)始于 1997 年 ERS 卫星监视运行的中期(NAM,2003b)。再如,Norg 气田,在 1983—1995 年间就进行了天然气生产(NAM,2003a)。而后,该气田从 1997 年开始用于地下天然气存储,在地表引起了一个隆起。

沉降延迟是一个重要的储层参数:它指气田开始进行天然气生产与沉降开始发生之间的时间差。在线性沉降率达到恒定的生产率之前(Hettema et al.,2002),时间延迟与沉降曲线形状密切相关。

为了保存偏离线性零假设的 PSI 位移序列,必须以保守的方式执行未建模形变信号和大气信号(4.3.2 节)的分离。因此,位移时间序列的噪声可能相对比较多,但时间序列中的非线性特征可完整地保留下来。本节将基于残余位移时间序列描述一种检测未建模形变信号的方法。

在研究位移残余之前,需要考虑 PSI 随机模型中的不确定性。观测的方差-协方差矩阵含有测量噪声、大气噪声和未建模形变的叠加信息,见 3.4.3 节。PSI 参数估计和方差分量估计按弧度执行。因此,大气噪声无法与测量噪声区分开来。所以,估计的方差系数既描述测量噪声也描述大气噪声,可用做一种适用于不同大气干扰的标量系数(Hanssen,2004)。彩图 8.2 给出的是一个包含 Anjum 气田的小型研究区域的估计 PS 速度及其执行 VCE 后的估计精度。

在彩图 8.2 中,能够看到一个区域呈现出比周围区域都低很多的 PS 速度精度。造成这种低精度的可能原因是 PS 测量噪声、物理 PS 不稳定度或未建模形变程度较高,即关于线性速度的假设不成立。为了跟踪模型偏差,基于 PS 位移估计的最小二乘余数执行了剩余分析。假设相关信号的空间行为变化很平稳,将该区域分成一些 3km×3km 的方块区。根据一个方块区中的所有 PS 剩余,可构建方差—协方差矩阵:

$$C_{\hat{e}} = \hat{e}\ \hat{e}^{\mathrm{T}} \tag{8.1}$$

式中:$\hat{e}$ 为最小二乘残余(干涉图数×PS 数)的矩阵;$c_{\hat{e}}$ 为残余的方差—协方差矩阵。该方差和协方差矩阵可分解为特征矢量和特征值。为了说明方块区中的最大可变化性,对每个方块区中与最大特征值对应的特征矢量进行了分析。从彩图 8.2 中能够看到,具有较低精度的方块区显示出一种偏离线性速度模型的系统残余行为。仔细观察 PS 时间序列时,位移率中确实存在一个断点,见彩

图 8.1。应用残余特征矢量分析,我们就能够跟踪那些其中模型假设需要修改的区域。

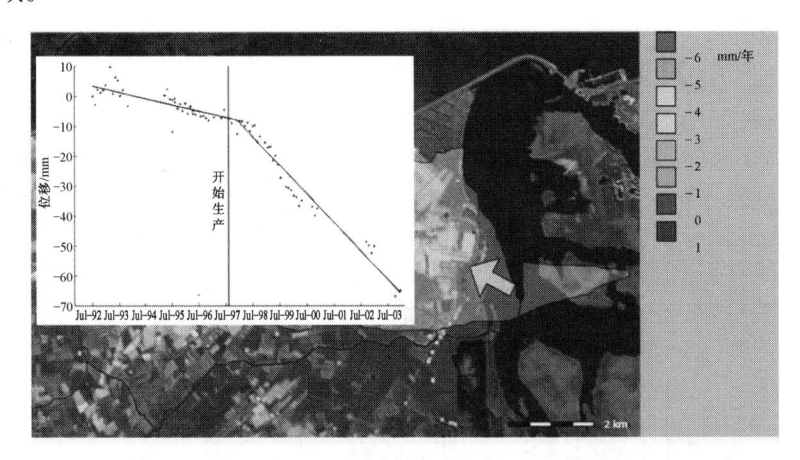

图 8.1 Anjum 气田(绿色)的位移时间序列。图中可见 1997 年 8 月开始进行天然气生产之后几个月到一年时间里的位移率变化。平均位移率以毫米/年计。这些位移率低估了开始天然气生产之后的沉降率,因为它们是根据 1993—2003 年时段的监测数据估计出来的

可定义备选条件来确定最可能的形变模式。一种最简单的备选条件在开始进行天然气开采之前和之后都含有两种线性位移率。关于矿物开采引起沉降的(平缓)时间发展变化的更高级函数见 Kwinta 等(1996)中的描述。

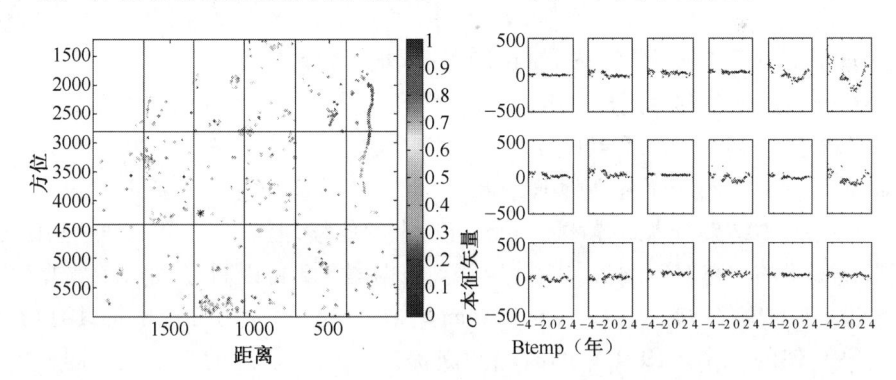

图 8.2 PS 速度精度(mm/年)和方块区的划分(a)。右上角区域中 PS 速度估计的精度总体上比周围的 PS 要低。参考 PS 用黑色五角星来表示。(b)每个描述方块区域内剩余 PS 位移(相对于线性位移率)中最大变化性的特征矢量。右上角方块区显示出偏离线性 PS 速度零假设的系统偏差。可通过这些区域中的 PS 位移时间序列对此进行解释,见彩图 8.1

备选条件用总体模型试验(Teunissen,2000b)进行评估。我们给出的一个备选条件实例是从时间 t 开始具有附加未知速度和偏离参数 u 的形变模型展

开式：

$$H_0: E\{\underline{y}\} = Ax; \qquad H_a: E\{\underline{y}\} = Ax + C_y \nabla, \qquad (8.2)$$

$$\begin{cases} H_0: E\left\{\begin{bmatrix} y_{ij}^1 \\ \vdots \\ y_{ij}^{t-1} \\ y_{ij}^t \\ \vdots \\ y_{ij}^K \end{bmatrix}\right\} = v_1 T^k; \\ H_a: E\left\{\begin{bmatrix} y_{ij}^1 \\ \vdots \\ y_{ij}^{t-1} \\ y_{ij}^t \\ \vdots \\ y_{ij}^K \end{bmatrix}\right\} = \begin{bmatrix} T^t \\ \vdots \\ T^t \\ \vdots \\ 0 \end{bmatrix} v_1 + \begin{bmatrix} 0 & 0 \\ \vdots & \vdots \\ 0 & 0 \\ T^t & 1 \\ \vdots & \vdots \\ T^K & 1 \end{bmatrix} \begin{bmatrix} v_2 \\ u \end{bmatrix} \end{cases} \qquad (8.3)$$

式中：v_1、v_2 分别为天然气开采引起沉降开始之前和之后的 PS 速度。要求的偏置应该能够避免位移率发生变化时时间序列中出现的不连续性。相应的检验统计量如下：

$$H_0: \underline{T}_{q=m-n} = \hat{\underline{e}}_0^T Q_y^{-1} \hat{\underline{e}}_0; H_a: \underline{T}_{q=m-n} = \hat{\underline{e}}_a^T Q_y^{-1} \hat{\underline{e}}_a \qquad (8.4)$$

式中：$\underline{e}$ 为最小二乘残余；Q_y 为观测的方差—协方差矩阵。

Norg 气田的位移序列是一例更加复杂的形变模式，见图 A.1 和彩图 8.3。地面水平最初在 1983—1995 年间因天然气生产发生了沉降（NAM，3002a）。之后，Norg 储层从 1997 年开始用于地下存储，在大约四年的时间里产生了 4cm 的隆起。

虽然图中结果清晰地描述了 Norg 气田上的位移，但需要指出的是这些偏离了形变模式的位移对解缠误差十分敏感。根据图 8.3 可以断定，如果在 1992 年和 1993 年的位移中减掉 1/2 波长（28mm），则线性位移率的分辨率将具有与当前算法相似的概率。1994 年的时间间断提高了相位解缠的自由度。同样，在 2000 年以后的时段里，时间采样下降。这一时期比 1995—2000 年间的密集采样期对解缠误差更加敏感。此外，如果沉降和隆起的量级更加大，则基于线性位移率对沉降和隆起进行的估计也将对解缠误差更加敏感。Norg 气田上的隆起发生在执行最高时间采样期间，因此被 PSI 完整地捕获到了。Norg 时间序列显示出 PSI 进行储层行为监视的高度潜能，但是同时它也强调了进行 PSI 成功应用（采样率、沉降信号的量级和范围）的先验条件的重要性。在此，处于代表性位置上连续的 GPS 监视能够辅助进行 PSI 相位观测的解缠。PSI 与 GPS 的结合

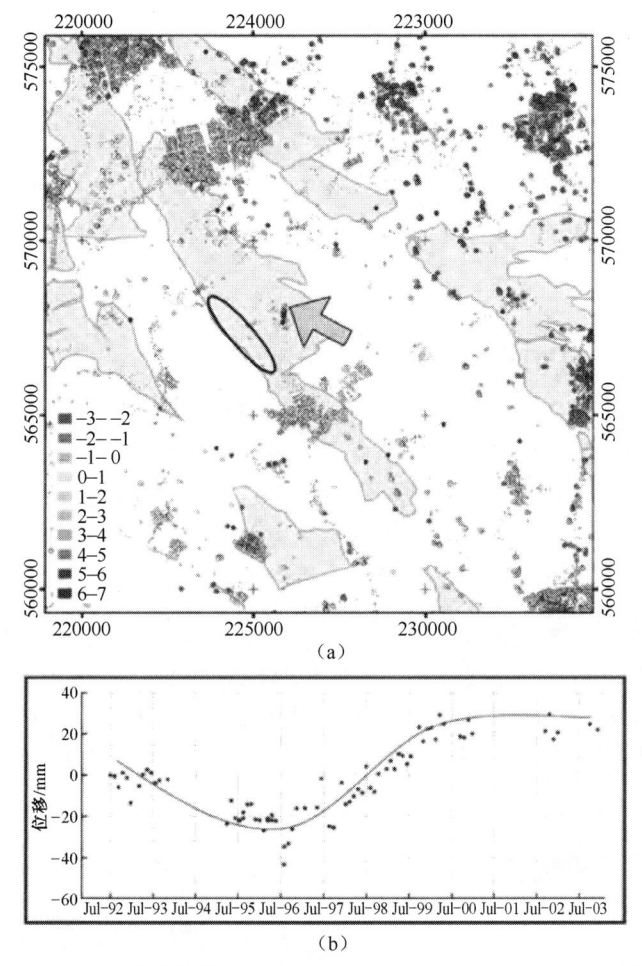

也是 PSI 空间观测密度与 GPS 更高时间采样的强强联合。

图 8.3 以 mm/年为单位的平均位移率(a)和 Norg 地区(图 A.1)的 PS 位移(mm)时间序列(b)。天然气开采引起沉降之后,由于从 1997 年开始将该储层用做地下天然气存储而产生了一个隆起。注入井所在的区域用黑色圆圈做了标识。注意,1992—1993 年间以及自 2001 年以后的位移都对解缠误差很敏感。位移中的模糊数等于波长的 1/2,约 28mm。实际地面运动偏离线性位移率零假设的偏差与时间间断相结合会引起解缠误差

8.3.2 天然气开采引起沉降的空间行为

除了时间密度以外,PSI 的空间密度也很高,特别是在城市区域更是如此(水准测量每平方公里 1~2 个基准点,PSI 每平方千米则有大约 40 个 PS)。彩图 8.4 和彩图 8.5 仅给出了 Waddenzee 地区升轨和降轨的 PS 密度,而彩图 8.6 则描述了两者相结合的方案。Anjum 气田的天然气生产延后在时间序列中可识别出来。在岩脉的位置,可以清楚地看到升轨和降轨采集监视补充散射体的不

同。Anjum 岩脉上覆玄武岩块,对准降轨的观测几何角度。在升轨中,岩脉上几乎没有观测到任何散射体。

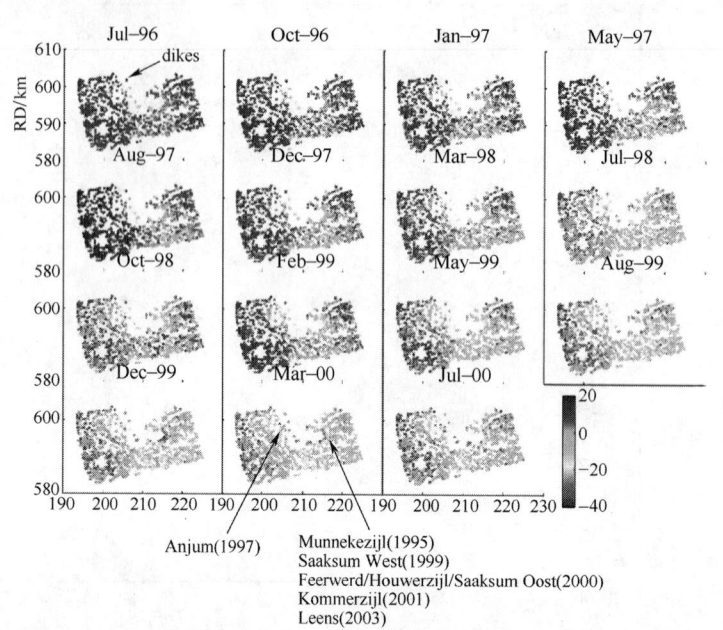

图 8.4 Waddenzee 近海区域(图 A.1):根据升轨 487 和 258 估计的 PS 位移(mm)。几个新气田投入生产之后,PS 位移的增大清晰可见。Anjum 附近的岩脉对准降轨观测方向,因此与图 8.5 相反,升轨模式中的岩脉上不会观测到任何散射体

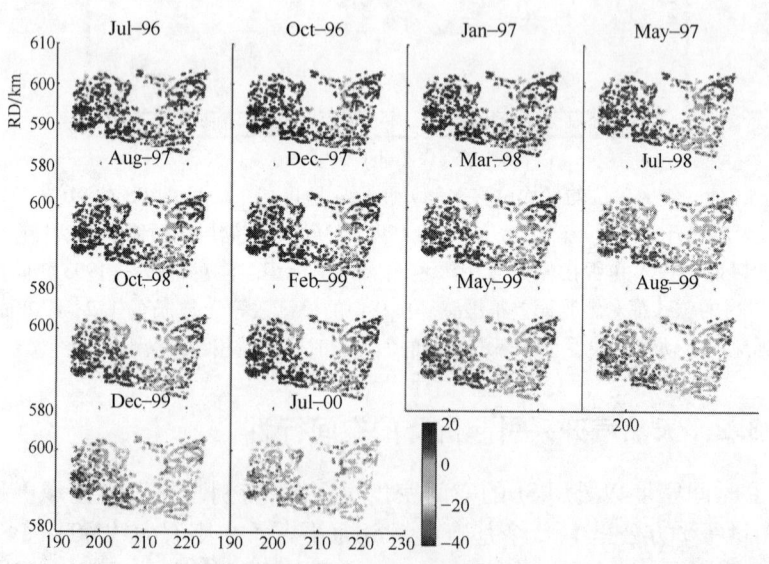

图 8.5 Waddenzee 的近海区域(图 A.1):根据降轨 380 和 151 估计的 PS 位移 (mm)。与图 8.4 一样,新气田投产之后,PS 位移明显增大。在降轨中,Anjum 附近的岩脉可用做永久散射体

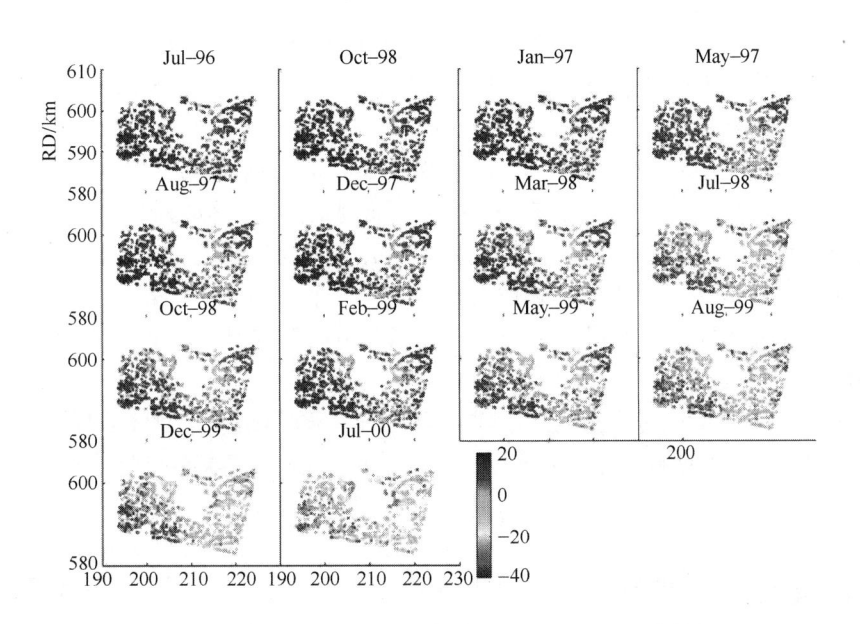

图 8.6 Waddenzee 的近海区域(图 A.1):根据升轨和
降轨(487、258、380 和 151)获得的融合 PS 位移

8.4 未来的沉降监测

水准测量和 PSI 位移率之间的高相关性系数(0.94)表明,PSI 不仅是一种成熟的备选技术,也是一种独立、可靠的补充技术,能够用于格罗宁根地区的未来沉降监测。每隔 35 天的时间更新能够比每 2~5 年才更新一次的水准测量提供更加详细的沉降监测。

PSI 沉降监测应视卫星任务情况而定。所有卫星任务的服务寿命都是有限的(5~10 年),而格罗宁根气田上的沉降将持续至少几十年,这意味着需要用多颗卫星任务监视沉降。为了进行深入的可靠性评估,需要多个独立的覆盖路径。以 Envisat 为例,其图像模式目前仅能每 35 天覆盖一个路径。仅一个路径有效会使可靠性降低,不过鉴于图像景(100km×100km)的空间范围很大,在巨大空间范围上传播的残余误差问题还是可以解决的。此外,由于格罗宁根沉降在巨大的空间范围上具有规则的行为,还对格罗宁根沉降模式进行了冗余采样。

提高单轨 PSI 可靠性的一种方法是结合使用另一种(补充)测地测量技术。可精减现有的水准测量网络,使之仅覆盖 PS 密度很低的区域。另一种方法是部署几个(半)连续的 GPS 监测站点,使之覆盖广大的空间范围,解决 PSI 中残余的大规模误差问题。同时,GPS 还具有能够测量水平分量的优点,水平分量含有关于储层行为的有用信息。建立稀疏的 GPS 站点网络时,为了避免给监测形变体系带来额外的不确定性,参考更新世地层的地基应该要得到保证。

特别是在那些站点难以覆盖到的地区,通常建议建立一个可用于 PSI 监测的角反射器网络。角反射器很有效,但不可过高估计它们的效果。安放角反射器时,必须建立一个新的时间序列。此外,这些角反射器需要小心安装(安装在更新世地层上或安装在如桥等能够并入水准测量网络的结构上)和维护。在细致地安装角反射器时,人们还要考虑具有更高时间采样且能提供水平位移的 GPS 站点。角反射器必须准确地对准卫星。多颗卫星、多个路径时,需要更高级的程序或不同的反射器。建立一个或几个角反射器对我们的工作十分有利,原因有二:

(1) 为 PSI 和其他测地技术建立通用的参考;但这并不意味着以其他基准点和 PS 为参考的测量可直接进行比较,因为它们可能代表不同的形变体系。

(2) 为绝对沉降测量(重力测量,GPS)相互关联奠定基础。

PSI 作为一种沉降监测技术的优势在于其将自然目标用做永久散射体的有效性。PSI 与其他测地技术结合使用的最佳方式是建立所有路径都可监测的架杆式反射器。这些架杆式反射器应该早已作为自然散射体存在了,如风车。

最后,本书还强调了备份程序的重要性。由于卫星任务寿命有限,故障也时有发生,水准测量工作应可随时重新启用。因此,保留所有的现有基准点十分重要。

在线摘要

本章对 ERS-1、ERS-2 和 Envisat 卫星执行格罗宁根监视任务过程中获得的结果进行了总结和讨论。同时还论述了 PSI 作为一种测量技术的精度和可靠性,以及监测天然气生产引起沉降的理想化精度。此外,文章还给出了几个能够增加人们对储层动态了解的 PSI 应用实例。最后,文章对未来沉降监测情况提出了建议。

9

结论和建议

本章对本书中研究得出的结论进行了总结,展示了研究成果,最后对未来研究提出了建议。

9.1 结论

能够做出结论,如果质量措施定义清楚,PSI 技术则可用于监测格罗宁根地区天然气开采引起的沉降。这些质量措施包括 PSI 技术本身的精度和可靠性以及评估油气生产(第4章)引起沉降的理想化精度。PSI 形变估计的精度由 PSI 估计程序计算得出,精度计算完成后还须评估可能的模型误差对这些估计造成的影响(4.2 节)。根据观测同一形变信号(第5章)的独立重叠路径进行基准统一之后产生的闭合差,可定量评估 PSI 的可靠性。此外,我们还必须对改善理想化精度所需的 PS 选择方法做出说明(基于空间相关性或 PS 特征工具的选择方法)。

ERS 和 Envisat 的 PSI 结果都清楚地描述了整个荷兰北部受地表运动影响的区域,它们与进行天然气开采的区域(6.2节)相吻合。格罗宁根气田上方的总沉降区域直径约有 50km。可以推断出 1992—2007 年时间段内的相对沉降率高达 7mm/年。沉降模式为空间相干。由于 PSI 形变估计的精度和可靠性已经能独立于其他测量技术进行评估,所以 PSI 可看做一种用于形变监测的独立技术。

与水准测量位移率的交叉验证给出了一个数值为 0.94 的相关性系数(7.2节),它与水准测量和受控角反射器实验中 PSI 位移的相关性系数(0.94)相同(4.4 节)。此外,由于测量精度的原因,反复水准测量获得的位移评估相关性系数也低于 1(为 0.94~0.97)。以水准测量结果为参考,这意味着 PSI 已经达到了监测荷兰北部天然气开采引起沉降的实际应用成熟度。它既可以单独运行,也可以在特定情况下与已经很少使用的水准测量或 GPS 协同工作。

中心问题陈述如下:

监测荷兰(特别是格罗宁根地区)因油气生产造成的沉降时,InSAR 能够提供精确可靠的形变估计吗?

这一问题可以继续化分为下列七个有待于后续解答的子问题:

(1) 相关区域含有足够的具有相干相位观测的雷达目标吗？
(2) InSAR 能够提供关于格罗宁根地区地表位移的精确评估吗？
(3) 如何评估 InSAR 形变估计的可靠性？
(4) 在存在多种形变现象的情况下,根据 InSAR 测量估计油气生产造成的沉降可行吗？
(5) PSI 形变估计与水准测量结果相符吗？
(6) InSAR 是否有助于提高人们对储层行为的认识？
(7) 应用 InSAR 能保证沉降监测的连续性吗？

在随后各节中,将对这些问题做出解答。

9.1.1 PS 密度

二阶网络中可接受 PS 的密度范围为从乡村地区的 0~10PS 每平方千米到城市区域的超过 100PS 每平方千米不等(6.2.1 节)。应用单个卫星路径,格罗宁根沉降区域 80%的面积上都是每平方千米覆盖一个以上的 PS,平均密度为每平方公里约 40PS。为了便于比较,根据 Duquesnoy (2002)的指导,格罗宁根气田沉降监测用的水准测量基准点密度应达到每平方公里 1~1.5 个基准点才能获得空间沉降模式。水准测量和 PSI 测量点都位于建筑物和其他人造目标上,主要沿现有基础设施排布。虽然当地农业区域可能没有测量点覆盖,但水准测量和 PSI 都能达到点密度要求。

9.1.2 精度

精度可以定义为形变估计偏离其期望值的偏离度,可用方差—协方差矩阵来表示。它是观测噪声、未建模形变引起的噪声、不精确的 APS 估计、处理感应误差和未建模系统误差(亚像素位置、残余轨道误差)的叠加作用。此外,特别是在一阶网络中,PSI 变形估计的精度还与空间和时间的采集几何特征以及 PS 密度有关。在此,得出如下结论:

- 位移率的相对精度(1σ)取决于采集次数和 PS 之间的距离。对于由 24 幅干涉图组成的最小的格罗宁根图像序列而言,这一相对精度为每$\sqrt{km}$大约 0.1mm/年;而对于由 74 幅干涉图组成的最大图像序列而言,这一精度是每$\sqrt{km}$约 0.04mm/年(6.3 节)。

- 相对于一阶网络中距离最近的已接收 PS,二重差分位移的精度(1σ)为平均 3mm。根据相对弧长和 PS 的物理特性,二重差分位移精度在 PS 分隔距离通常小于 500m 的城市区域为小于等于 3mm。而在 PS 分隔距离可能超过 1km 的乡村区域,这一位移精度为 3~7mm(6.3 节)。

9.1.3 可靠性

可靠性可定义为对模型缺陷的敏感度以及模型缺陷的可检测性。可靠性只能在有冗余的情况下进行评估。具有未知模糊性的 PSI 观测方程组比观测含有更多未知量。不存在通过引用伪观测才能解决的冗余(甚至是轶亏)情况。因此,在评估两个 PS 之间的形变过程中不能执行模型缺陷测试。

但是,未建模现象对参数估计的影响是在假设模糊数分辨率成功率为 1 的条件下进行评估的(4.2 节)。模型误差包括亚像素位置和轨道误差。应用六个格罗宁根 ERS 路径的采集几何数据进行了仿真,得到了如下结论:

- PSI 估计过程中没有考虑方位向亚像素位置。这会引起大约 0.5mm/年的最大额外误差。该误差与彼此的 PS 距离无关,而与相对亚像素误差和时间上的多普勒中心频率差有关。
- 径向和切向上分别 5cm 和 8cm 的随机(残余)轨道误差能在 100km 的距离上引起大约 1mm/年的 PS 速度误差。该误差具有一种能在大型空间范围上传播的系统特征。

由于模糊数分辨率成功率已假设为 1,所以这是模型缺陷影响最乐观的情况。4.2.4 节中的模拟表明,数值为 1 的解缠成功率在 PS 密度很低的乡村地区无法得到保证,即正确解缠的概率不是 100%。严格的可靠性评估需要冗余,冗余可通过使用独立的重叠路径进行获取。

对于格罗宁根沉降区域,六个重叠路径都能提供关于同一沉降信号的独立观测。通过应用基准统一程序将这些路径结合起来就能检测到模型误差(6.4 节)。这种基准统一包括两个步骤,即①到主路径雷达坐标系的转换;②PSI 参数估计(位移、高度)的统一。

基准统一的质量和 PSI 形变估计的可靠性已经用多轨 PS 簇群进行了评估。70% 的 PS 簇群的位移率标准偏差在进行数据连接后小于 1mm/年。虽然所有路径的 PSI 结果都已经合并到一个由主路径定义的恒定系统中,但必须考虑 100km 的距离上存在几毫米/年的小型空间趋势。由于单个图像景的覆盖范围很宽,在大部分图像景没有受到地表形变影响的情况下这种趋势可以进行修正。

PSI 形变估计处于卫星视线方向。忽视水平位移分量会使垂直位移率中存在高达约 1mm/年的误差。多观测几何角度(升轨、降轨和相邻)能够分辨不同的位移分量。这能在朝向第一次观测到的沉降碗型中心方向引起 2~3mm/年的水平位移率。水平位移率的量级和方向与理论预测值相符。

9.1.4 形变体系

InSAR 形变估计不一定与相关形变信号有关。如果不考虑形变机制,如 In-SAR 等的遥感技术能够在空间监视所有的地表位移。不同形变体系(结构不稳定性、浅层和深层质量位移)的存在还另外需要有一个解译步骤来评估相关信号(4.5 节)。InSAR 情况下形变评估的解译没有什么特别之处：没有按常规方式建立在稳定地下层上的水准测量基准点也会表现出自主运动。

与传统测地技术相比，InSAR 物理测量点的定义并不如前者明确：它的形变监测理想化精度较低。为了提高 PS 特征的质量，对各种不同方法进行了调研(见 6.5 节)。最终，两种案例研究领域中进行选择前和选择后 PS 速度柱状图中的差异看起来并不大(小于 0.5mm/年)。这说明这些案例研究领域中的 PS 反射(直接反射和间接反射)是指受同一形变体系影响的建筑物和结构。

由于天然气开采引起的沉降是很常见的形变体系，PS 可根据空间相关性进行选择(和过滤)。如果多数 PS 指的都是地基良好的建筑物，则速度柱状图的峰值指天然气开采引起的位移率。但是，在那些多数建筑物和结构地基建设质量很差(不稳定的地下层、泥炭氧化加上浅层地基)的地区这一理论并不成立。这可能就是格罗宁根沉降凹陷东南部的水准测量和 PS 位移率之间存在差异的原因，见图 7.12。在此，局部位置可能会需要手动选择 PS 目标或者根据稳定更新世层所选取的不同测地技术增加测量手段。

评估油气生产造成的沉降时，除了要进行 PS 选择以外，还需要对不同形变体系引起的位移分解进行研究。这种方法的优点是，它使用所有的 PS 位移，并用方差分量估计实施该方法。但是，该应用会受到限制，因为不同形变体系的时空协方差函数需要独立，同时要想用合理的精度评估随机模型参数还需要很高的冗余度。

9.1.5 交叉验证 PSI 和水准测量

将历史水准测量结果与沿垂直方向被转换成位移率的 PSI 形变估计进行了比较。速度差具有小于 1mm/年的标准偏差。水准测量基准点的位移率和相邻 PS 的平均值具有 0.94 的相关性系数(7.2 节)。考虑反复的水准测量获得的位移估计相关性系数也低于 1(~0.94~0.97)(由于测量精度的原因)，PSI 和水准位移估计之间的相关度达到最大值。

已经证明，与水准高度差测量($1mm/\sqrt{km}$)的精度相比，PSI 的时空观测密度能够克服较低的观测精度(两个 PS 之间位移估计的精度约为 3mm)。我们要求用大约 25 次 SAR 采集的图像序列来获取相同的位移率精度(7.1 节)。但是，更大的图像序列甚至能提供比水准测量技术精度更高的位移率。PSI 空间采样也会提高形变估计的精度。不过，由于两次 PSI 二重差分观测之间存在相关性，所以会比不相关形变估计情况下的精度改善程度低。

集成多种测地技术观测的框架可以用最优线性无偏预测法(7.3 节)进行定义。此外，尽管可能会有时间采样的缺失，该框架还可用于集成来自不同传感器的位移评估。但是，如果模糊数分辨率成功率达不到 1，PSI 的应用则会变得十分复杂。在这种情况下,PSI 估计的概率密度函数是多模态的。而且由于 PSI 随机模型中存在不确定性,备选条件的评估以及精度和可靠性测量的定义和解释都不会很直观。

9.1.6 油气储层动态

InSAR 的空间和时间采样以及干涉图的空间覆盖都比常规监测技术(如水准测量)高很多。因此,PSI 形变估计包含过去所无法获取的关于油气储层动态的信息(8.3 节)。

准备在 Waddenzee (NAM, 2006)地区进行地下油气开采的过程中,沉降延迟就成为引起人们关注的储层特征之一。由于时间采样率很高(达到每 35 天 4 次采集,而水准测量每 2~5 年才能完成一次采集),将能够更加精确地确定沉降延迟。Anjum 气田的沉降发生在开始进行天然气开采后几个月到一年的时间里。PSI 获取到的另一个特征是 Norg 地下气藏造成的隆起。在 1997 年开始进行天然气存储后,在四年的时间里观测到了 4cm 的隆起。

9.1.7 展望

格罗宁根沉降监测所需要的周期(大约需要几十年)完全超出了一颗卫星的服役期(5~10 年)。我们在 ERS 和 Envisat 之间一个路径的位移时间序列中描述了时间上的连续性(见 6.2.2 节)。展望未来卫星任务,情况十分乐观(TerraSAR-X, Sentinel-1, ALOS, RADARSAT-2, Cosmo-SkyMed)。新卫星任务各具特色,需要仔细进行验证。由于无法清楚地描述个别测量,必须在参数空间中执行多颗卫星任务的形变估计集成。由于天然气开采引起的位移率在时间上是近线性的,位移观测很容易联系起来。为了确保沉降监测的连续性,必须保留水准测量的基准点。万一卫星失效或卫星任务无法持续,它们可用做备份。

9.1.8 贡献

简而言之,本研究做出的贡献如下:

(1) 在 PS 选择过程中引用了伪标定,节省了计算时间和数据存储空间。

(2) 已经证明,格罗宁根乡村地区的 PS 密度足够大,完全能够进行精确、可靠的(因天然气开采造成的)沉降评估。

(3) 定量了模型误差(亚像素位置、轨道误差、解缠误差、旁瓣观测)对形变估计的影响。

(4) 已经证明,通过多个重合覆盖的独立卫星路径的基准统一可执行 PSI 可靠性评估。

(5) 演示了 PSI 在大型空间范围(大于 200km)上进行小位移率(最多达约 -7mm/年)的形变监测的适用性。

（6）使用相邻的和交叉前向路径的不同观测几何角度来获取格罗宁根气田的水平位移率。

（7）已经证明，水准测量和PSI位移率的相关性系数（0.94）与受控角反射器实验中获得的位移相关性（0.94）十分相似。

（8）介绍了存在多种形变体系的情况下进行PSI形变监测的理想化精度概念。

（9）应用方差分量估计分离自主运动和空间相关的沉降信号揭示了物理理论能够解释的地面运动原理（鹿特丹区域因注入水引起的隆起）。

（10）已经证明，评估天然气开采引起的沉降不一定需要进行PS特征（在大多数建筑物的建造地基都很稳固的区域，基于空间相关的PS选择数量充足）。

（11）演示了PSI动态监测储层行为（沉降延迟、地下气藏引起的隆起）的应用。

9.2 建议

虽然ERS和Envisat路径的PSI位移率清晰地捕获了天然气开采引起的地表运动，同时水准测量技术的相关性也能满足要求，但仍建议应通过研究确定在大面积（乡村）区域进行PSI处理是否可进一步优化。

（1）对误差源（如大气信号）的评估取决于一阶网络中备选PS的密度和质量。在当前的格罗宁根结果中，为了避免接受错误的模糊数分辨率，清除了所有干涉图像对中根据空间非拟合弧获得的观测。这种做法的缺点是其产生的一阶网络非常稀疏。考虑到错误检测率与图像数有关，可确定接受PS组合的相干性阈值应当仔细进行调节。利用地形特征（建筑物和结构的位置）的先验知识选择PS后，要对PS密度进行优化。高分辨率传感器（如TerraSAR-X和Cosmo-SkyMed）也可能引起更高的PS密度。此外，评估过程中还应当综合考虑单个干涉图的质量。

（2）必须研究能够获得的最大解缠成功率。该研究可用循环连接的小型3维时空（蛛状）网络来完成。使用3维网络还有一个优点，即随机模型可用空间和时间参数的方差分量估计进行改善。

（3）为了在存在高多普勒中心频率偏差的情况下减少速度估计中的偏差，方程组中必须纳入方位向亚像素位置。

（4）应该改进轨道误差估计进而能够清楚地估计大空间范围（大于100km）上的小量级（几毫米/年或更低）地面运动。

（5）从多个传感器和独立重叠路径获取的连续时间序列对于进行连续可靠的沉降监测十分重要。采集的时间间隔应为大约35天或更短的时间；分辨率应达到或超过 ERS/Envisat 水平；相位观测需要大约 3mm 或更优的位移估计精度。进行可靠性评估时，建议至少要用一个升轨和一个降轨监视沉降信号。在未来的数据获取中，这一点应该得到保证。同时，分解成水平位移和垂直位移时也需要多个路径。

（6）对于未来的沉降监测，需要对位移时间序列定期更新。借助文献《动态 PSI 处理》（Marinkovic and Hanssen，2007）可实现更新。该文献的方法能提供循环更新，比批量解的重复计算更有效。

（7）需要在已知浅层地下运动与建筑物浅层地基密切相关的区域深入研究交叉极化数据。进行解译时只需要一次或几次采集；PSI 时间序列被中断的次数应该越少越好。

（8）考虑 PSI 形变估计的解译，应在相关区域仔细地判断统计方法（相关性长度）应用的确凿性。相关形变信号必须是大多数 PS 位移中的主导信号，在那些多数建筑物和结构的地基都不稳定且浅层土壤很软的区域则不存在这一主导信号。

（9）建议对 PSI 形变估计中的潜在额外信息进行深入调研。已经证明，时间采样频率能够提供关于储层行为的其他深入信息。空间采样频率和范围必须要根据储层行为进行深入的分析。应该对具有更高分辨率、更短重复间隔和具有获取完全极化数据能力的新卫星任务（如 TerraSAR-X 和 Cosmo-SkyMed）的作用进行研究。

着眼于不远的将来，用 Envisat 进行的格罗宁根地区沉降监测必须要以受控的方式进行，因为 2008 年以前（大约 40 次采集）的图像模式中只充分监视了一个路径。根据形变信号和大范围空间覆盖（控制在大空间范围上传播的系统误差）的冗余空间采样虽然能够执行（有限的）可靠性评估，但是多个路径能提供的可靠性评估更有说服力。

虽然一些新卫星型号已经发射或正在研制中，但是保留水准测量基准点仍十分重要。由于卫星任务的寿命有限且可能会发生故障，需要进行水准测量的可能性随时存在。

在线摘要

本章简要概括了本书的结论，有条理地罗列了本书的研究贡献，并对未来研究给出了宝贵建议。

附录1 研究区域定位

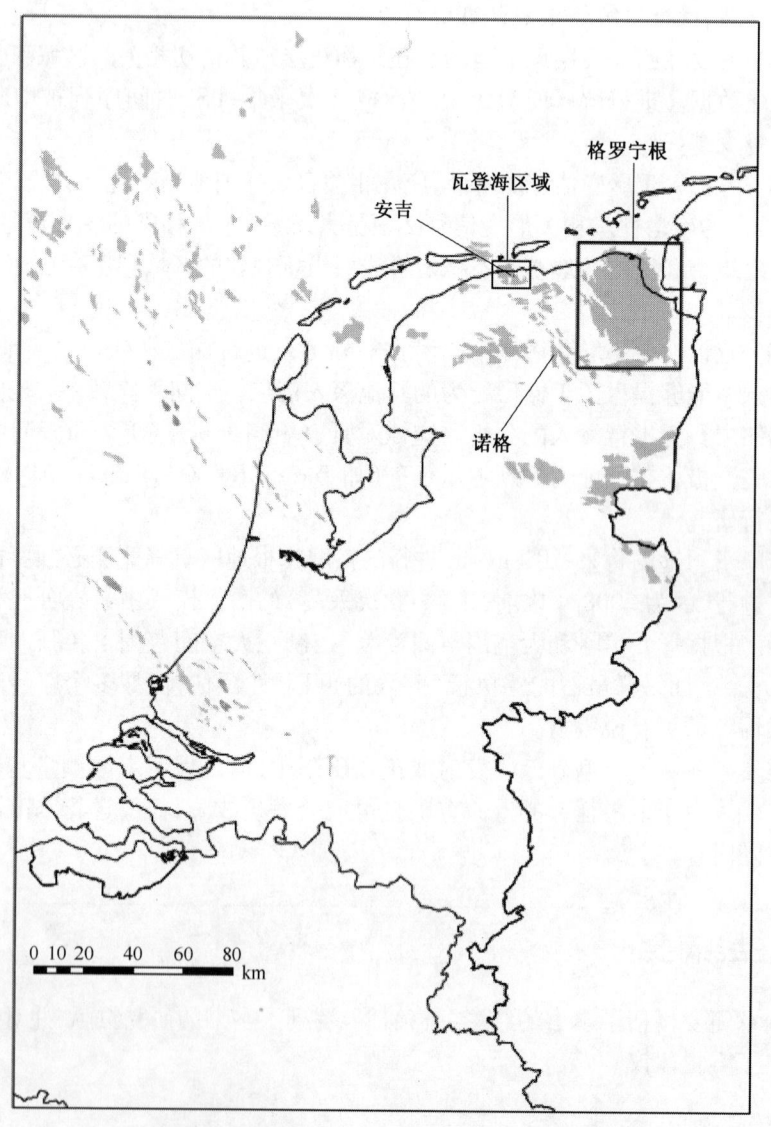

图 A.1 格罗宁根、安吉(Anjum)、诺格(Norg)气田的位置,以及瓦登海区域(陆上和近海)指示出的气田

附录2　PSI 和水准测量位移分布图

A2.1　PSI(路径380,487)以及水准测量(自由网平差)

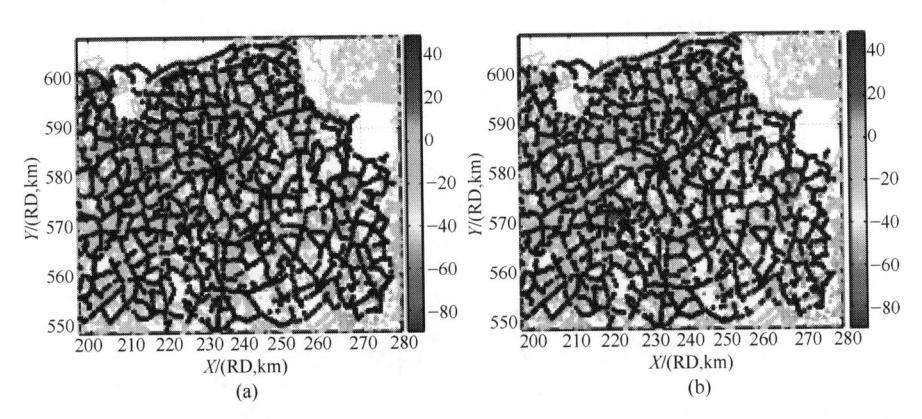

图 A.2　PSI(三角形)和水准测量(圆形)在1993—1998年(a)和1993—2003年(b)期间的估计位移量(mm)。水准测量估算结果是由自由网络平差所获取的基准高度计算得来的。PSI 位移估计数据来自于路径380和487。天然气田的边界线为灰色线条

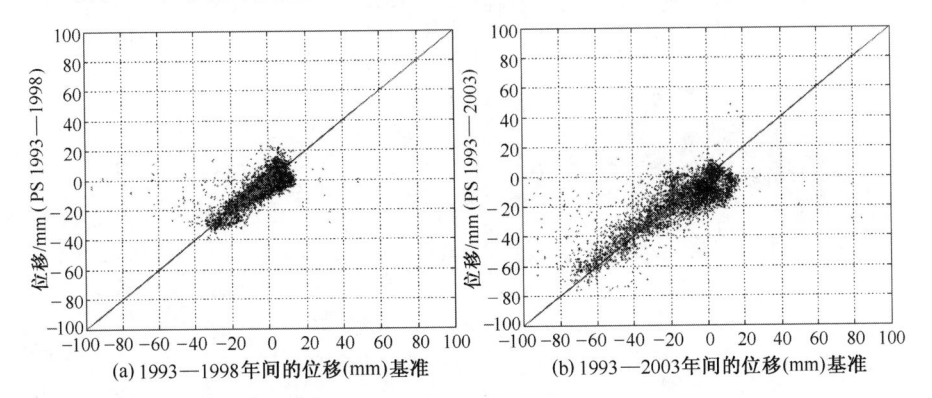

图 A.3　1993—1998年间(a)和1993—2003年间(b)PSI 和水准测量位移(mm)之间的关系。水准测量位移估计的结果是由自由网络平差所获取的基准高度计算得来的。PSI 位移估计数据来自于路径380和487。红点表示选定的稳定基准点的定位(Schoustra,2006)。1993—1998年期间,稳定基准点位置选定前后的相关系数分别为0.74和0.87。1993—2003年期间,稳定基准点位置选定前后的相关系数分别为0.81和0.94

184　**附录 2**　PSI 和水准测量位移分布图

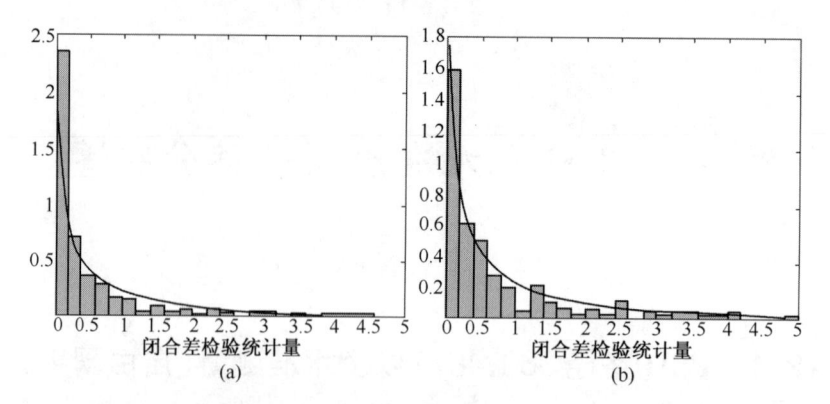

图 A.4　PSI 和水准测量闭合差检验统计量及 1993—1998 年期间(a)和 1993—2003 年期间(b)，二者在 PSI 和水准测量位移(mm)之间的理论 χ^2 分布。水准测量位移估计的结果是由自由网络平差所获取的基准高度计算得来的。PSI 位移估计数据来自于路径 380 和 487

A2.2　PSI(路径 380,487)以及水准测量(SuMo 分析)

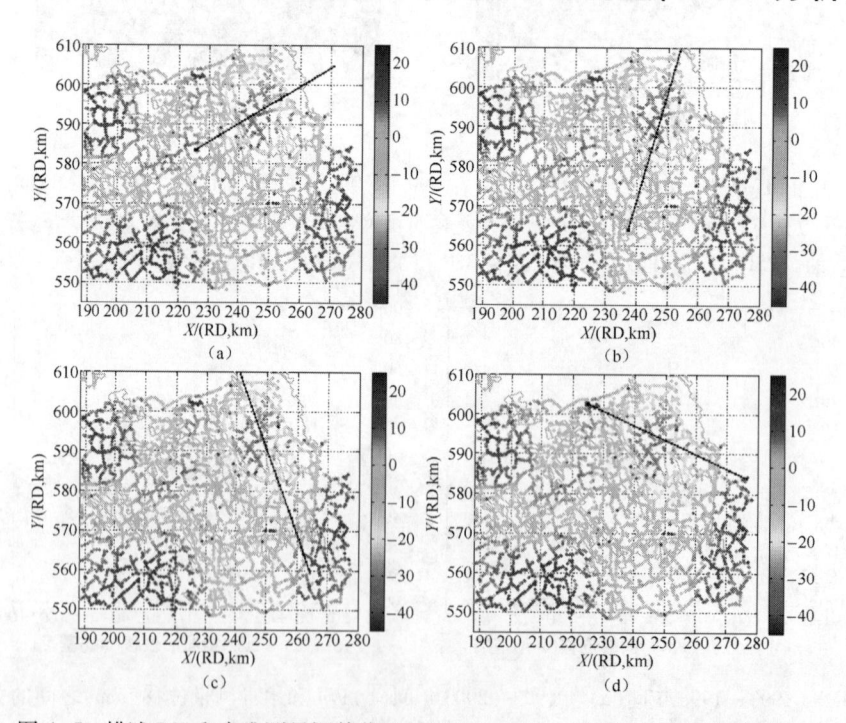

图 A.5　描述 PSI 和水准测量评估位置的四幅分布图。每个评估位置的位移都被作为半径 1km 内的所有位移估计结果的加权平均值。分布图 1、2、3、4 分别对应(a)、(b)、(c)和(d)的四幅图。基于 1993 年和 1998 年的自由网络平差的水准测量位移估计(mm)，图中描绘了 1993—1998 年期间位移估计结果

A2.2 PSI(路径380,487)以及水准测量(SuMo分析) 185

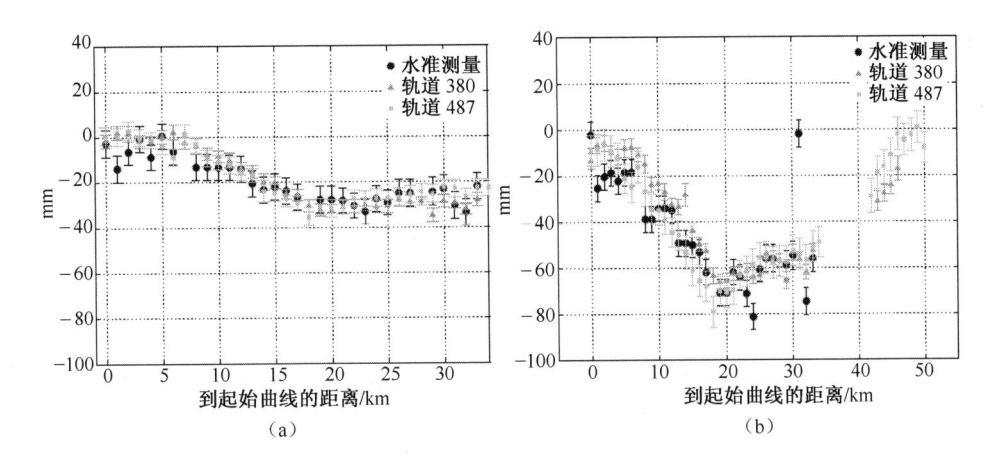

图 A.6 1993—1998 年期间(a)和 1993—2003 年期间(b)沿图 A.5 中分布图 1 分布的评估位置点上进行 PSI 和水准测量位移估计(mm)。水准测量位移估计的结果是由自由网络平差所获取的基准高度计算得来的。PSI 位移估计数据来自于路径 380 和 487

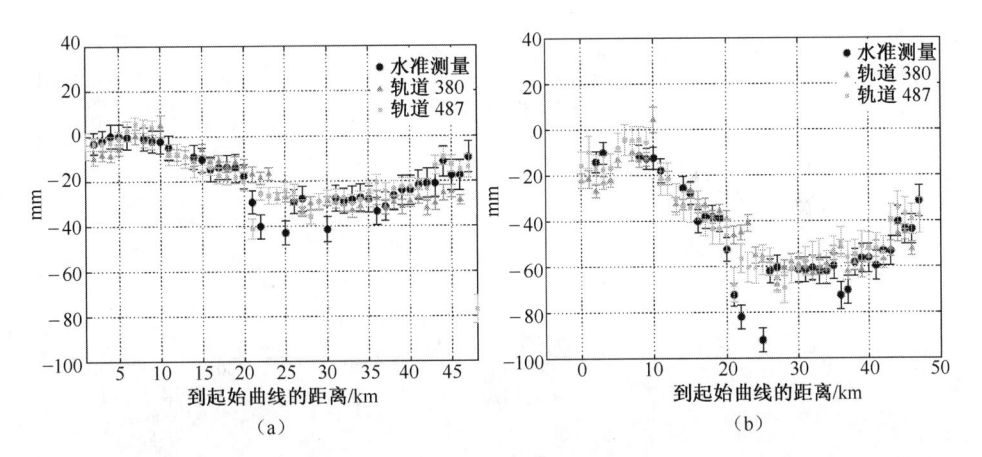

图 A.7 1993—1998 年期间(a)和 1993—2003 年期间(b)沿图 A.5 中分布图 2 分布的评估位置点上进行 PSI 和水准测量位移估计(mm)。水准测量位移估计的结果是由自由网络平差所获取的基准高度计算得来的。PSI 位移估计数据来自于路径 380 和 487

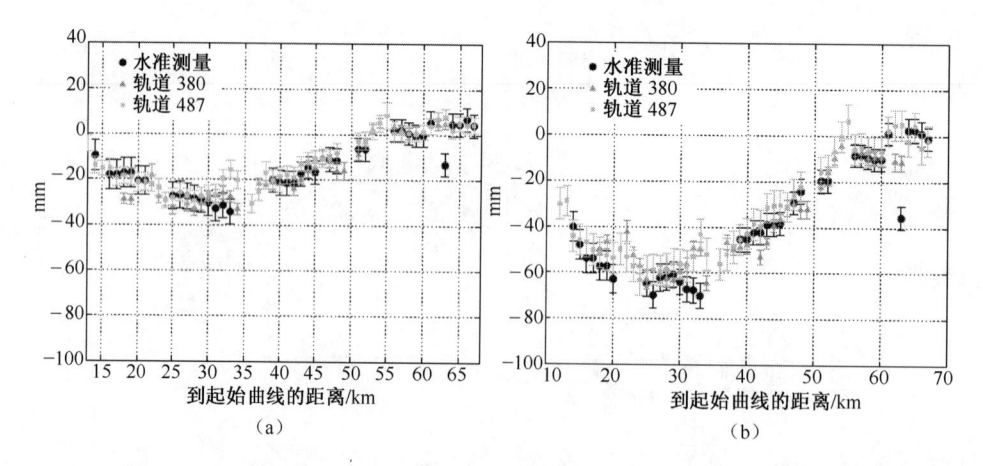

图 A.8 1993—1998 年期间(a)和 1993—2003 年期间(b)沿图 A.5 中分布图 3 分布评估位置点上进行 PSI 和水准测量位移估计(mm)。水准测量位移估计的结果是由自由网络平差所获取的基准高度计算得来的。PSI 位移估计数据来自于路径 380 和 487

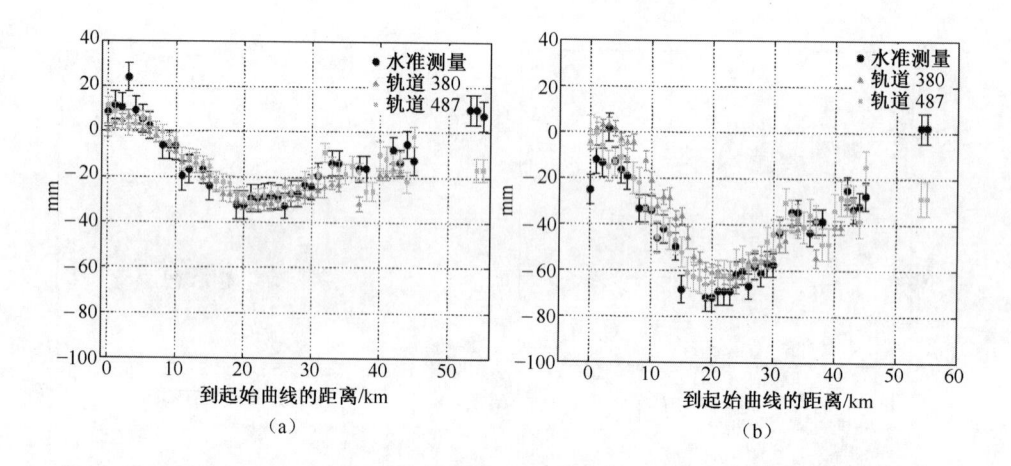

图 A.9 1993—1998 年期间(a)和 1993—2003 年期间(b)沿图 A.5 中分布图 4 分布评估位置点上进行 PSI 和水准测量位移估计(mm)。水准测量位移估计的结果是由自由网络平差所获取的基准高度计算得来的。PSI 位移估计数据来自于路径 380 和 487

A2.2 PSI(路径380,487)以及水准测量(SuMo分析) 187

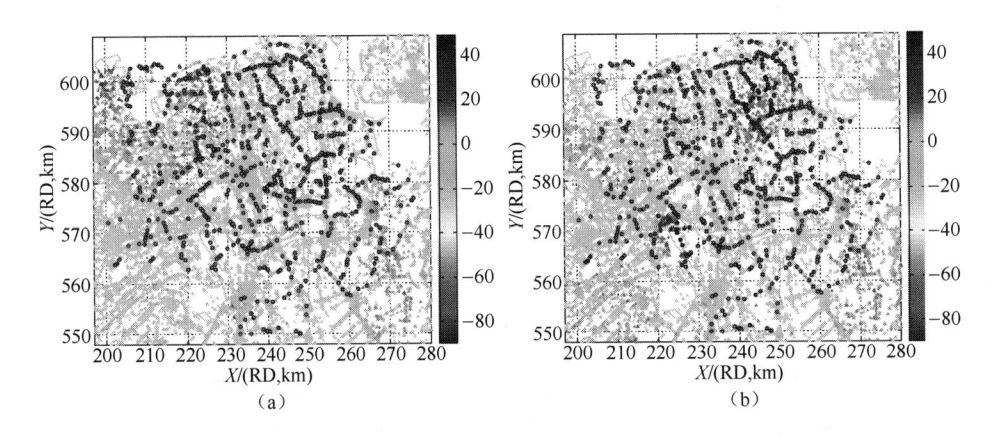

图 A.10 PSI(三角形)和水准测量(圆形)在 1993—1998 年(a)和 1993—2003 年(b)期间的估计位移量(mm)。水准测量估计结果是根据 SuMo 2003 年的分析计算得来的(Schoustra,2004)。PSI 位移估计数据来自于路径 380 和 487。天然气田的边界线为灰色线条

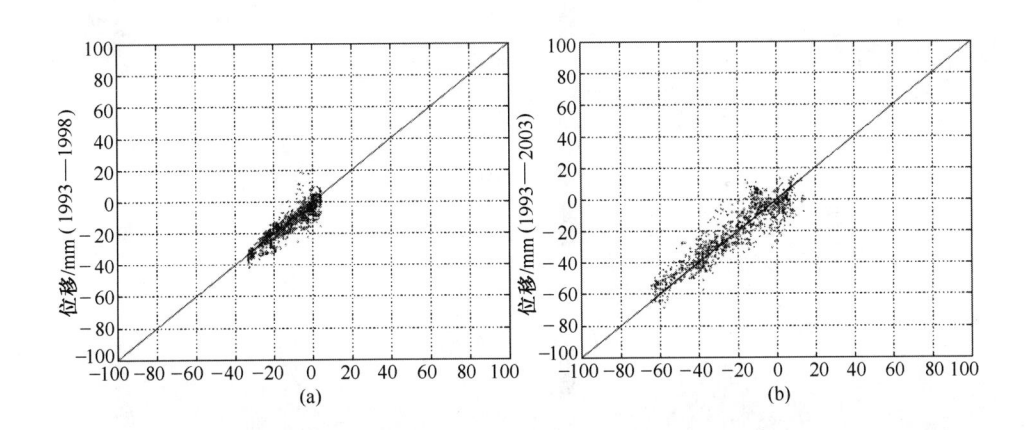

图 A.11 1993—1998 年间(a)和 1993—2003 年间(b)PSI 和水准测量位移(mm)之间的关系。水准测量位移估计的结果是根据 SuMo 2003 年的分析计算得来的(Schoustra,2004)。PSI 位移估计数据来自于路径 380 和 487。红点表示选定的稳定基准点的定位(Schoustra,2006)。1993—1998 年期间,稳定基准点位置选定前后的相关系数分别为 0.90 和 0.93。1993—2003 年期间,稳定基准点位置选定前后的相关系数分别为 0.91 和 0.95

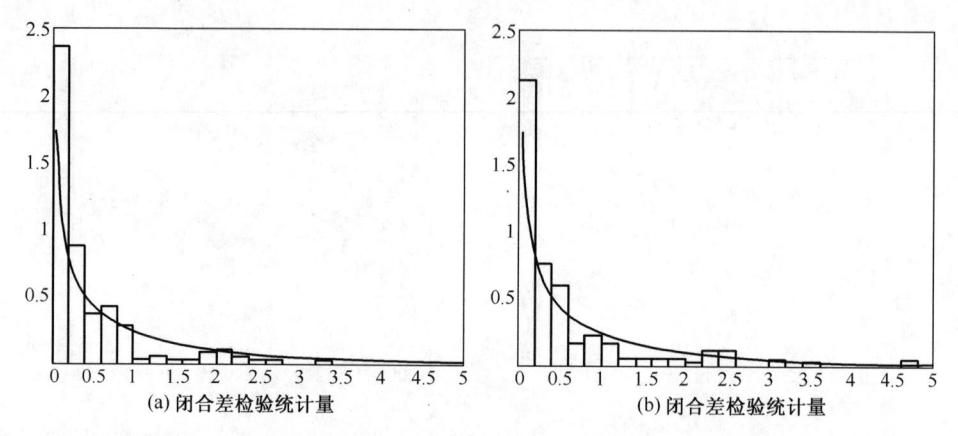

图 A.12 PSI 和水准测量闭合差检验统计量及 1993—1998 年期间(a)和 1993—2003 年期间(b),二者在 PSI 和水准测量位移(mm)之间的理论χ^2 分布。水准测量位移估计的结果是根据 SuMo 2003 年的分析计算得来的(Schoustra 2004)。PSI 位移估计数据来自于路径 380 和 487

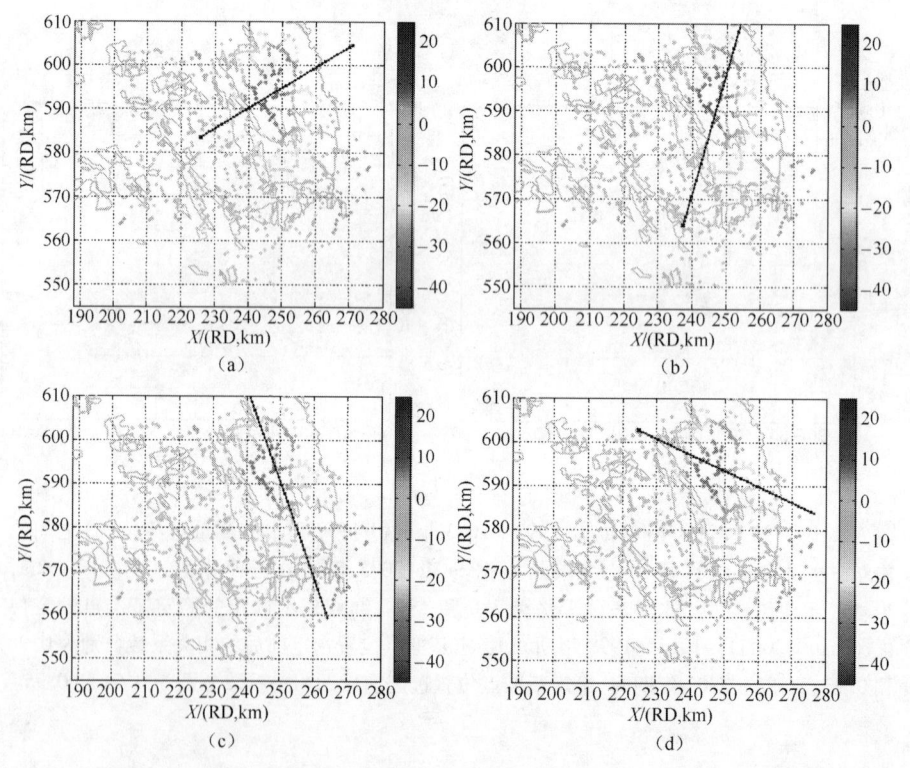

图 A.13 描述 PSI 和水准测量评估位置的四幅分布图。每个评估位置的位移都被作为半径 1km 内的所有位移估计结果的加权平均值。分布图 1、2、3、4 分别对应(a)、(b)、(c)和(d)的四幅图。基于 SuMo 2003 年的分析结果,图中描绘了 1993—1998 年期间的水准测量位移估计结果(mm)

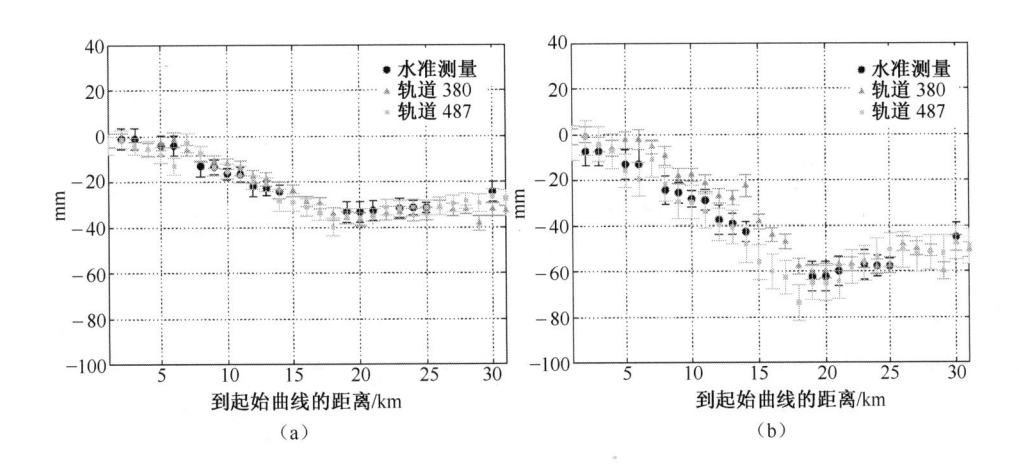

A2.2 PSI(路径380,487)以及水准测量(SuMo分析)

图 A.14 1993—1998 年期间(a)和 1993—2003 年期间(b)沿图 A.13 中分布图 1 分布的评估位置点上进行 PSI 和水准测量位移估计(mm)。水准测量位移估计的结果是根据 SuMo 2003 年的分析计算所得。PSI 位移估计数据来自于路径 380 和 487

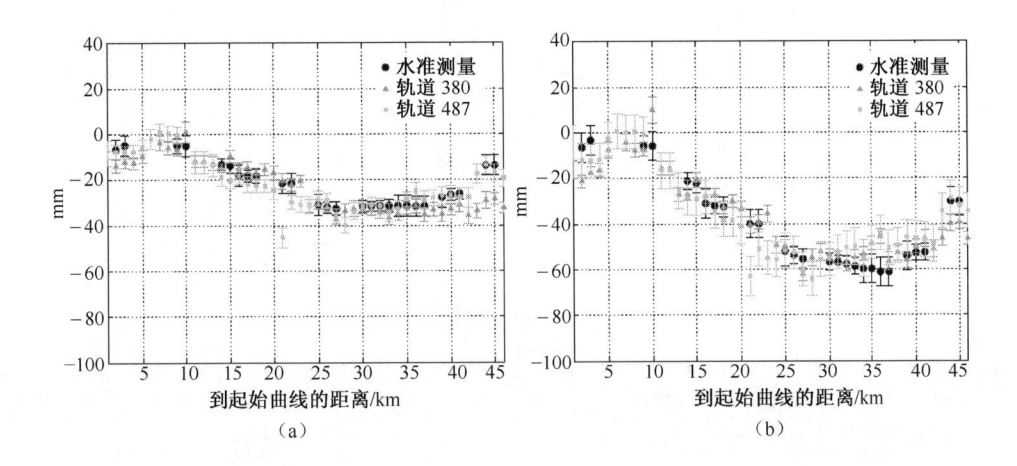

图 A.15 1993—1998 年期间(a)和 1993—2003 年期间(b)沿图 A.B 中分布图 2 分布的评估位置点上进行 PSI 和水准测量位移估计(mm)。水准测量位移估计的结果是根据 SuMo 2003 年的分析计算所得。PSI 位移估计数据来自于路径 380 和 487

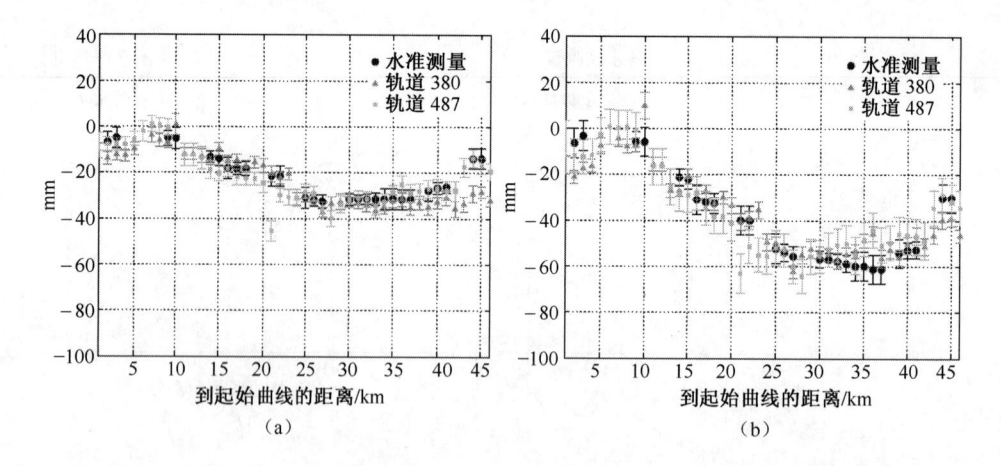

图 A.16 1993—1998 年期间(a)和 1993—2003 年期间(b)沿 A.13 中分布图 3 分布的评估位置点上进行 PSI 和水准测量位移估计(mm)。水准测量位移估计的结果是根据 SuMo 2003 年的分析计算所得。PSI 位移估计数据来自于路径 380 和 487

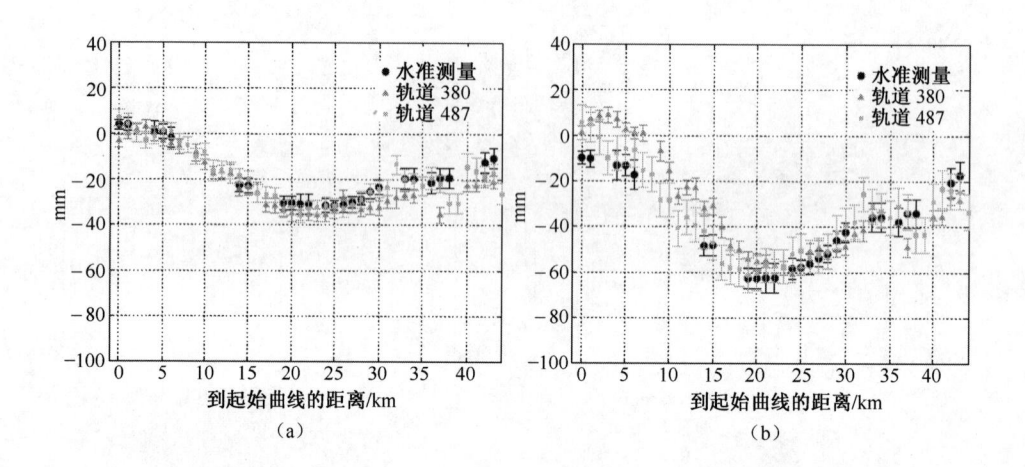

图 A.17 1993—1998 年期间(a)和 1993—2003 年期间(b)沿图 A.13 分布图 4 分布的评估位置点上进行 PSI 和水准测量位移估计(mm)。水准测量位移估计的结果是根据 SuMo 2003 年的分析计算所得。PSI 位移估计数据来自于路径 380 和 487

参 考 文 献

Adam, N., Kampes, B. M. and Eineder, M. (2004), The development of a scientific PersistentScatterer System: Modifications for mixed ERS/ENVISAT time series, in: *ENVISAT & ERSSymposium*, Salzburg, Austria, 6 - 10 September, 2004.

AGI (2005), Specificaties doorgaande waterpassing, Tech. rep., Adviesdienst Geo - informatie enICT, Rijkswaterstaat, in Dutch.

AHN (2008), website AHN: Actual Height model of the Netherlands, www.ahn.nl.

Amiri - Simkooei, A. (2007), *Least - Squares Variance Component Estimation; Theory and GPS Applications*, Ph.D. thesis, Delft University of Technology.

Anderson, E. M. (1936), The dynamics of the formation of cone - sheets, ring - dykes, and caldron-subsidence, *Proceedings of the Royal Society of Edinburgh*, **56**: 128 - 157.

Baarda, W. (1981), *S - Transformations and Criterion Matrices*, vol. 5 of Publications on Geodesy, New Series, Netherlands Geodetic Commission, Delft, 2nd edn.

Berardino, P., Fornaro, G., Lanari, R. and Sansosti, E. (2002), A new algorithm for surface deformation monitoring based on small baseline differential SAR interferograms, *IEEE Transactions on Geoscience and Remote Sensing*, **40**(11): 2375 - 2383.

Bovenga, F., Refice, A., Nutricato, R., Pasquariello, G. and DeCarolis, G. (2002), Automated calibration of multi - temporal ERS SAR data, in: *International Geoscience and Remote SensingSymposium*, Toronto, Canada, 24 - 28 June 2002.

Brand, G. B. M. (2002), De historische data van de primaire waterpassingen van het NAP, Tech. rep., Ministerie van Verkeer en Waterstaat, Directoraat - Generaal Rijkswaterstaat, Meetkundige Dienst, The Netherlands, in Dutch.

Breunese, J., Mijnlieff, H. and Lutgert, J. (2005), The life cycle of the Netherlands' natural gasexploration: 40 years after Groningen, where are we now?, in: *Petroleum Geology: North - West Europe and Global Perspectives—Proceedings of the 6th Petroleum Geology Conference*, pp. 69 - 75, Geological Society, London.

Cassee, B. (2004), *Selection of Permanent Scatterer Candidates for Deformation Monitoring; Amplitude Calibration of ERS SLC SAR Images*, Master's thesis, Delft University of Technology.

Chapman, R. E. (1983), *Petroleum Geology*, Elsevier, Amsterdam, 1st edn.

Chatfield, C. (1989), *The Analysis of Time Series*, Chapman & Hall, London, 4th edn.

Cheung, G., Prima, M. A., Maurenbrecher, P. M. and Schokking, F. (2000), Statistical analysis of benchmark stability prior to natural gas extraction in a holocene clay and peat area, province of Friesland, the Netherlands, in: *Proceedings of the Sixth International Symposium on Land Subsid-*

ence (*SISOLS* 2000), *Ravenna, Italy*, 24 - 29 September 2000.

Colesanti, C., Ferretti, A., Novali, F., Prati, C. and Rocca, F. (2003), SAR monitoring of progressive and seasonal ground deformation using the permanent scatterers technique, *IEEE Transactions on Geoscience and Remote Sensing*, **41**(7):1685 - 1701.

Colesanti, C., Mouelic, S. L., Bennani, M., Raucoules, D., Carnec, C. and Ferretti, A. (2005), Detection of mining related ground instabilities using the permanent scatterers technique—acase study in the east of France, *International Journal of Remote Sensing*, **26**(1):201 - 207.

Craft, B. C. and Hawkins, M. (1991), *Applied Petroleum Reservoir Engineering*, Prentice - Hall Inc., Englewood Cliffs, 1st edn.

Cumming, I. and Wong, F. (2005), *Digital Processing of Synthetic Aperture Radar Data: Algorithms And Implementation*, Artech House Publishers, New York.

Dake, L. P. (2002), *Fundamentals of Reservoir Engineering*, Elsevier, Amsterdam, 19th edn.

de Bruijne, A., van Buren, J., Kösters, A. and van der Marel, H. (2005), *De geodetische referentiestelsels van Nederland*, Groene serie, Netherlands Geodetic Commission, Delft, in Dutch.

de Heus, H. M., Joosten, P., Martens, M. H. F. and Verhoef, H. M. E. (1994), Geodetische Deformatie Analyse: 1D - deformatieanalyse uit waterpasnetwerken, Tech. rep. 5, Delft University of Technology, LGR Series, Delft, in Dutch.

de Jager, J. and Geluk, M. C. (2007), *Geology of the Netherlands*, Royal Netherlands Academy of Arts and Sciences, Amsterdam.

de Loos, J. M. (1973), In situ compaction measurements in Groningen observation wells, *Verhandelingen van het Koninklijk Nederlands geologisch mijnbouwkundig Genootschap*, **28**:79 - 104.

de Mulder, E. F. J., Geluk, M. C., Ritsema, I., Westerhoff, W. E. and Wong, T. E. (2003), *DeOndergrond van Nederland*, Nederlands Instituut voor Toegepaste Geowetenschappen (TNONiTG), Utrecht.

De Zan, F. and Rocca, F. (2005), Coherent processing of long series of sar images, in: *InternationalGeoscience and Remote Sensing Symposium*, *Seoul, Korea*, 25 - 29 July 2005.

DINO (2008), Geological databank of TNO - NiTG, Geological Survey of the Netherlands, www.dinoloket.nl.

Doornbos, E. and Scharroo, R. (2004), Improved ERS and Envisat precise orbit determination, in: *ENVISAT & ERS Symposium*, *Salzburg, Austria*, 6 - 10 September, *2004*.

DORIS (2008), Doppler Orbitography and Radiopositioning Integrated by Satellite (DORIS), website of Centre National d'Etudes Spatiales (CNES), http://www.cnes.fr/web/1513 - doris.php.

Duin, E. J. T., Doornenbal, J. C., Rijkers, R. H. B., Verbeek, J. W. and Wong, T. E. (2006), Subsurface structure of the Netherlands—results of recent on and offshore mapping, *Netherlands Journal of Geosciences—Geologie en Mijnbouw*, **85**(4):245 - 276.

Duquesnoy, A. J. H.M. (2002), Wettelijke voorschriften en normering bij de meting van bodembewegingen als gevolg van delfstoffenwinning, in: Barends, F. B. J., Kenselaar, F. and Schröder, F. H., eds., *Bodemdaling meten in Nederland. Hoe precies moet het? Hoe moet het precies?*, Netherlands Geodetic Commission, Delft, in Dutch.

Ferretti, A., Prati, C. and Rocca, F. (2000), Nonlinear subsidence rate estimation using permanentscatterers in differential SAR interferometry, *IEEE Transactions on Geoscience and Remote-Sensing*, **38**(5):2202-2212.

Ferretti, A., Prati, C. and Rocca, F. (2001), Permanent scatterers in SAR interferometry, *IEEE Transactions on Geoscience and Remote Sensing*, **39**(1):8-20.

Ferretti, A., Perissin, D., Prati, C. and Rocca, F. (2005), On the physical nature of SAR PermanentScatterers, in: *URSI Commission F Symposium on Microwave Remote Sensing of the Earth, Oceans, Ice and Atmosphere, Ispra, Italy*, 20-21 April 2005.

Ferretti, A., Savio, G., Barzaghi, R., Borghi, A., Musazzi, S., Novali, F., Prati, C. and Rocca, F. (2007), Submillimeter accuracy of InSAR time series: experimental validation, *IEEE Transactions on Geoscience and Remote Sensing*, **45**(5):1142-1153.

Fokker, P. A. (2002), Subsidence prediction and inversion of subsidence data, in: *SPE/ISRM Rock Mechanics Conference, Irving, Texas*, 20-23 October 2002.

Fokker, P. A. and Orlic, B. (2006), Semi-analytical modelling of subsidence, *Mathematical Geology*, **38**(5):565-589.

Fredrich, J. T., Arguello, J. G., Deitrick, G. L. and de Rouffignac, E. P. (2000), Geomechanical modeling of reservoir compaction, surface subsidence, and casing damage at the belridgediatomite field, *SPE Reservoir Evaluation and Engineering*, **3**(4):348-359.

Fruneau, B. (2003), Conventional and PS differential SAR interferometry for monitoring verticaldeformation due to water pumping: the Haussmann - St - Lazare case example (Paris, France), in: *Third International Workshop on ERS SAR Interferometry*, 'FRINGE03', *Frascati, Italy*, 1-5 Dec. 2003.

Geertsma, J. (1973a), A basic theory of subsidence due to reservoir compaction: the homogeneous case, *Verhandelingen van het Koninklijk Nederlands geologisch mijnbouwkundig Genootschap*, **28**: 43-62.

Geertsma, J. (1973b), Land subsidence above compacting oil and gas reservoirs, *Journal of PetroleumTechnology*, pp. 734-744.

Geertsma, J. and van Opstal, G. (1973), A numerical technique for predicting subsidence abovecompacting reservoirs, based on the nucleus of strain concept, *Verhandelingen van het Koninklijk Nederlands geologisch mijnbouwkundig Genootschap*, **28**:63-78.

Grebenitcharsky, R. and Hanssen, R. F. (2005), A Matérn class covariance function for modelingatmospheric delays in SAR interferometry, in: *AGU Fall meeting, December 5-9, SanFrancisco, USA*.

Gruen, A. W. and Baltsavias, E. P. (1985), Adaptive least squares correlation with geometricalconstraints, *SPIE Computer Vision for Robots*, **595**:72-82.

Hanssen, R. (2004), Stochastic modeling of time series radar interferometry, in: *International Geoscience and Remote Sensing Symposium, Anchorage, Alaska*, 20-24 September 2004.

Hanssen, R. and Usai, S. (1997), Interferometric phase analysis for monitoring slow deformationprocesses, in: *Third ERS Symposium—Space at the Service of our Environment*, Florence, Italy, 17 – 21 March 1997, ESA SP – 414, pp. 487 – 491.

Hanssen, R. F. (2001), *Radar Interferometry: Data Interpretation and Error Analysis*, Kluwer Academic, Dordrecht.

Hanssen, R. F., Weckwerth, T. M., Zebker, H. A. and Klees, R. (1999), High – resolution water vapormapping from interferometric radar measurements, *Science*, **283**: 1295 – 1297.

Hejmanowski, R. and Sroka, A. (2000), Time – space ground subsidence prediction determined by volume extraction from the rock mass, in: *Proceedings of the Sixth International Symposium on Land Subsidence (SISOLS 2000)*, Ravenna, Italy, 24 – 29 September 2000, pp. 367 – 375.

Hettema, M., Papamichos, E. and Schutjens, P. (2002), Subsidence delay: field observations andanalysis, *Oil & Gas Science and Technology*, **57**(5): 443 – 458.

Hoefnagels, A. A. J. V. (1995), Analyse van bewegingen van ondiep gefundeerde peilmerken bovenhet Groninger gasveld in de dertig jaar voorafgaand aan de gaswinning, Tech. rep., Memoirof the Centre of Engineering Geology in the Netherlands, no. 130, in Dutch.

Hoekman, D. H. and Quinones, M. J. (1998), Forest type classification by airborne SAR in the Columbian Amazon, in: *Second Int. Workshop on "Retrieval of Bio – and Geophysical Parametersfrom SAR Data for Land Applications"*, Noordwijk, The Netherlands, 21 – 23 Oct. 1998.

Hooper, A., Zebker, H., Segall, P. and Kampes, B. (2004), A new method for measuring deformation on volcanoes and other non – urban areas using InSAR persistent scatterers, *GeophysicalResearch Letters*, **31**(23): L23611.1 – L23611.5.

Houtenbos, A. P. E. M. (2004), *Subsidence Residual Modeling*, SURE user manual, A. P. E. M. Houtenbos Geodetic Consultancy.

Humme, A. (2007), *Point Density Optimization for SAR Interferometry; a Study Tested on Salt Mine Areas*, Master's thesis, Delft University of Technology.

Inglada, J., Souyris, J. – C. and Henry, C. (2004), ASAR multi – polarization images phase difference: assessment in the framework of persistent scatterers interferometry, in: *ENVISAT & ERS Symposium*, Salzburg, Austria, 6 – 10 September 2004.

Kampes, B. and Usai, S. (1999), Doris: the Delft object – oriented radar interferometric software, in: *2nd International Symposium on Operationalization of Remote Sensing*, Enschede, The Netherlands, 16 – 20 August 1999.

Kampes, B. M. (2005), *Displacement Parameter Estimation using Permanent Scatterer Interferometry*, Ph.D. thesis, Delft University of Technology.

Kenselaar, F. and Quadvlieg, R. (2001), Trend – signal modelling of land subsidence, in: *10th FIG, International Symposium on Deformation Measurements*, Orange, California, USA, 19 – 22March 2001.

Ketelaar, G., Marinkovic, P. and Hanssen, R. (2004a), Validation of point scatterer phase statistics in multi – pass InSAR, in: *ENVISAT & ERS Symposium*, Salzburg, Austria, 6 – 10 September, 2004, 10 pp.

Ketelaar, G., van Leijen, F., Marinkovic, P. and Hanssen, R. (2005), Initial point selection andvalidation in PS – InSAR using integrated amplitude calibration, in: *International Geoscienceand Remote Sensing Symposium, Seoul, Korea, 25 – 29 July 2005*, pp. 5490 – 5493.

Ketelaar, G., van Leijen, F., Marinkovic, P. and Hanssen, R. (2006), On the use of point targetcharacteristics in the estimation of low subsidence rates due to gas extraction in Groningen, the Netherlands, in: *Fourth International Workshop on ERS/Envisat SAR Interferometry*, 'FRINGE05', *Frascati, Italy, 28 Nov.- 2 Dec. 2005*, 6 pp.

Ketelaar, G., van Leijen, F., Marinkovic, P. and Hanssen, R. (2007a), Multi – track PS – InSAR datumconnection, in: *International Geoscience and Remote Sensing Symposium, Barcelona, Spain, 23 – 27 July 2007*, 4 pp.

Ketelaar, G., van Leijen, F., Marinkovic, P. and Hanssen, R. (2007b), Multi – track PS – InSAR: datumconnection and reliability assessment, in: *ESA ENVISAT Symposium, Montreux, Switzerland, 23 – 27 April 2007*, 6 pp.

Ketelaar, V. B. H. and Hanssen, R. F. (2003), Separation of different deformation regimes using INSAR data, in: *Third International Workshop on ERS SAR Interferometry*, 'FRINGE03', *Frascati, Italy, 1 – 5 Dec. 2003*, 6 pp.

Ketelaar, V. B. H., Hanssen, R. F., Houtenbos, A. P. E. M. and Lindenbergh, R. C. (2004b), Idealization precision of point scatterers for deformation modeling, in: *4th International Symposiumon Retrieval of Bio – and Geophysical Parameters from SAR Data for Land Applications, Innsbruck, Austria, 16 – 19 Nov. 2004*, 8 pp.

Ketelaar, V. B. H., van Leijen, F. J., Marinkovic, P. S. and Hanssen, R. F. (2008a), Monitoringsurface deformation induced by hydrocarbon production in Groningen, the Netherlands, submittedto *Journal of Geophysical Research*.

Ketelaar, V. B. H., van Leijen, F. J., Marinkovic, P. S. and Hanssen, R. F. (2008b), Multi – trackPS – InSAR for deformation monitoring, submitted to *Remote Sensing of Environment*.

KODAC (2008), website of KODAC: Data Center of the Royal Netherlands Meteorological Institute (KNMI), http://www.knmi.nl/klimatologie/daggegevens.

Kwinta, A., Hejmanowski, R. and Sroka, A. (1996), A time function analysis used for predictionof rock mass subsidence, in: *Proceedings of the International Symposium on Mining Scienceand Technology, Xuzhou, Jiangsu, China, 16 – 18 October 1996*.

Landes, K. K. (1959), *Petroleum Geology*, Wiley, New York, 2nd edn.

Langbein, J. and Johnson, H. (1997), Correlated errors in geodetic time series: implications for time – dependent deformation, *Journal of Geophysical Research*, 102(B1):591 – 603.

Laur, H., Bally, P., Meadows, P., Sanchez, J., Schaettler, B., Lopinto, E. and Esteban, D. (2002), Derivation of the backscattering coefficient σ^0 in ESA ERS SAR PRI products, Tech. Rep.ES – TN – RS – PM – HL09, ESA, Issue 2, Rev. 5d.

Lilliefors, H. W. (1967), On the Kolmogorov – Smirnov test for normality with mean and variance-unknown, *Journal of the American Statistical Association*, **62**:399 – 402.

Liu, S., Kleijer, F. and Hanssen, R. F. (2008), Turbulence in the Earth's troposphere revealed bySynthetic Aperture Radar Interferometry, 9e Nederlands Aardwetenschappelijk Congres 18 – 19

March, 2008, Veldhoven.

Lutgert, J., Mijnlieff, H. and Breunese, J. (2005), Predicting gas production from future gas discoveriesin the Netherlands: quantity, location, timing, quality, in: *Petroleum Geology: North - West Europe and Global Perspectives—Proceedings of the 6th Petroleum Geology Conference*, pp. 77 - 84, Geological Society, London.

Marinkovic, P. and Hanssen, R. (2007), Dynamic persistent scatterers interferometry, in: *InternationalGeoscience and Remote Sensing Symposium*, Barcelona, Spain, 23 - 27 July 2007, 4 pp.

Marinkovic, P., Ketelaar, G. and Hanssen, R. (2004), A controled Envisat/ERS Permanent Scattererexperiment, implications of corner reflector monitoring, in: *CEOS SAR Workshop*, UlmGermany, 27 - 28 May 2004.

Marinkovic, P., Ketelaar, G., van Leijen, F. and Hanssen, R. (2008), InSAR Quality control: analysis of five years of corner reflector time series, in: *Fifth International Workshop on ERS/Envisat SAR Interferometry, 'FRINGE07'*, Frascati, Italy, 26 Nov.- 30 Nov. 2007, 8 pp.

Marinkovic, P. S., Ketelaar, V. B. H. and Hanssen, R. F. (2006), Utilization of high - Doppler ERSacquisitions in interferometric time series, in: *European Conference on Synthetic ApertureRadar*, Dresden, Germany, 16 - 18 May 2006, 6 pp.

Massonnet, D., Rossi, M., Carmona, C., Adagna, F., Peltzer, G., Feigl, K. and Rabaute, T. (1993), The displacement field of the Landers earthquake mapped by radar interferometry, *Nature*, **364** (8): 138 - 142.

Meisina, C., Zucca, F., Dossati, D., Ceriani, M. and Allievi, J. (2006), Ground deformation monitoring by using the Permanent Scatterers Technique, *Engineering Geology*, **88**: 240 - 259.

Mijnbouwwet (2008), website of the Dutch governmental laws, http://wetten.overheid.nl.

Mogi, K. (1958), Relations between eruptions of various volcanoes and the deformations of theground surfaces around them, *Bulletin of the Earthquake Research Institute, University ofTokyo*, **36**: 99 - 134.

NAM (1991), Stabiliteitsanalyse Historie Peilmerken Groningen, Tech. rep., Nederlandse Aardolie Maatschappij B.V.

NAM (2003a), Opslagplan Norg, Nederlandse Aardolie Maatschappij B.V., http://www.nlog.nl.

NAM (2003b), Winningsplan Anjum, Nederlandse Aardolie Maatschappij B.V., http://www.nlog.nl.

NAM (2003c), Winningsplan Groningen, Nederlandse Aardolie Maatschappij B.V., http://www.nlog.nl.

NAM (2005), Bodemdaling door Aardgaswinning, Tech. rep., Nederlandse Aardolie Maatschappij B.V.

NAM (2006), Gaswinning onder de Waddenzee, Tech. rep., Nederlandse Aardolie Maatschappij B.V.

NAM (2008), Groningen Long - Term, Tech. rep., Nederlandse Aardolie Maatschappij B.V. and Stork GLT.

NLOG (2008), NL Oil and Gas Portal, website that provides information about oil and gas exploration and production in the Netherlands, managed by the Geological Survey of the Netherlands, www.nlog.nl.

Odijk, D. and Kenselaar, F. (2003), *Subsidence Modelling: user's manual of the SuMo software (version 4)*, Delft University of Technology.

Odijk, D., Kenselaar, F. and Hanssen, R. (2003), Integration of leveling and InSAR data for land-subsidence monitoring, in: 11th *FIG International Symposium on Deformation Measurements, Santorini, Greece, 23 - 28 May 2003*, 8 pp.

Okada, Y. (1992), Internal deformation due to shear and tensile faults in a half - space, *Bulletin of the Seismological Society of America*, **82**(2):1018 - 1040.

Oppenheim, A. V., Willsky, A. S. and Young, I. T. (1983), Signals and Systems, Prentice - HallInternational, London.

Perissin, D. (2006), *SAR Super - resolution and Characterization of Urban Targets*, Ph.D. thesis, Politecnico di Milano, Italy.

RDNAP (2008), website of the Dutch Geometric Infrastructure, maintained by the Kadaster andRijkswaterstaat, http://www.rdnap.nl.

Rocca, F. (2007), Modeling interferogram stacks, *IEEE Transactions on Geoscience and RemoteSensing*, **45**(10):3289 - 3299.

Rodriguez, E., Morris, C. S., Belz, J. E., Chapin, E. C., Martin, J. M., Daffer, W. and Hensley, S. (2005), An Assessment of the SRTM Topographic Products, Tech. rep., Jet Propulsion Laboratory.

Rondeel, H. E., Batjes, D. A. J. and Nieuwenhuijs, W. H. (1996), *Geology of Gas and Oil under the Netherlands*, Kluwer Academic, Dordrecht.

Scharroo, R. and Visser, P. (1998), Precise orbit determination and gravity field improvement for the ERS satellites, *Journal of Geophysical Research*, **103**(C4):8113 - 8127.

Schoustra, S. S. (2004), Bodemdaling Groningen, Analyse van de waterpassingen 1964 - 2003, Tech. rep., Nederlandse Aardolie Maatschappij B.V.

Schoustra, S. S. (2006), Stabiele peilmerken Groningen, Onderzoek naar de stabiliteit van peilmerken in en rondom het Groningen gasveld, Tech. rep., Nederlandse AardolieMaatschappij B.V.

Schroot, B. M., Bosch, J. H. A., Buitenkamp, H. S., Ebbing, J. H. J., de Lange, G., Lehnen, C., van der Linden, W. and Roos, W. (2003), Oorzaak schade aan gebouwen nabij Grou, Tech.rep., Nederlands Instituut voor Toegepaste Geowetenschappen (TNO - NiTG).

SCR (1993), in: *CEOS SAR Calibration Workshop, ESTEC, Noordwijk, The Netherlands, 20 - 24Sept. 1993*.

SodM (2008), website of the Dutch State Supervision of Mines, http://sodm.nl.

Sroka, A. and Hejmanowski, R. (2006), Subsidence prediction caused by the oil and gas development, in: *3rd IAG Symposium on Geodesy for Geotechnical and Structural Engineering and 12th FIG Symposium on Deformation Measurements, Baden, Austria, 22 - 24 May 2006*.

SRTM (2008), Shuttle Radar Topography Mission website, maintained by Jet Propulsion Laboratory

(JPL), http://www2.jpl.nasa.gov/srtm.

Teeuw, D. (1973), Laboratory measurement of compaction properties of Groningen reservoir rock, *Verhandelingen van het Koninklijk Nederlands geologisch mijnbouwkundig Genootschap*, **28**: 19–32.

Teunissen, P. J. G. (1988), *Towards a Least – Squares Framework for Adjusting and Testing of both-Functional and Stochastic Models*, vol. 26 of Mathematical Geodesy and Positioning series, Delft University of Technology.

Teunissen, P. J. G. (1995), The least – squares ambiguity decorrelation adjustment: a method for fast GPS integer ambiguity estimation, *Journal of Geodesy*, **70**(1–2): 65–82.

Teunissen, P. J. G. (2000a), *Adjustment Theory*; An Introduction, Delft University Press, Delft, 1stedn.

Teunissen, P. J. G. (2000b), *Testing Theory*; An Introduction, Delft University Press, Delft, 1st edn.

Teunissen, P. J. G. (2001a), *Dynamic Data Processing*; Recursive Least – squares, Delft University-Press, Delft, 1st edn.

Teunissen, P. J. G. (2001b), Statistical GNSS carrier phase ambiguity resolution: a review, in: *2001 IEEE Workshop Statistical Signal Processing*, 6–8 August 2001, Singapore, pp. 4–12.

Teunissen, P. J. G. (2007), Best prediction in linear models with mixed integer/real unknowns: theory and application, *Journal of Geodesy*, **81**: 759–780.

Teunissen, P. J. G. and Odijk, D. (1997), Ambiguity dilution of precision: concept and application, in: *Proc. ION – 97*, 16–19 September, Kansas City, USA, pp. 891–899.

Teunissen, P. J. G., Salzmann, M. A. and de Heus, H. M. (1987), Over het aansluiten van puntenvelden: De aansluitingsvereffening, *NTG Geodesia*, **29**(6/7): 229–235/270–273.

Teunissen, P. J. G., Simons, D. G. and Tiberius, C. C. J. M. (2005), *Probability and Observation-Theory*, Delft Institute of Earth Observation and Space Systems (DEOS), Delft University of-Technology, The Netherlands.

Tiberius, C. C. J. M. and Kenselaar, F. (2003), Variance component estimation and precise GPSpositioning: case study, *Journal of Surveying Engineering*, **129**(1): 11–18.

Usai, S. (2001), *A New Approach for Long Term Monitoring of Deformations by Differential SAR Interferometry*, Ph.D. thesis, Delft University of Technology.

van der Kooij, M. (1997), Land subsidence measurements at the Belridge oil fields from ERSInSAR data, in: *Third ERS Symposium on Space at the Service of our Environment*, Florence, Italy, 14–21 March 1997.

van Leijen, F. J. and Hanssen, R. F. (2007), Persistent scatterer interferometry using adaptive deformationmodels, in: *ESA ENVISAT Symposium*, Montreux, Switzerland, 23–27 April 2007, 6 pp.

van Leijen, F. J., Hanssen, R. F., Marinkovic, P. S. and Kampes, B. M. (2006a), Spatiotemporal phase unwrapping using integer least – squares, in: *Fourth International Workshop on ERS/Envisat SAR Interferometry*, 'FRINGE05', Frascati, Italy, 28 Nov – 2 Dec 2005, 6 pp.

van Leijen, F. J., Perski, Z. and Hanssen, R. F. (2006b), Error propagation and data quality assessment for ASAR persistent scatterer interferometry, in: *European Conference on Synthetic Aperture*

Radar, Dresden, Germany, 16 – 18 May 2006, 6 pp.

van Meirvenne, M. and Goovaerts, P. (2002), Accounting for spatial dependence in the processing of multi-temporal SAR images using factorial kriging, *International Journal of Remote Sensing*, **23**(2):371 – 387.

van Zyl, J. J. (1989), Unsupervised classification of scattering behavior using radar polarimetrydata, *IEEE Transactions on Geoscience and Remote Sensing*, **27**(1):36 – 45.

Verhoef, H. M. E., Joosten, P. and de Heus, H. M. (1996), Subsidence analysis in the Netherlands-Groningen gasfield and the detection of (locally) unfitting points, in: *IAG Regional Symposium on Deformation and Crustal Movement Investigations using Geodetic Techniques*, Szekesfehervar, Hungary, 31 August – 5 September 1996, pp. 159 – 166.

Verruijt, A. and van Baars, S. (2005), *Grondmechanica*, VSSD, Delft, 7th edn.

Wackernagel, H. (1998), *Multivariate Geostatistics*, Springer, Berlin, 2nd edn.

Welsch, W. M. and Heunecke, O. (2001), Models and terminology for the analysis of geodeticmonitoring observations, in: *The 10th FIG International Symposium on Deformation Measurements*, Orange, California, USA, 19 – 22 March 2001, pp. 390 – 412.

Werner, C., Wegmuller, U., Strozzi, T. and Wiesmann, A. (2003), Interferometric Point Targetanalysis for deformation mapping, in: *International Geoscience and Remote Sensing Symposium*, Toulouse, France, 21 – 25 July 2003, 3 pp.

Wright, T. J., Parsons, B. E. and Lu, Z. (2004), Towards mapping surface deformation in threedimensions using InSAR, *Geophysical Research Letters*, **31**:5.

内 容 简 介

《卫星雷达干涉测量——沉降监测技术》以荷兰格罗宁根地区的地表沉降为案例，从地质学性质分析、质量控制、散射体特性等方面，利用模型和计算论述了SAR雷达干涉测量技术在地表沉降测量方面的应用。通过比较雷达干涉测量技术与水准测量技术在实际地表沉降监测工作中的测量结果，论证了SAR干涉测量用于地表监测的潜能和优势。

本书是一本研究SAR卫星地表观测应用的论著，不仅能为从事卫星雷达干涉测量技术研究的读者提供参考，也能为致力于地表沉降测量研究的人员提供帮助，本书的研究将对卫星应用和地表沉降测量领域的相关研究工作具有重要的指导意义。

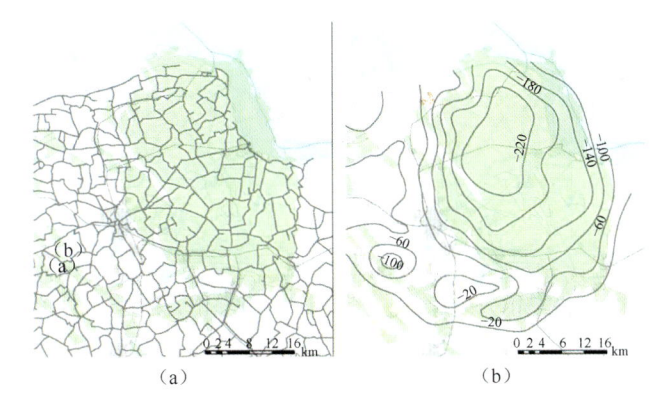

图 2.6 2003 年水准测量活动的测量网络(a)及自天然气生产开始至 2003 年产生的沉降(b)(mm)。绿色部分描述的是气田。水准测量轨迹总长度约为 1000km

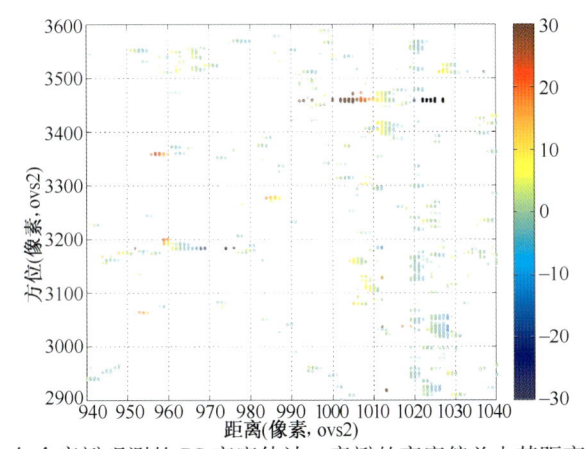

图 4.24 包含旁瓣观测的 PS 高度估计。旁瓣的高度偏差由其距离位置决定

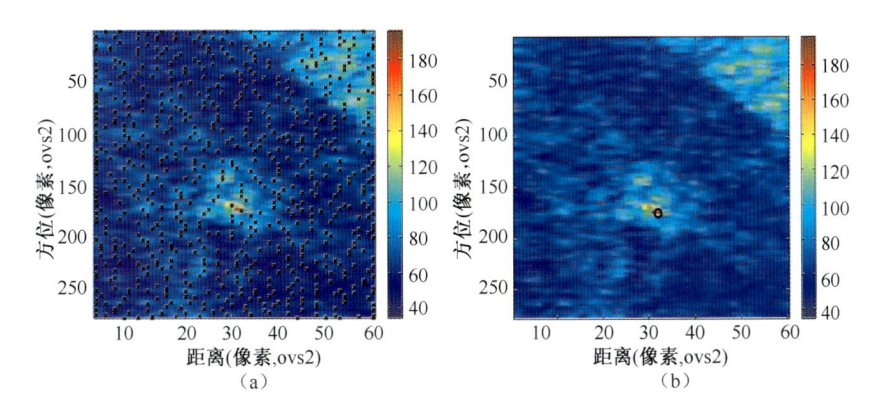

图 4.25 基于差分相位观测的旁瓣清除。独立像素的数目与相关性阈值有关
(a)大小为 0.2 的相关性阈值;(b)大小为 0.8 的相关性阈值。
(阈值越高,被错误识别为独立目标的目标就越少)

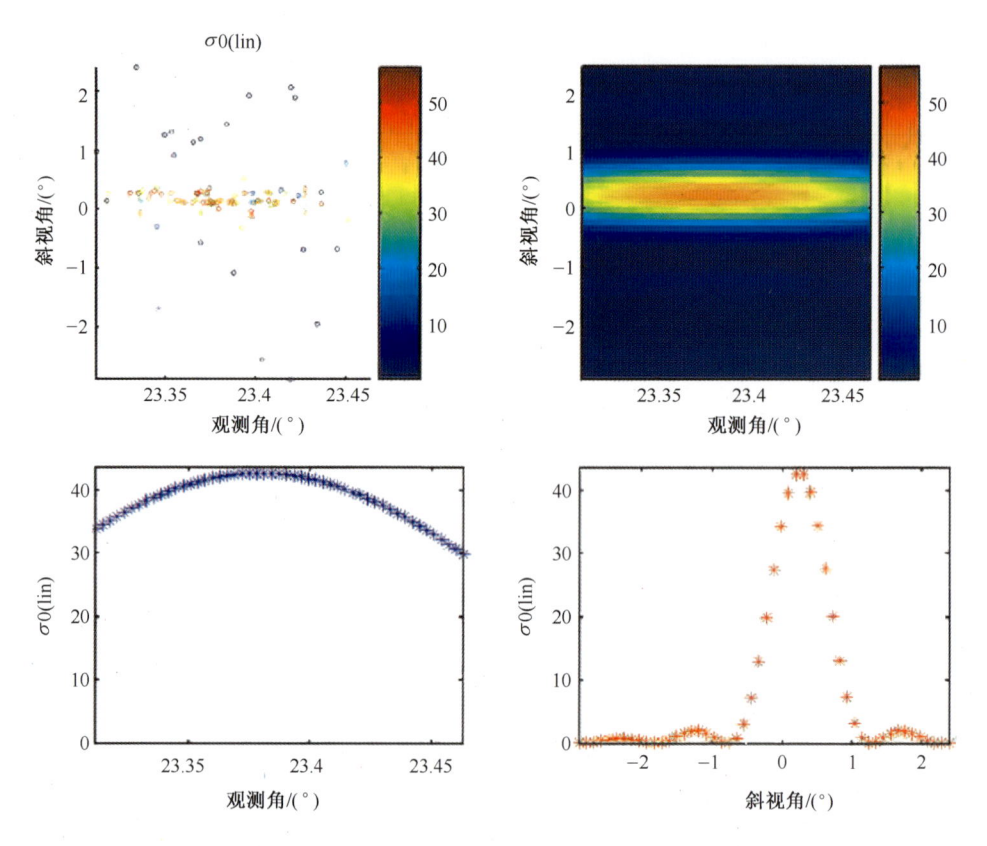

图 4.27 反射率模式拟合：随入射角和斜视角变化的归一化强度观测、
反射率模式拟合及其距离向（入射角）和方位向（斜视角）的曲线图

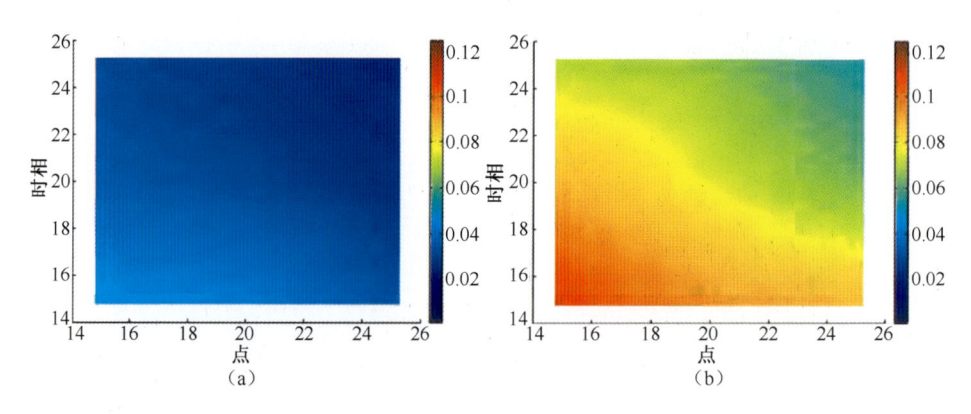

图 4.30 评估 4 个(a)随机模型参数(测量噪声和空时模型缺陷)和
6 个(b)随机模型参数(测量噪声、自主时间运动和空时模型缺陷)
时的随机模型参数精度。精度因测量点数目和时间点(冗余)数目的不同而异

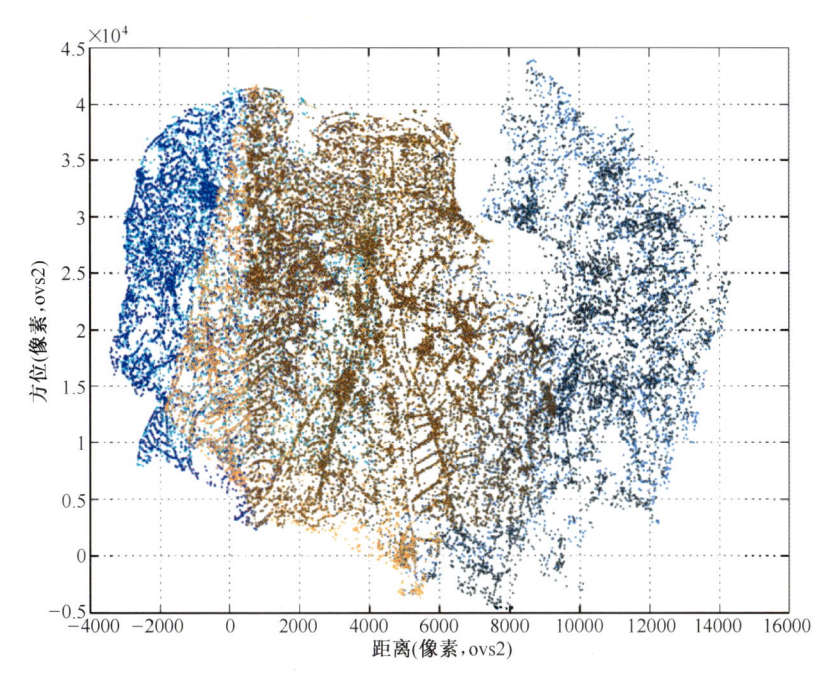

图 5.3 统一雷达基准中六条路径的 PS 点域:PS 位置与地面的建筑物相对应

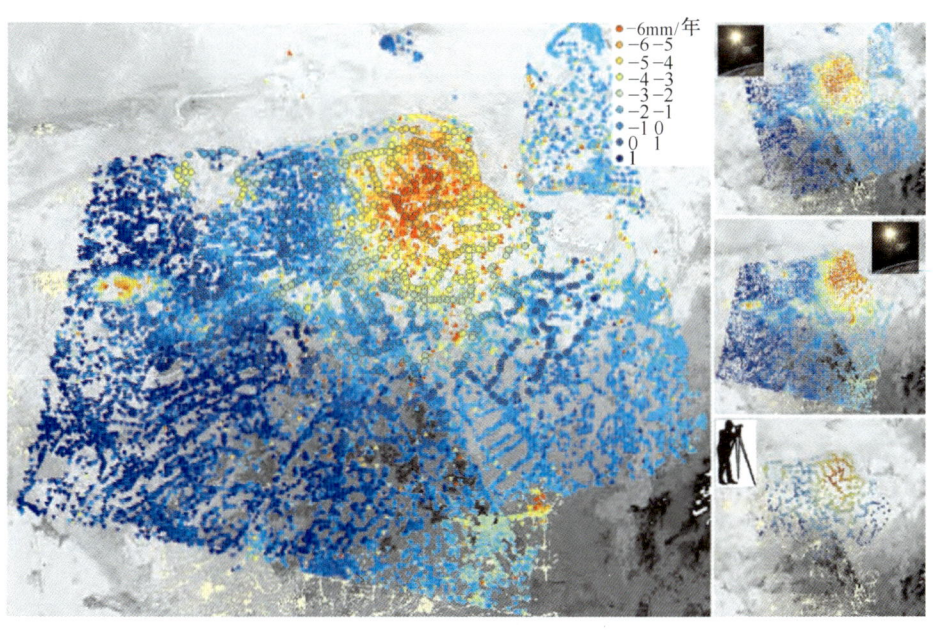

图 6.10 荷兰东北地区在 1992—2003 年间的永久散射体(三角形)和水准基点(圆形)位移率(mm/年)。PSI 位移率来自主轨迹 380(降轨)以及 487(升轨)

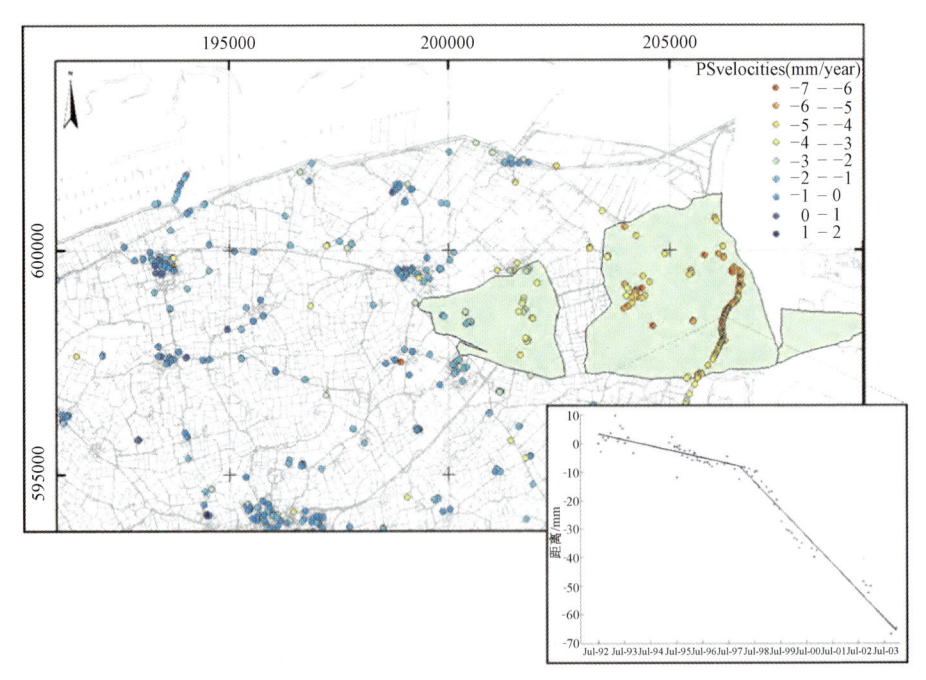

图 6.13　1997 年中期开始投入生产的 Anjum 气田(绿色);1992—2003 年期间的 PS 位移率;
单个 PS 目标的位移时序和潜在的备选条件。该 PS 目标描述了由于天然气开采而造成的
沉降开始时发生的趋势变化。因此,我们描述的平均位移率低估了由于天然气开采造成的
实际沉降。1997 年之前的 PS 位移率可能是浅层压实的结果

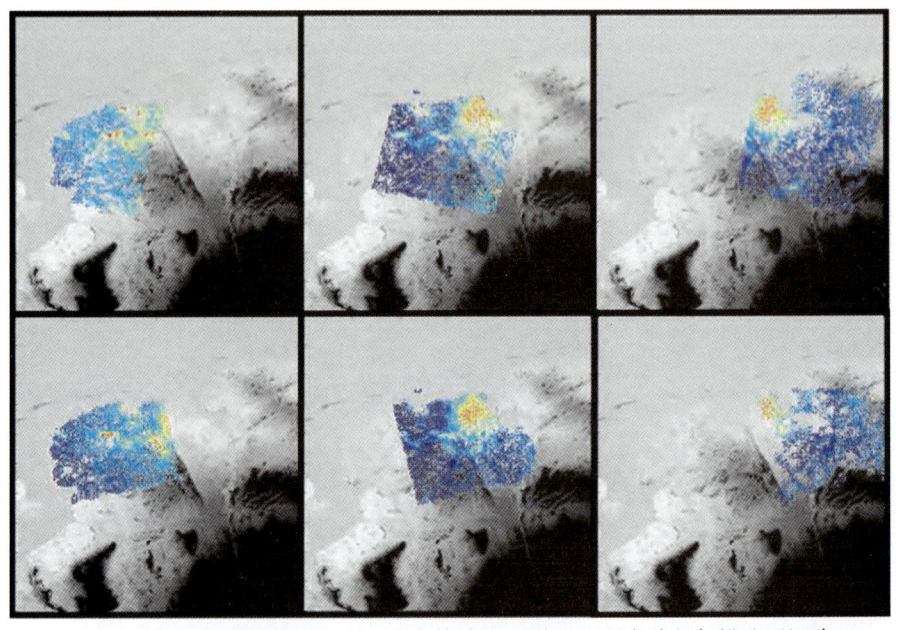

图 6.14　所有六条 ERS 路径的 PSI 速度估计(mm/年)。所有路径都描述了沉降区。
尽管它们参照的 PS 不同,但相对速度的估计结果相似

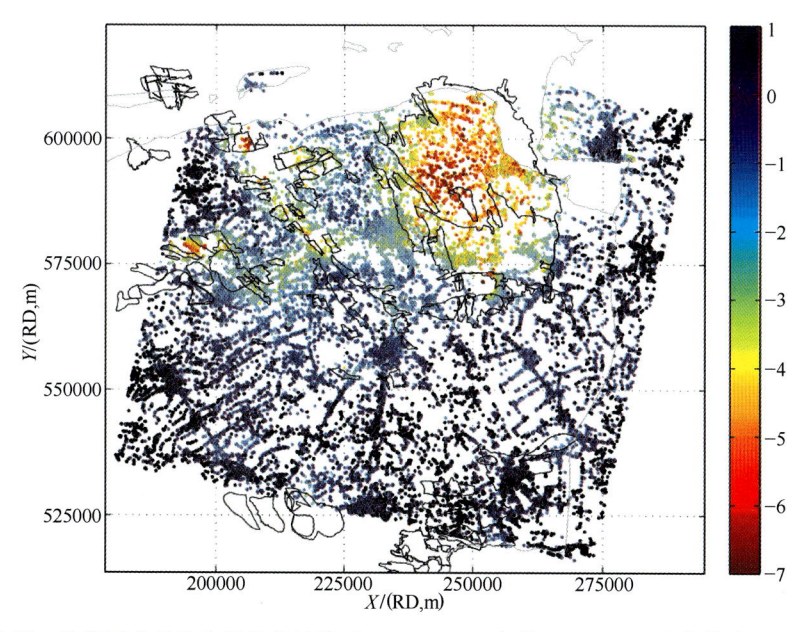

图6.15 执行了去趋势和异常值清除后，2003—2007年的Envisat PS速度估计（mm/年）。坐标属于荷兰RD系统。气田的轮廓标记为黑色，国界标记为灰色线条

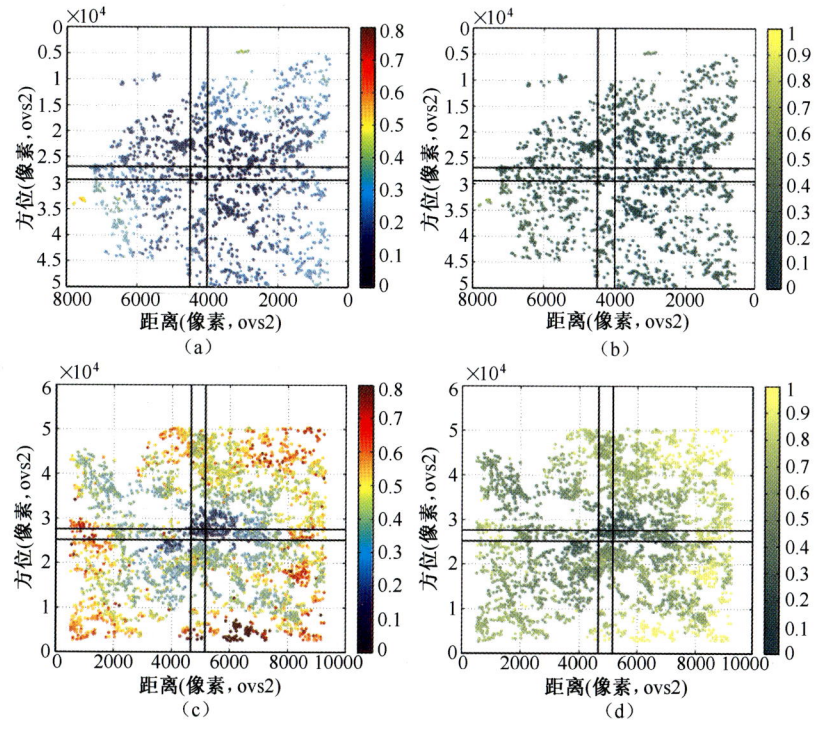

图6.17 路径151的PSI估计精度（74幅干涉图）：PS速度的标准偏差（a）和地形高度的标准偏差（b）。路径215的PSI估计精度（24幅干涉图）：PS速度的标准偏差（c）以及地形高度的标准偏差（d）。参照PS位于两条路径的图像景中心。黑色线条表示四块区域的重叠

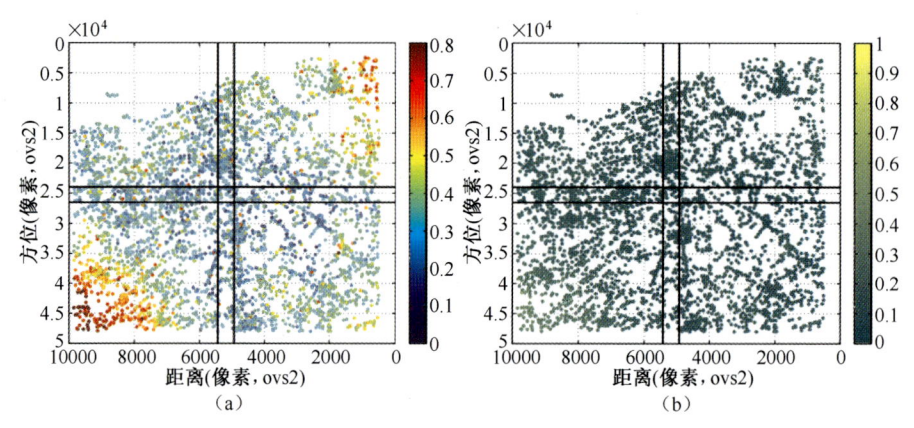

图 6.18 路径 380 的 Envisat PSI 估计精度(40 幅干涉图):PS 速度的准偏差(a)和地形高度的标准偏差(b)。参照 PS 位于图像景中心。黑色线条表示四块区域的重叠

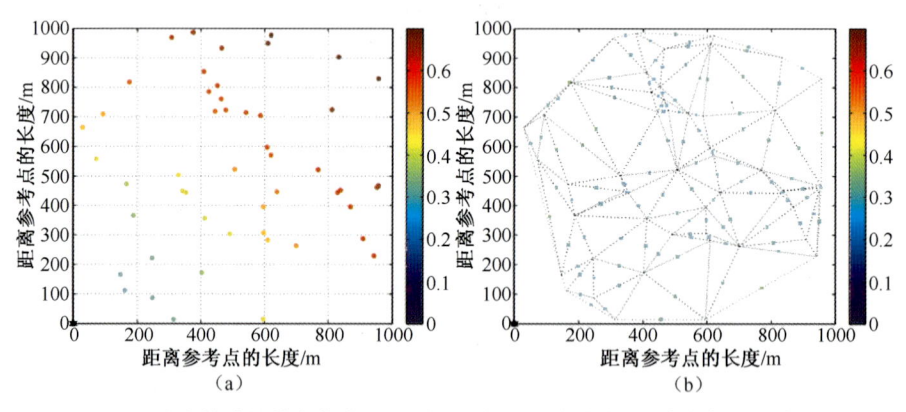

图 6.19 PSI 速度估计的精度仿真(mm/年)。如果只考虑方差,精度似乎会降低得更加偏离参照 PS(a)。然而,附近 PS 的相对精度是相似的,与位置并无关联(b)

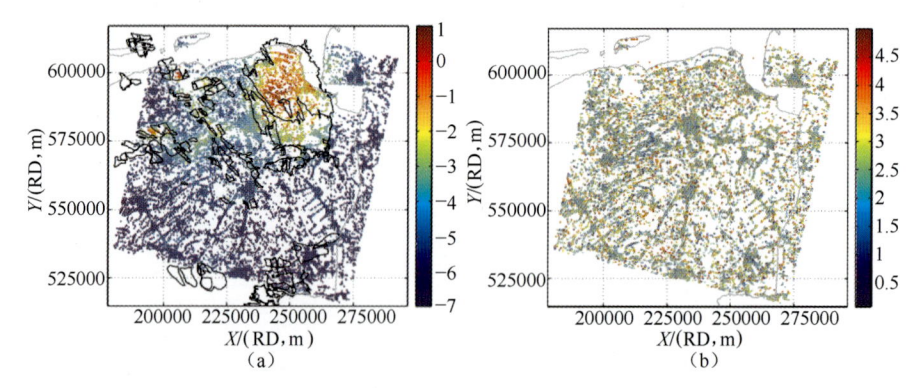

图 6.20 Envisat 路径 380 的 PSI 速度估计(a)以及相对于一阶网络中最近 PS 的标准 PS 位移偏差(b)。相对位移精度与参照 PS 的选择无关,但随着 PS 之间距离的递增加而下降(在乡村地区)。城市区域的位移标准偏差小于或等于 3mm;乡村地区为 3~7mm

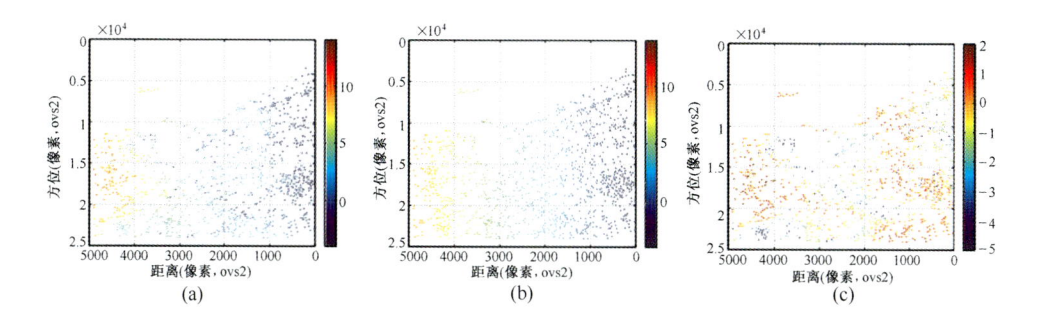

图 6.23 以 mm/年为单位的初始 PS 速度估计(a);随距离和方位坐标发生变化的估计空间趋势(b);去除了估计空间趋势的 PS 速度估计(c)

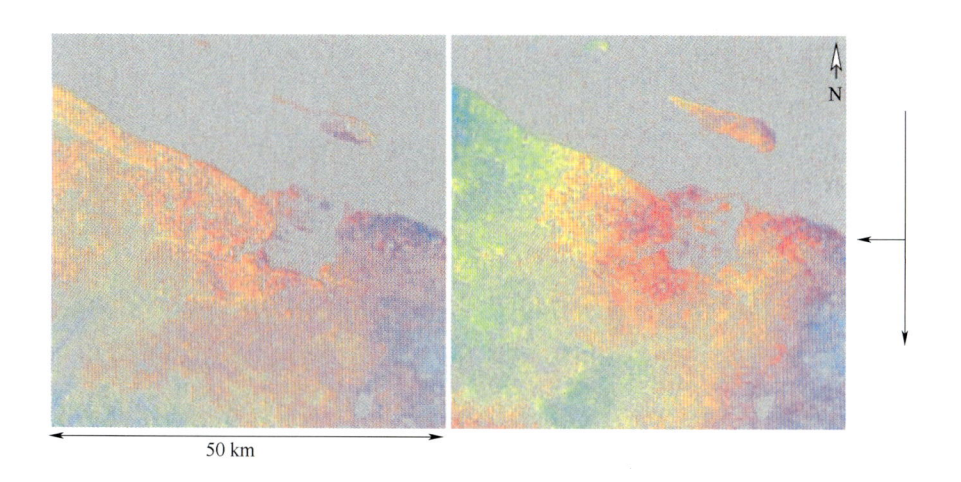

图 6.25 时间基线为 35 天(四等分图像景)的 Envisat 干涉图中的空间趋势

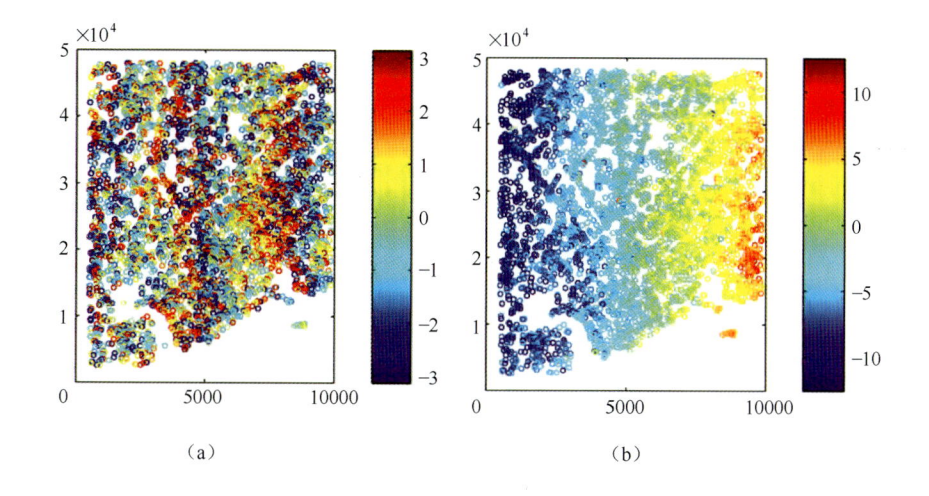

(c) (d)

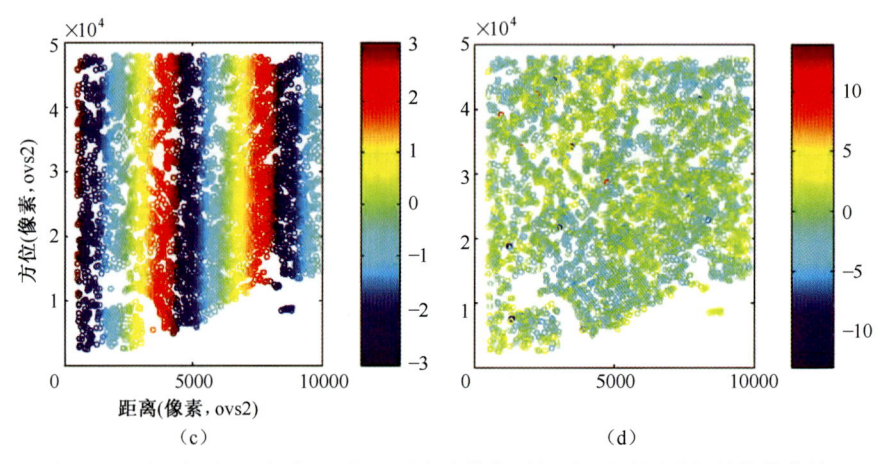

图 6.26 基于候选 PS 相位观测(以弧度为单位)的一幅干涉图进行的趋势估计。初始缠绕相位观测(a)和解缠相位观测(b)。按缠绕相位观测估计的空间趋势(c)以及按空间趋势修正的相位观测(d)

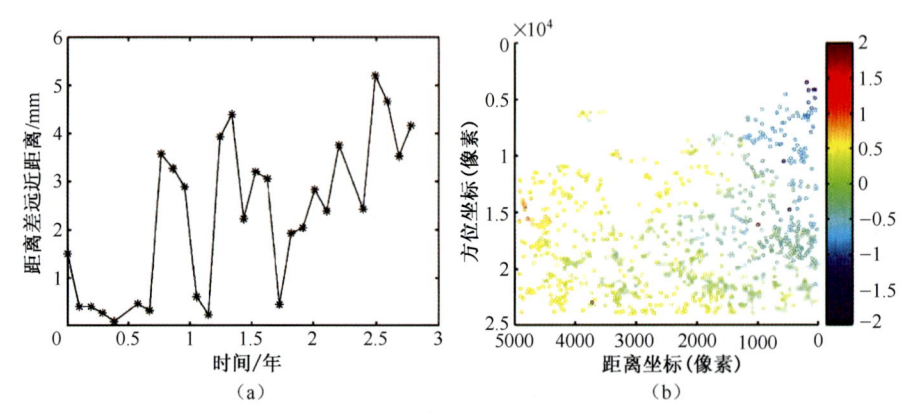

(a) (b)

图 6.29 从近距离到远距离的交轨距离差(a)以及 PS 速度估计差(b),计算结果通过 EIGEN-GRACE01S 和 EIGEN-CG03C 轨道获取。这说明 PS 速度差(1~2mm/年)与交叉路径轨道差所引起的距离差(约 1.2mm/年)处于同一水平

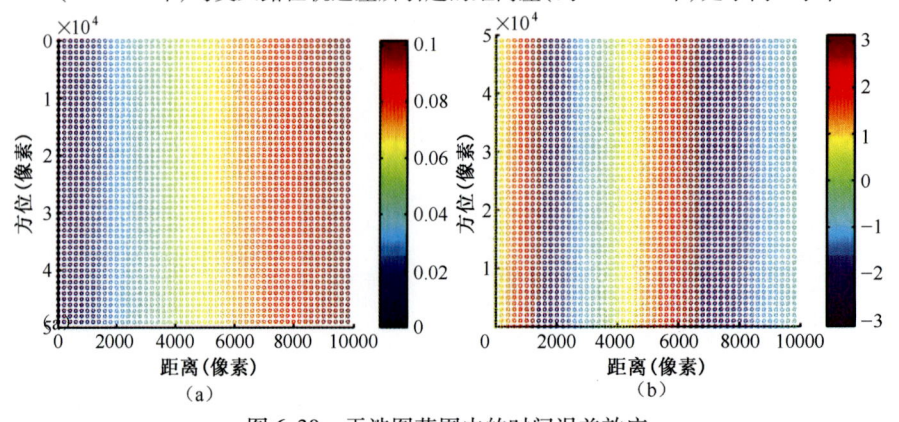

(a) (b)

图 6.30 干涉图范围内的时间误差效应
(a)平行基线误差(m);(b)参照相位误差(缠绕,以 rad 为单位)。

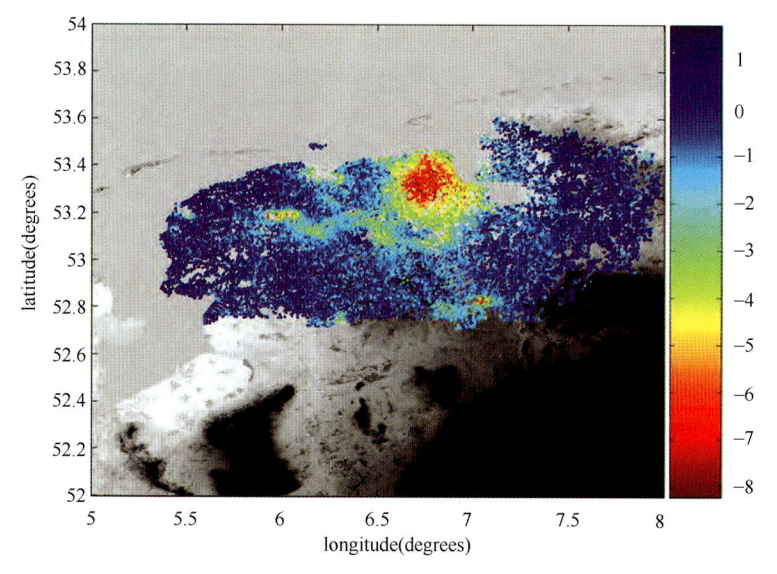

图 6.32 荷兰整个北部地区和德国部分地区在基准统一后的 ERS PS 速度(mm/年)。时期：1993—2000 年

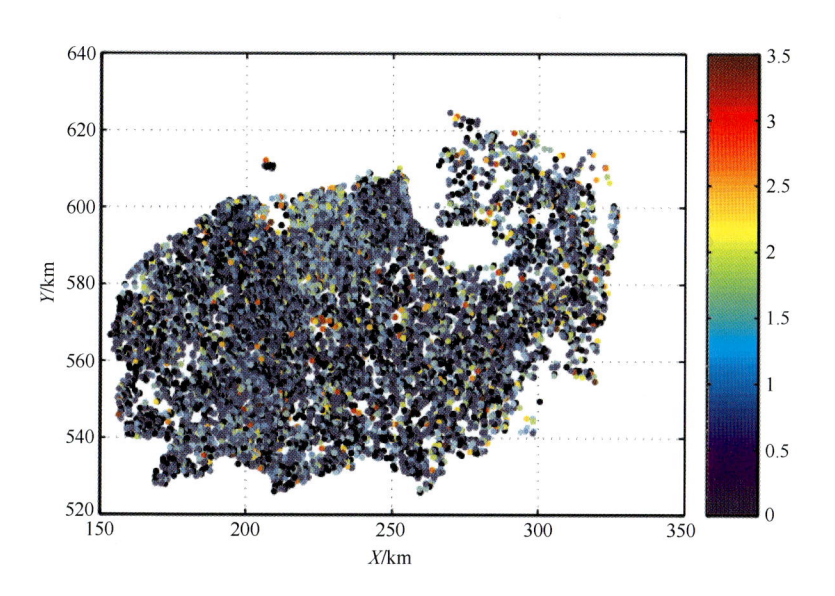

图 6.33 基准统一后,每个多轨 PS 簇中 PS 速度的标准偏差(mm/年)。基准统一后,一个 PS 簇中大约 70% 的速度都具备低于 1mm/年的标准偏差

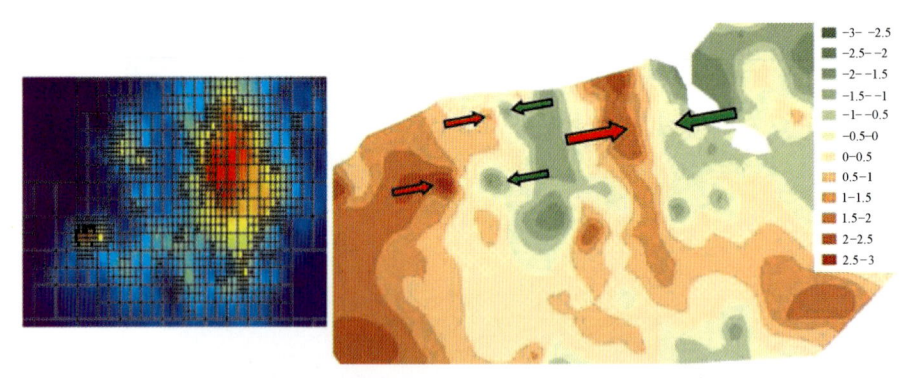

图 6.36 沿上升视线方向的四树分解以及内插水平 PS 速度(mm/年)

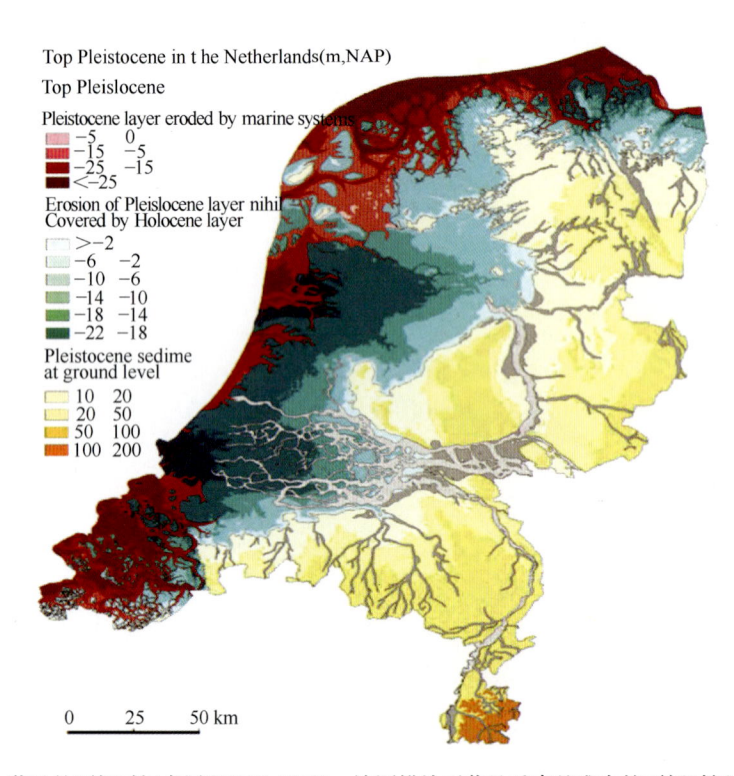

图 6.38 荷兰的更新时间点层(DINO,2008)。该图描绘了荷兰垂直基准中的更新时间点层顶部

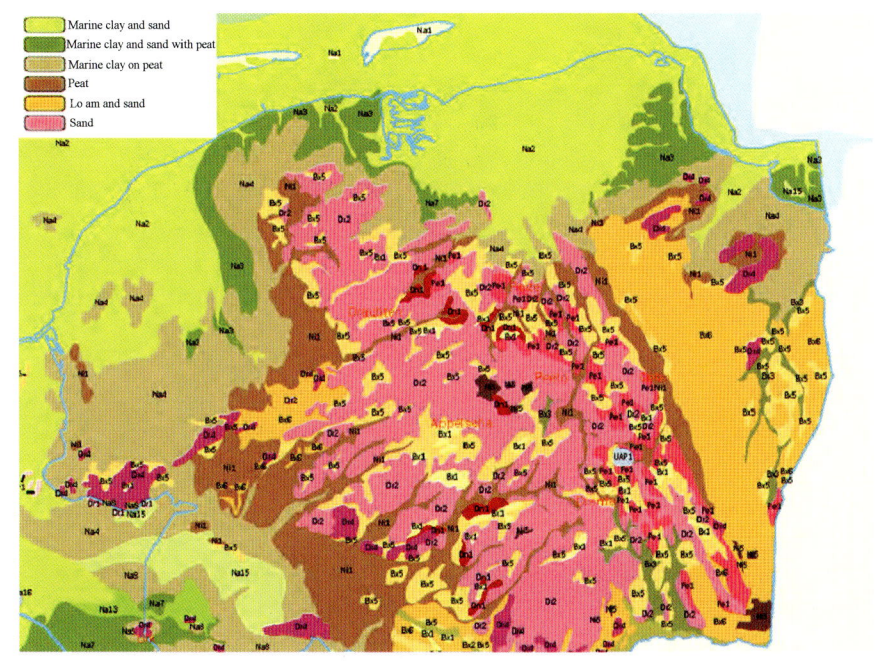

图 6.39　荷兰北部地区的地质图(DINO,2008；de Mulder et al,2003)。
地下层由沙、黏土层和泥炭层构成

图 6.46　乡村地区的 AHN 高度(m)。这个数据产品的目标是代表地面水平的高度，
因此高位目标(如建筑物)被去除(白点)

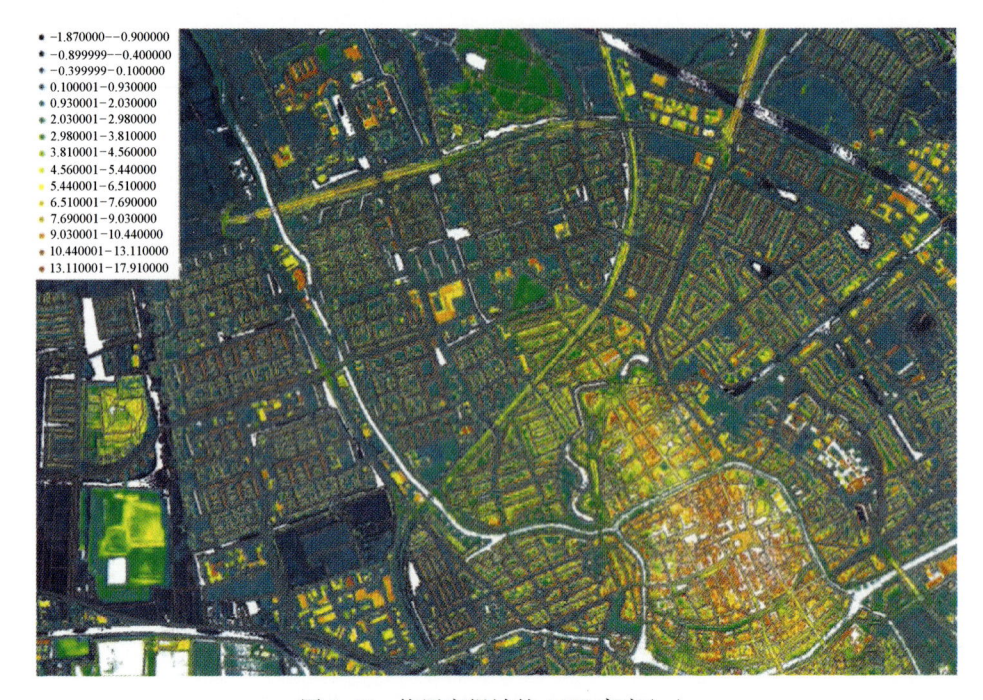

图 6.47 格罗宁根城的 AHN 高度(m)

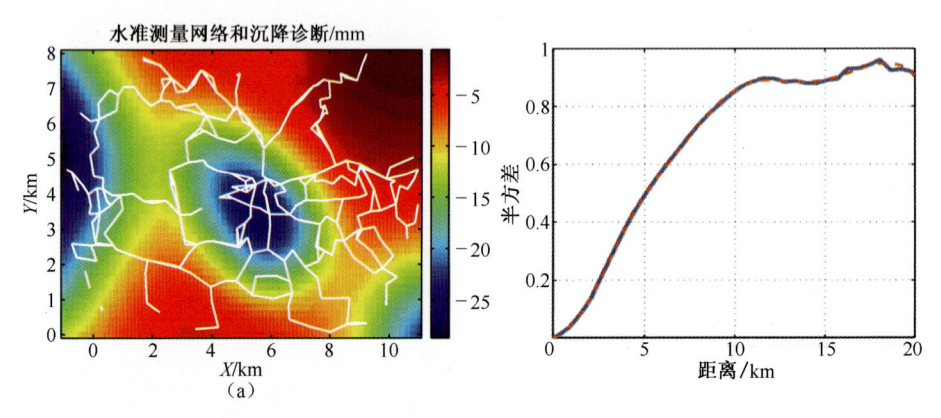

图 6.55 (a)鹿特丹气田的沉降预测(mm),包括水准测量轨道(白);(b)沉降预测的变量图

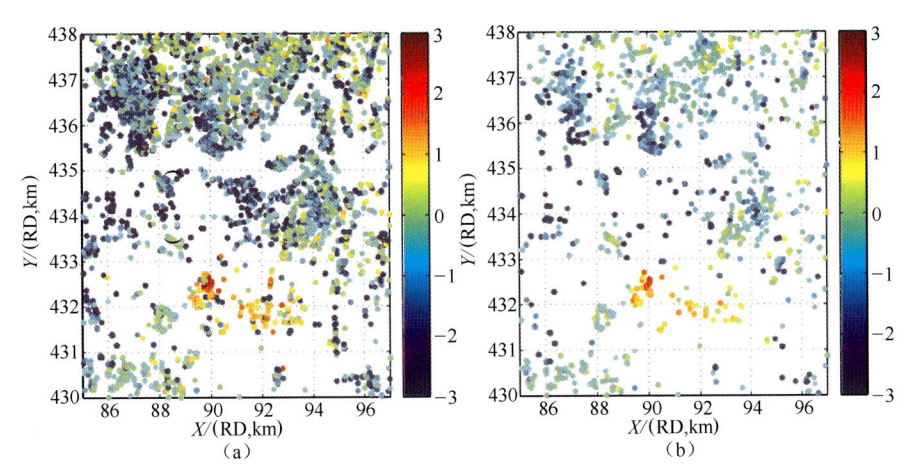

图6.56 鹿特丹沉降区执行克里金交叉验证前(a)后(b)的 PS 速率。
图中所描述的位移率必须从空间相关的视角进行解释

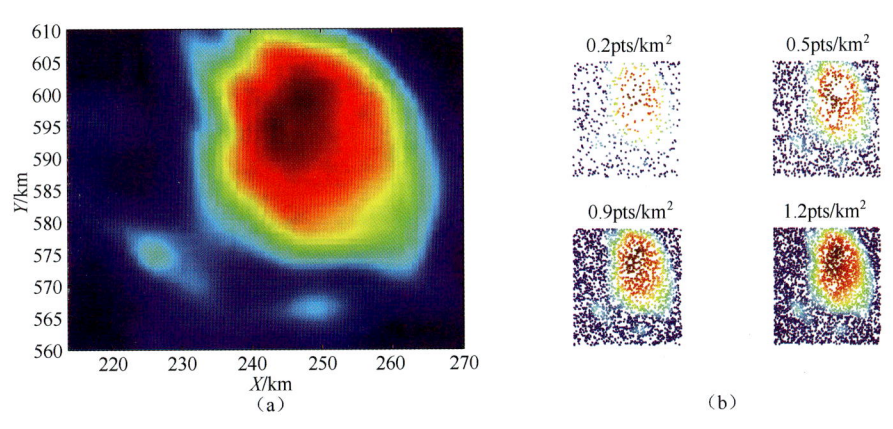

图7.6 格罗宁根地区的沉降预测(500m×500m 网格)(a)。坐标系位于
荷兰 RD 系统中。本图描绘了沉降预测中四个图像景的空间采样(右)

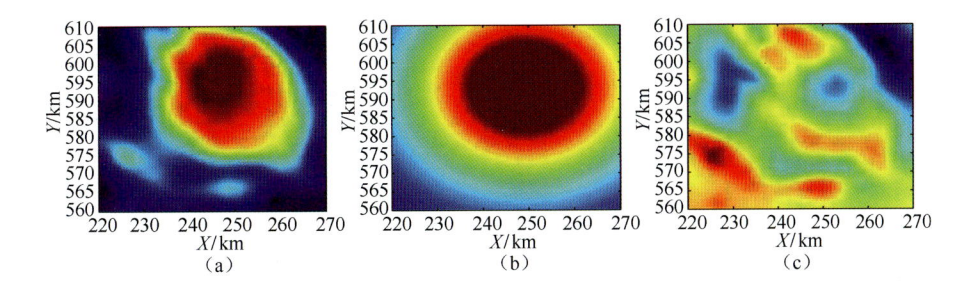

图7.8 从天然气开采开始到 2007 年的沉降预测(a);由单点源模拟的沉降预测(b);
残余形变信号(c)。单点源模型大大简化了预测的沉降模式:残余覆盖距离为 15cm。
为便于比较,图 6.36 中描绘了 PSI 估计出的内插形变信号的形状

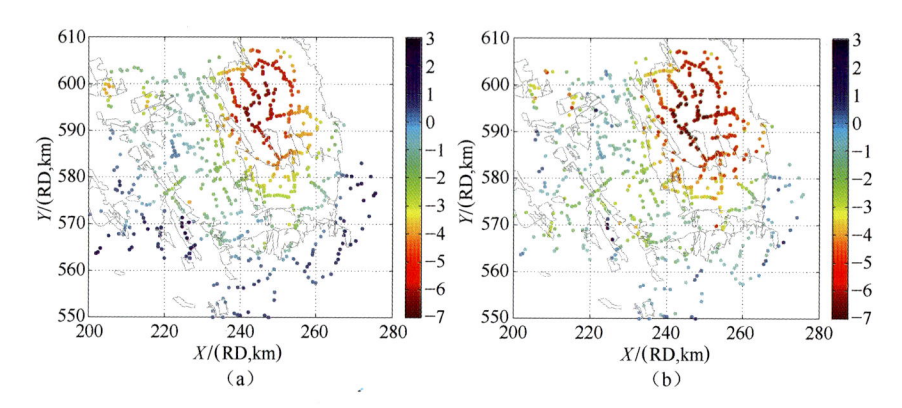

图 7.11 围绕基准点 500m 半径范围内每个基准点的水准位移率(mm/年)和 PS 的平均位移率。PSI 情况下,通过假设位移率的空间相关性去除总的异常值。继而,我们计算了每个基准位置的 PS 位移率均值

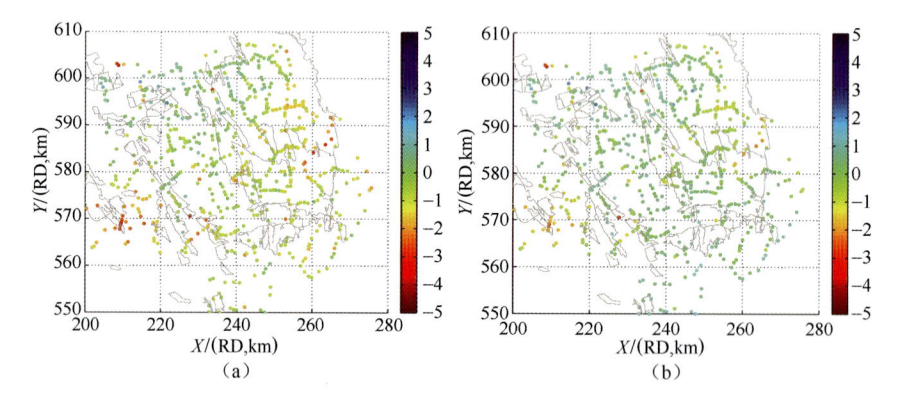

图 7.12 PSI 和水准位移率之间的差异:PSI——水准测量(mm/年)。两种测量情况下,我们都可以确定偏差和空间趋势修正前(a)和修正后(b)PSI 位移率略大于水准位移率的区域

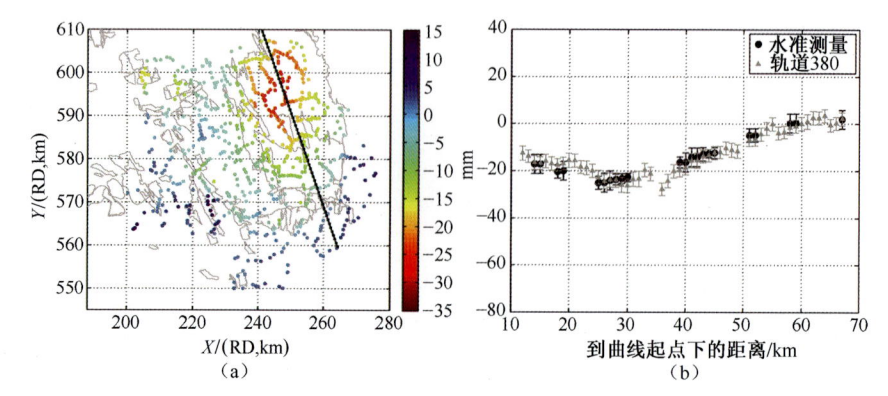

图 7.17 基于沿分布图等距分布的位置所获得的 2003—2007 年期间的水准测量和 PSI 位移(mm)(a)。(b)Envisat 路径 380,以及 SuMo 水准测量位移;PSI 搜寻半径为 1km。据此可以推导出,在没有水准测量基准点的区域可以利用 PSI 的高空间密度。水准位移测量是基于 1993—2003 年的水准测量结果外推得到的

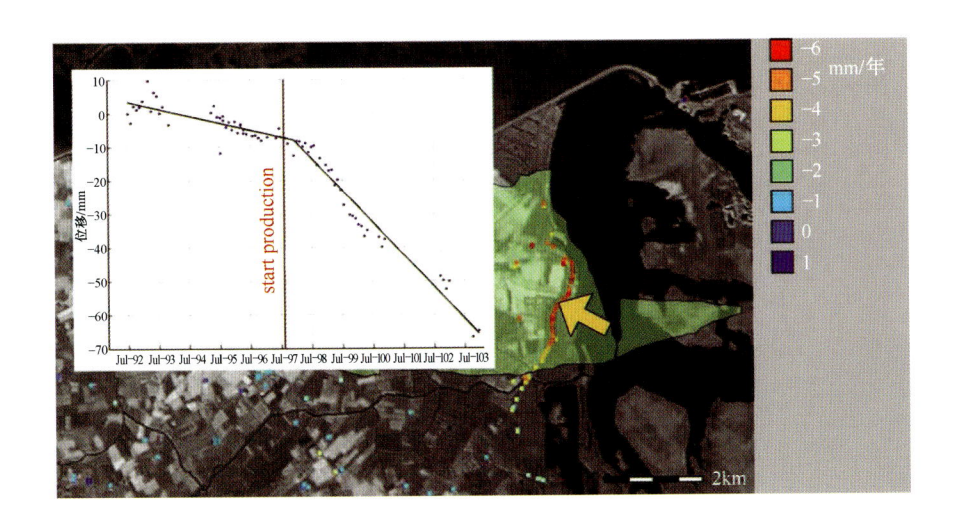

图 8.1 Anjum 气田(绿色)的位移时间序列。图中可见 1997 年 8 月开始进行天然气生产之后几个月到一年时间里的位移率变化。平均位移率以 mm/年计。这些位移率低估了开始天然气生产之后的沉降率，因为它们是根据 1993—2003 年时段的监测数据估计出来的

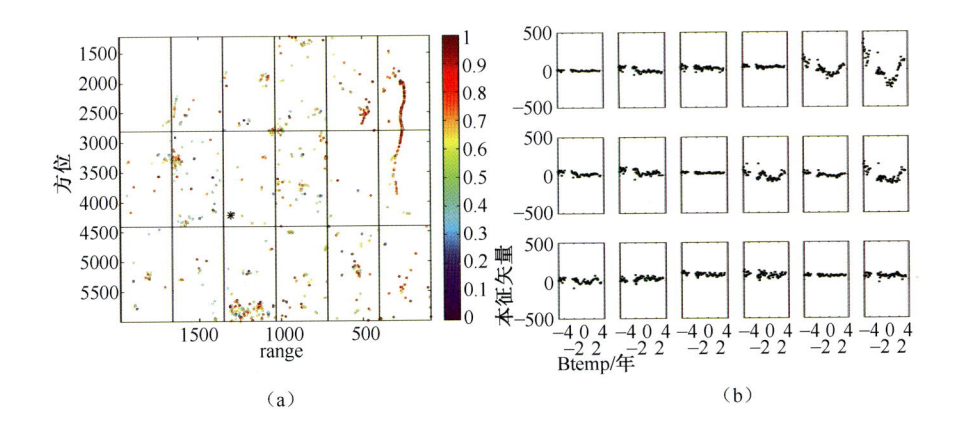

图 8.2 PS 速度精度(mm/年)和方块区的划分(a)。右上角区域中 PS 速度估计的精度总体上比周围的 PS 要低。参考 PS 用黑色五角星来表示。(b)每个描述方块区域内剩余 PS 位移(相对于线性位移率)中最大变化性的特征矢量。右上角方块区显示出偏离线性 PS 速度零假设的系统偏差。可通过这些区域中的 PS 位移时间序列对此进行解释，见彩图 8.1

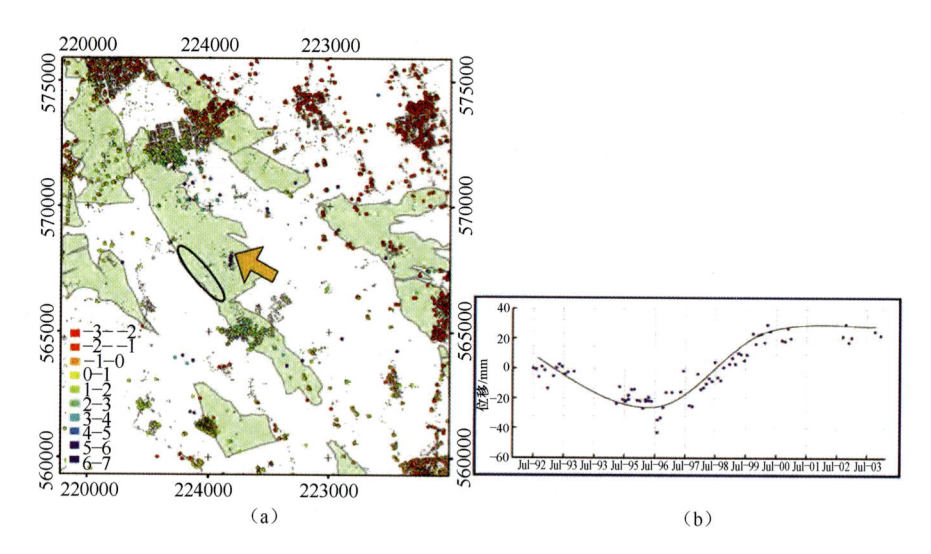

图 8.3 以 mm/年为单位的平均位移率(a)和 Norg 地区(图 A.1)的 PS 位移(mm)时间序列(b)。天然气开采引起沉降之后,由于从 1997 年开始将该储层用做地下天然气存储而产生了一个隆起。注入井所在的区域用黑色圆圈做了标识。注意,1992 - 1993 年间以及自 2001 年以后的位移都对解缠误差很敏感。位移中的模糊数等于波长的 1/2,约 28mm。实际地面运动偏离线性位移率零假设的偏差与时间间断相结合会引起解缠误差

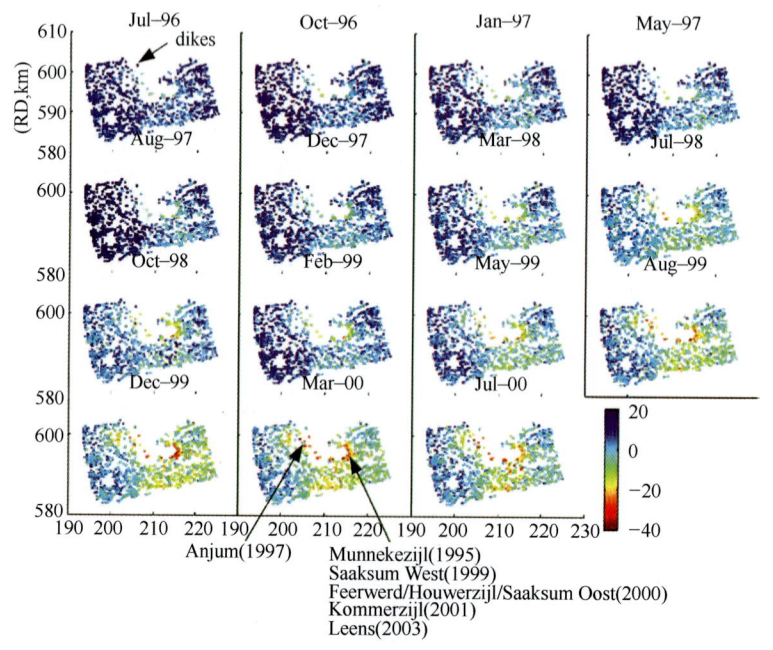

图 8.4 Waddenzee 近海区域(图 A.1):根据升轨 487 和 258 估计的 PS 位移(mm)。几个新气田投入生产之后,PS 位移的增大清晰可见。Anjum 附近的岩脉对准降轨观测方向,因此与图 8.5 相反,升轨模式中的岩脉上不会观测到任何散射体

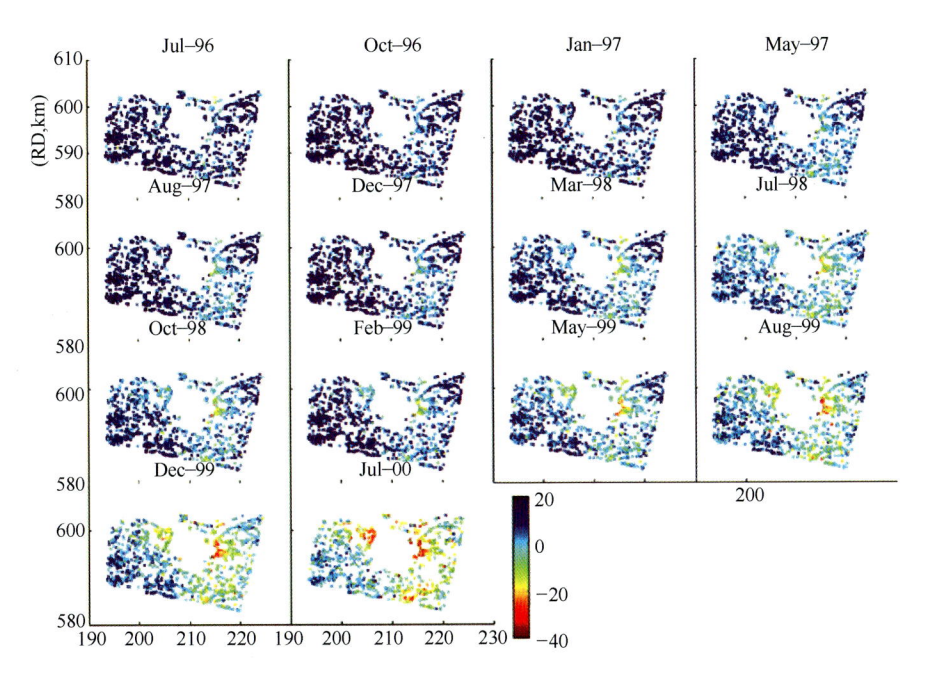

图8.5 Waddenzee 的近海区域(图A.1):根据降轨380和151估计的PS位移(mm)。与图8.4一样,新气田投产之后,PS位移明显增大。在降轨中,Anjum附近的岩脉可用做永久散射体

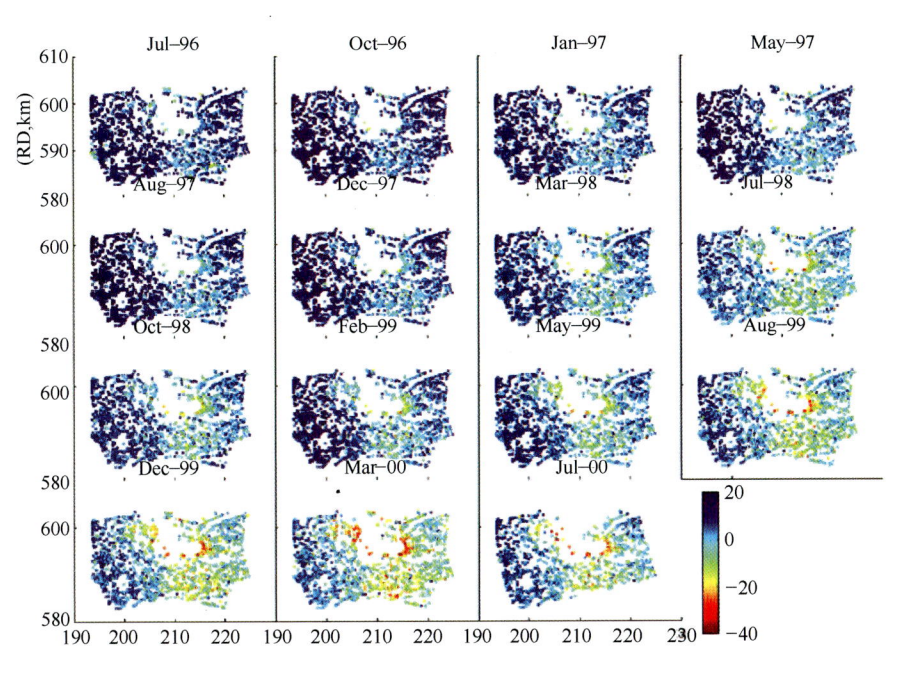

图8.6 Waddenzee 的近海区域(图A.1):根据升轨和降轨(487、258、380和151)获得的融合PS位移

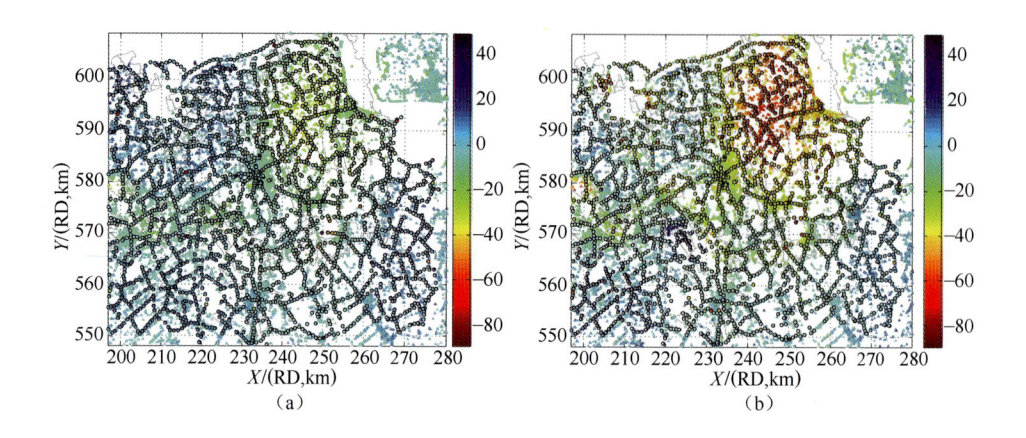

图 A.2　PSI(三角形)和水准测量(圆形)在 1993—1998 年(a) 和 1993—2003 年(b)期间的估计位移量(mm)。水准测量估算结果是由自由网平差所获取的基准高度计算得来的。PSI 位移估计数据来自于路径 380 和 487。天然气田的边界线为灰色线条

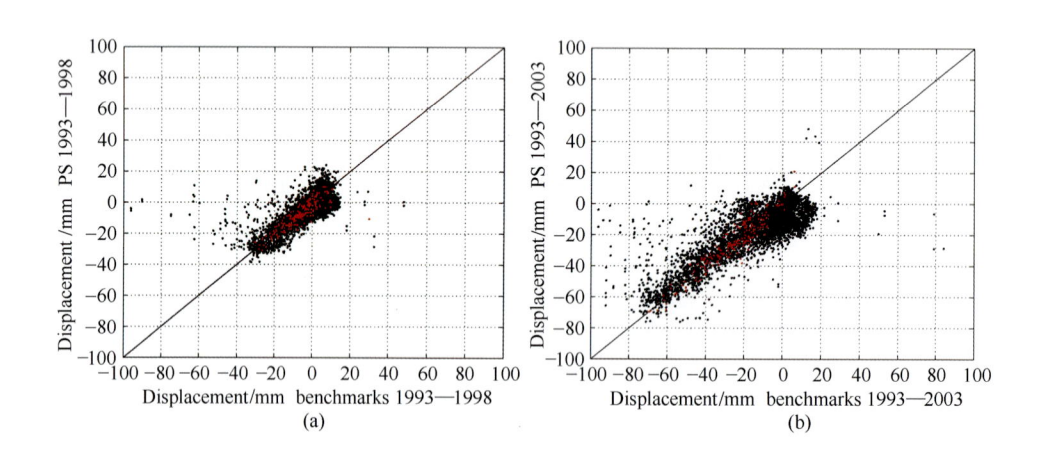

图 A.3　1993—1998 年间(a)和 1993—2003 年间(b)PSI 和水准测量位移(mm)之间的关系。水准测量位移估计的结果是由自由网络平差所获取的基准高度计算得来的。PSI 位移估计数据来自于路径 380 和 487。红点表示选定的稳定基准点的定位(Schoustra, 2006)。1993—1998 年期间,稳定基准点位置选定前后的相关系数分别为 0.74 和 0.87。1993—2003 年期间,稳定基准点位置选定前后的相关系数分别为 0.81 和 0.94

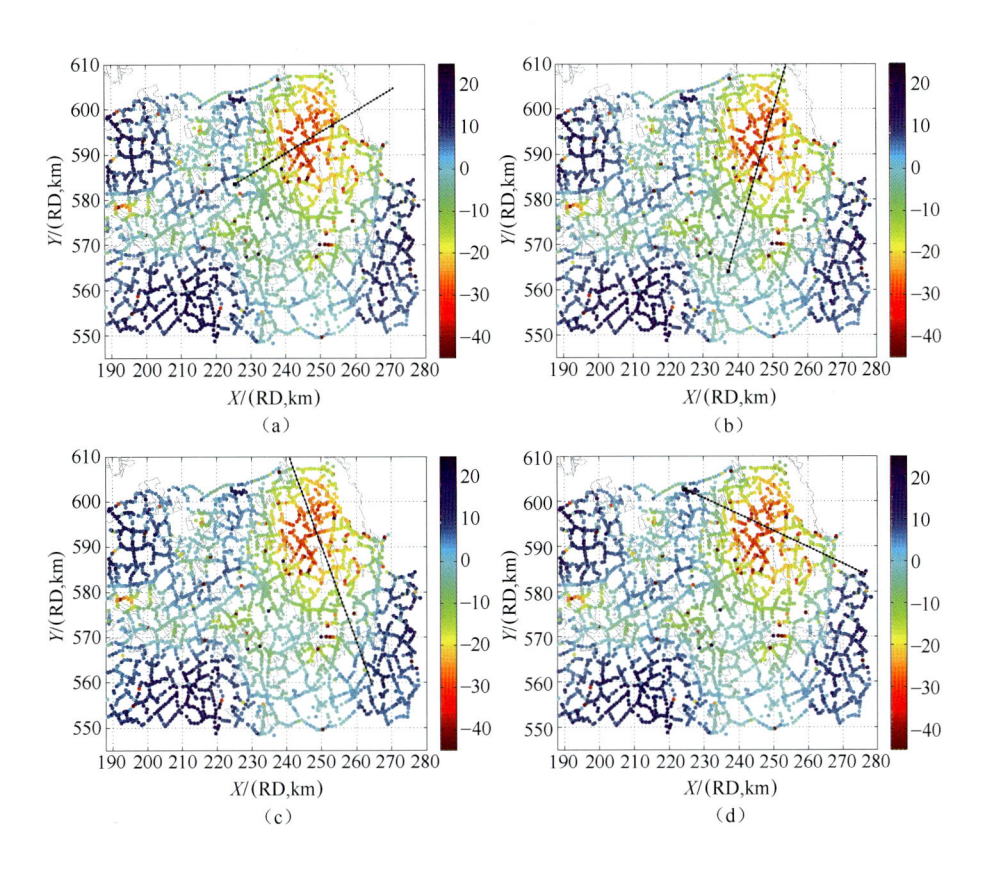

图 A.5 描述 PSI 和水准测量评估位置的四幅分布图

每个评估位置的位移都被作为半径 1km 内的所有位移估计结果的加权平均值。分布图 1、2、3、4 分别对应(a)、(b)、(c)和(d)的四幅图。基于 1993 年和 1998 年的自由网络平差的水准测量位移估计(mm),图中描绘了 1993—1998 年期间位移估计结果

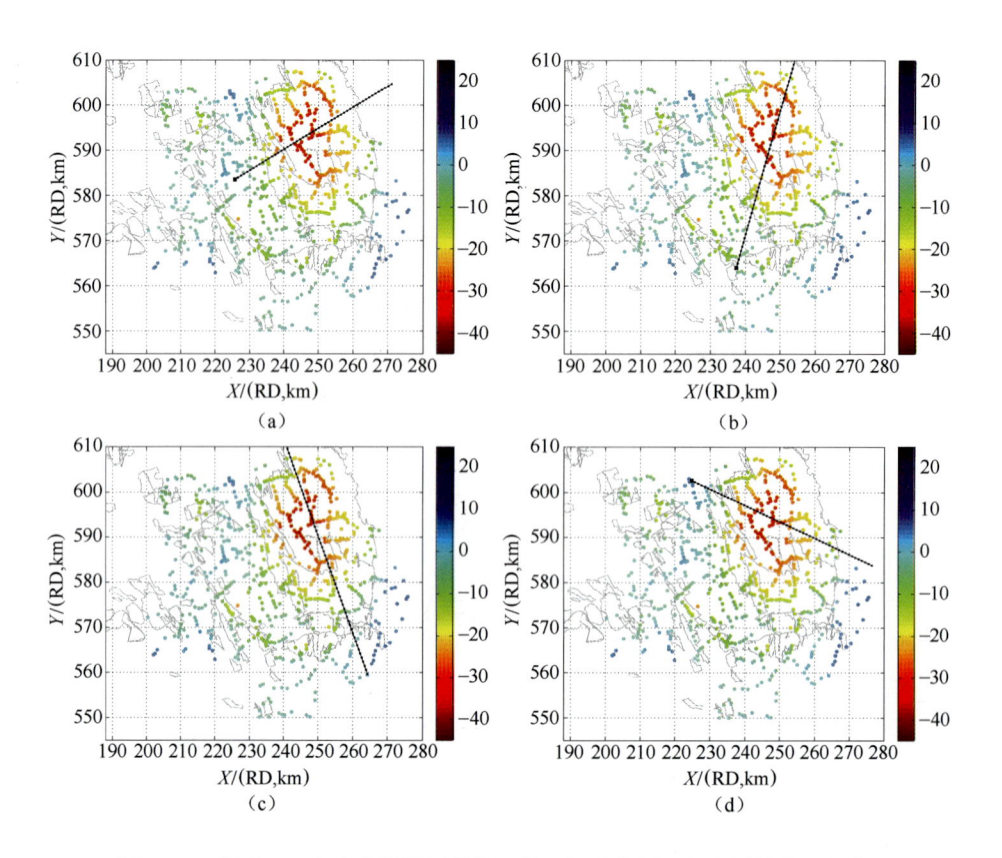

图 A.13 描述 PSI 和水准测量评估位置的四幅分布图。每个评估位置的位移都被作为半径 1km 内的所有位移估计结果的加权平均值。分布图 1、2、3、4 分别对应(a)、(b)、(c)和(d)的四幅图。基于 SuMo 2003 年的分析结果,图中描绘了 1993—1998 年期间的水准测量位移估计结果(mm)